Klaus-Eberhard Krüger

Transformationen

Aus dem Programm Informationstechnik

Kommunikationstechnik
von M. Meyer

Informationstechnik kompakt
herausgegeben von O. Mildenberger

Datenübertragung
von P. Welzel

Telekommunikation
von D. Conrads

Informatik für Ingenieure
von G. Küveler und D. Schwoch

Turbo Pascal für Ingenieure
von E. Hering, E. Bappert und J. Rasch

Handbuch Elektrotechnik
herausgegeben von W. Böge

vieweg

Klaus-Eberhard Krüger

Transformationen

Grundlagen und Anwendungen
in der Nachrichtentechnik

Mit 141 Abbildungen und 10 Tabellen

Herausgegeben von Otto Mildenberger

Die Deutsche Bibliothek – CIP-Einheitsaufnahme
Ein Titeldatensatz für diese Publikation ist bei
Der Deutschen Bibliothek erhältlich.

Herausgeber:
Prof. Dr.-Ing. Otto Mildenberger lehrte an der Fachhochschule Wiesbaden in den Fachbereichen
Elektrotechnik und Informatik.

1. Auflage Februar 2002

Alle Rechte vorbehalten
© Friedr. Vieweg & Sohn Verlagsgesellschaft mbH, Braunschweig/Wiesbaden, 2002

Der Verlag Vieweg ist ein Unternehmen der Fachverlagsgruppe BertelsmannSpringer.
www.vieweg.de

Das Werk einschließlich aller seiner Teile ist urheberrechtlich geschützt. Jede
Verwertung außerhalb der engen Grenzen des Urheberrechtsgesetzes ist ohne
Zustimmung des Verlags unzulässig und strafbar. Das gilt insbesondere für
Vervielfältigungen, Übersetzungen, Mikroverfilmungen und die Einspeicherung
und Verarbeitung in elektronischen Systemen.

Konzeption und Layout des Umschlags: Ulrike Weigel, www.CorporateDesignGroup.de
Druck und buchbinderische Verarbeitung: Lengericher Handelsdruckerei, Lengerich/Westf.
Gedruckt auf säurefreiem Papier
Printed in Germany

ISBN 3-528-03908-6

Vorwort

In Physik und Technik versteht man unter dem Begriff Transformation, was dem Worte nach Umwandlung bedeutet, die Umformung eines mathematischen Ausdruckes. Für ein Buch, das sich in eine Schriftenreihe für die Kommunikationstechnik einordnet, ist eine weitere Spezifikation des Begriffes erforderlich, um Mißverständnisse von vorn herein auszuschließen. Im Zentrum der Kommunikationstechnik stehen das Signal, eine Information tragende Zeitfunktion und das System, die mathematische Beschreibung technischer Einrichtungen zur Übertragung und Verarbeitung von Signalen. So wird der Begriff auf Verfahren, die die Analyse und Synthese von Signalen und Systemen, deren Wechselwirkungen und die Signalverarbeitung betreffen, beschränkt.

Die Wurzeln der hier zu behandelnden Transformationen liegen in der Behauptung von Joseph Fourier (1768 - 1830), dass alle Funktionen durch eine Summe von trigonometrischen Funktionen beschreibbar sind. Im Laufe der Zeit wurde entdeckt, dass nicht ausschließlich trigonometrische Funktionen oder wie man sagt harmonische Schwingungen Basisfunktionen einer solchen Summendarstellung sein können. Damit sind zahlreiche weitere Beschreibungsformen entwickelt worden. In diesem Sinne sind die hier zu behandelnden Transformationen als Abbildungen gegebener Originalfunktionen auf Linearkombinationen von in der Regel analytisch einfachen Grundfunktionen bestimmter Eigenschaften zu verstehen.

Das Interesse an diesen Transformationen ist mit der rasanten Entwicklung der elektronischen Rechentechnik stark angestiegen, da es gelingt, durch die Nutzung der Transformationen die Signalverarbeitung in Echtzeitanwendungen effektiv zu gestalten.

Die Transformationen sind also mathematische Methoden und gehören in ein Mathematikbuch. Anwender der Transformationen sind aber zu einem großen Teil Ingenieure, die die Methoden verstehen müssen und vor allem ihre anwendungsbereite Aufbereitung benötigen. Zur Vermittlung dieser Kenntnisse soll ein Beitrag geliefert werden. Mathematische Beweise werden nur so weit geführt, wie sie zum Verständnis der Zusammenhänge erforderlich sind. Besonderer Wert wird auf die praktische Ausführung gelegt.

Es gibt eine große Zahl von Veröffentlichungen zu diesem Thema. Was motiviert, diesen noch eine hinzuzufügen? Gewöhnlich werden die Transformationen im Kontext mit speziellen Anwendungen behandelt, die Fouriertransformation z.B. im Rahmen der Signaltheorie, die Z-Transformation bei der Analyse zeitdiskreter Systeme. Hier wird der Versuch unternommen, die Gemeinsamkeiten und das Trennende, Vor- und Nachteile, zweckmäßige Einsatzgebiete und die Grenzen der wichtigsten bekannten Transformationen im Zusammenhang darzustellen. Dabei finden auch selten benutzte Verfahren ihren Platz.

Die elektronische Datenverarbeitung stellt heute umfangreiche Software zur Verfügung, mit der in einfacher Weise die rechnerische Durchführung der zu behandelnden Transformationen bewerkstelligt werden kann. Selbst wissenschaftliche Taschenrechner sind dazu in der Lage. Studenten vertreten daher häufig die Ansicht, dass das intensive Studium der Transformationen überflüssig sei. Dabei wird übersehen, dass die richtige Handhabung nur dann gelingt, wenn man die mathematischen Zusammenhänge genau kennt und sie in die richtige Beziehung zur physikalischen Welt zu setzen weis. Außerdem geht ohne umfangreiche Kenntnisse die Kritikfähigkeit gegenüber erreichten Ergebnissen verloren. Dieses Buch wendet sich so in erster Linie an Studenten der Elektrotechnik an Universitäten und Fachhochschulen aber auch an in der Entwicklung und Projektierung tätige Ingenieure. Es möchte eine Brücke zwischen mathematischer Begründung und formaler praxisorientierter Anwendung schlagen. So ist es in zwei Teile untergliedert, von dem der Erste den mathematischen Zusammenhängen gewidmet ist.

Dabei wurde die Darstellung in erster Linie so gestaltet, dass das physikalische Verständnis gefördert wird. Der zweite Teil führt mehr formal unter Verwendung von Übersichten und Tabellen an Hand zahlreicher Beispiele aus den Gebieten Signal- und Systemtheorie so wie der Signalverarbeitung in die Praxis der Transformationen ein und kann ohne Studium des ersten Teiles auch zum Nachschlagen verwendet werden. Die Beispiele betreffen sowohl einfache Funktionen zur Einführung in die Thematik als auch Anwendungen zur Lösung technischer Probleme vorzugsweise der Nachrichtententechnik wie der Modulation, der Systemsynthese oder der Bildverarbeitung. Behandelt werden in erster Linie die Fouriertransformation und die mit ihr eng verbundenen Laplace- und Z-Transformation, aber auch die wichtigsten, auf rechteckförmigen Basisfunktionen beruhenden Transformationen, wie die Walsh-Hadamard-Transformation. Dankenswerter Weise hat meine Kollegin Frau Professor Dr. K. Kelber für beide Buchteile Beiträge zur Wavelet-Transformation verfasst, so dass auch in diese Methode, die für die Bildverarbeitung große Bedeutung gewonnen hat, eingeführt wird, ohne alle Details behandeln zu können.

Neben der Abfassung der genannten Beiträge in den Kapiteln 6 und 11 hat Frau Prof. Dr. Kelber die mühselige Arbeit des Korrekturlesens übernommen und in Diskussionen Anregungen zur Lösung von Detailfragen gegeben. Dafür danke ich ihr ganz herzlich.

Kritik und Anregungen zur Verbesserung sind stets willkommen.

Dresden, im Dezember 2001 *K.-E. Krüger*

Inhaltsverzeichnis

1 Einleitung 1

Teil 1: Mathematische Grundlagen 5

2 **Einführende Grundlagen** 5
    2.1   Die harmonische Schwingung 5
    2.2   Orthogonale Funktionen 8
            2.2.1   Definition 8
            2.2.2   Reihenentwicklung mit orthogonalen Funktionen 9
            2.2.3   Anwendung: Die Fourier-Reihe 10
    2.3   Die Dirac-Funktion 13
    2.4   Zerlegung von Funktionen 18

3 **Grundlagen der Fouriertransformation** 20
    3.1   Die Herleitung der Fourierintegrale 20
    3.2   Einfache Beispiele 21
    3.3   Eigenschaften und Rechenregeln 23
            3.3.1   Allgemeine Eigenschaften der Fouriertransformation 23
            3.3.2   Wichtige Rechenregeln 25
    3.4   Demonstrationsbeispiele 28
    3.5   Die Fouriertransformation diskreter Funktionen 30
            3.5.1   Die Transformationsbeziehungen 30
            3.5.2   Elementarfunktionen 32
    3.6   Diskrete Fouriertransformation (DFT) 33
            3.6.1   Die Transformationsbeziehungen der DFT 33
            3.6.2   Eigenschaften der DFT 35
            3.6.3   Anwendung der DFT auf kontinuierliche Funktionen 39
            3.6.4   Die Schnelle Fouriertransformation (FFT = Fast Fourier Transform) 40

4 **Grundlagen der Laplacetransformation (LT)** 46
    4.1   Das Laplaceintegral 46
            4.1.1   Definition des Laplaceintegrals 46
            4.1.2   Laplacetransformation und Fouriertransformation 46
            4.1.3   Konvergenz des Laplaceintegrals 47
    4.2   Das Umkehrintegral 48
    4.3   Regeln zur Anwendung der Laplacetransformation 49
            4.3.1 δ- und Sprungfunktion 49
            4.3.2   Rechenregeln 50
            4.3.3   Grenzwertsätze 56
    4.4   Laplacetransformation einfacher Funktionen 57
    4.5   Die inverse Laplacetransformation 59
            4.5.1   Rücktransformation mit der Umkehrformel 59
            4.5.2   Rücktransformation mit Tabellen und Rechenregeln 61
    4.6   Differentialgleichungen 62

5	**Grundlagen der Z-Transformation**	71
5.1	Herleitung aus der Laplacetransformation	71
5.2	Eigenschaften der Z-Transformierten	72
5.3	Das Umkehrintegral	75
5.4	Rechenregeln und Beispiele für die Hintransformation	76
	5.4.1 Rechenregeln	76
	5.4.2 Beispiele der Hintransformation	79
	5.4.3 Differenzengleichungen	82
5.5	Rücktransformation	83
	5.5.1 Rücktransformation durch Ausdividieren	83
	5.5.2 Rücktransformation mit Hilfe des Anfangswertsatzes	84
	5.5.3 Rücktransformation mit Tabellen	84
	5.5.4 Rücktransformation durch Partialbruchzerlegung	87
6	**Grundlagen weiterer Transformationen**	89
6.1	Hartleytransformation (HT)	90
	6.1.1 Definition	90
	6.1.2 Diskrete Hartleytransformation (DHT)	91
	6.1.3 Ausgewählte Rechenregeln	92
	6.1.4 Anwendungsbeispiel	93
6.2	Kosinustransformation (CT)	93
	6.2.1 Definition	93
	6.2.2 Diskrete Kosinustransformation (DCT)	94
6.3	Sinustransformation (ST)	98
	6.3.1 Definition	98
	6.3.2 Diskrete Sinustransformation (DST)	99
6.4	Wavelet-Transformation (WT)	99
	6.4.1 Definition und Eigenschaften	100
	6.4.2 Diskrete Wavelet-Transformation (DWT)	103
	6.4.3 Anwendungsbeispiele	104
6.5	Transformationen mit rechteckförmigen Basisfunktionen	107
	6.5.1 Walshfunktionen	107
	6.5.2 Diskrete Walsh-Hadamard-Transformation	108
	6.5.3 Slanttransformation	110
	6.5.4 Haartransformation (HaT)	111
Teil 2: Anwendung der Transformationen		113
7	**Transformationen im Überblick**	113
8	**Fouriertransformation (FT)**	116
8.1	Eigenschaften und Rechenregeln in Tabellen	116
8.2	Korrespondenzen	118
8.3	Anwendungen der Fouriertransformation	120
	8.3.1 Die Signum-Funktion	120
	8.3.2 Dreieckimpuls	122
	8.3.3 Der Gauß-Impuls	124
	8.3.4 Signalenergie - Das Parseval'sche Theorem	124
	8.3.5 Kausale Funktionen	125
	8.3.6 Analytische Signale:	127

	8.3.7	Amplitudenmodulation	129
	8.3.8	Geschaltete Sinusschwingung	130
	8.3.9	Der Impulskamm	132
	8.3.10	Bandpassfunktionen	133
	8.3.11	Das Abtasttheorem	136
	8.3.12	Digitale Signalübertragung (Nyquistkriterium)	140
	8.3.13	Idealsysteme	146
8.4	Rechnergestützte Fouriertransformation		148
	8.4.1	Diskrete Fouriertransformation (DFT)	148
	8.4.2	Anwendung der DFT auf analoge Funktionen	150
8.5	Zusammenfassung		163

9 Laplacetransformation (LT) — 166

9.1	Definitionen, Eigenschaften und Rechenregeln	166
9.2	Praktische Ausführung der Transformation	167
9.3	Anwendungsbeispiele	173
9.4	Rechnergestützte Ausführung der LT	184
9.5	Systemsynthese	186

10 Z-Transformation (ZT) — 187

10.1	Definitionen, Eigenschaften und Regeln	187
10.2	Praktische Ausführung der Z-Transformation	189
10.3	Rücktransformation	194
10.4	Übertragungsfunktion und Frequenzcharakteristik	198
10.5	Taktveränderung	199
	10.5.1 Taktverringerung oder Dezimation	200
	10.5.2 Takterhöhung	203
10.6	Approximation kontinuierlicher Funktionen	204
10.6	Rechnergestützte Z-Transformation	206

11 Weitere Transformationen — 210

11.1	Wavelet-Transformation	210
	11.1.1 Definitionen und Eigenschaften	210
	11.1.2 Anwendungsbeispiele	211
11.2	Diskrete Kosinustransformation (DCT)	218
	11.2.1 Definition	218
	11.2.2 Anwendungsbeispiel	219

Abkürzungen und Formalzeichen — 221

Literaturverzeichnis — 223

Sachwortverzeichnis — 225

1 Einleitung

In Physik und Technik gehören Transformationen zu den wichtigsten mathematischen Werkzeugen. Selbst Biologie, Medizin oder Seismologie und zahlreiche andere wissenschaftliche Bereiche können auf ihre Anwendung nicht verzichten. Allgemein versteht man unter Transformationen die wechselseitige Zuordnung zweier Funktionen $f(x)$ und $F(\Omega)$ nach fester, vorgegebener Relation. Diese Zuordnungen haben die unterschiedlichsten Formen jeweils angepasst an die zu lösenden Aufgaben. Eine oft angewendete Transformation ist die bekannte Logarithmierung

$$\Omega = \log_b(x) \tag{1-1}$$

Sie hat die Umkehrfunktion oder inverse Funktion

$$x = b^\Omega \tag{1-2}$$

Die Beziehungen (1-1) und (1-2) stellen eine eindeutige *Umkehrbarkeit* der Transformation sicher, d.h. ist eine der beiden Größen bekannt, dann kann die andere vollständig bestimmt werden. So sind Transformationen grundsätzlich durch ein Funktionen*paar* beschrieben. Eine weitere bekannte Transformation ist mit (1-3) gegeben, die die Drehung eines Koordinatensystems bewirkt.

$$\underline{\Omega} = \begin{pmatrix} \cos(\alpha) & -\sin(\alpha) \\ \sin(\alpha) & \cos(\alpha) \end{pmatrix} \cdot \underline{x} = \underline{A} \cdot \underline{x} \tag{1-3}$$

Die Umkehrfunktion lautet:

$$\underline{x} = \underline{A}^{-1} \cdot \underline{\Omega} \tag{1-4}$$

Während die angeführten Transformationen im eigentlichen Sinne mathematische Umformungen darstellen, die möglicherweise Rechenerleichterungen bringen, spricht man auch dann von Transformationen, wenn bestimmte Eigenschaften einer bekannten Funktion auf eine andere übertragen werden sollen. Ein Beispiel hierfür ist die dem Nachrichtentechniker wohlbekannte Tiefpass-Bandpass-Transformation

$$\frac{p}{\omega_0} \xrightarrow{TP \to BP} \frac{1}{\delta}\left(\frac{p}{\omega_0} + \frac{\omega_0}{p}\right) \tag{1-5}$$

im Zusammenhang mit dem Filterentwurf, beim dem die Selektionseigenschaften eines Tiefpasses auf ein System mit Bandpasscharakter übertragen werden, oder die Bilineartransformation

$$p \Rightarrow \frac{2}{T}\frac{z-1}{z+1} \tag{1-6}$$

für den Übergang von analogen zu zeitdiskreten Systemen. Diese Transformationen, zu denen auch die oft verwendete Hilbertransformation gehört, verändern zwar die funktionellen Zusammenhänge, nicht aber den Grundcharakter der unabhängigen Variablen. Bei (1-5) und (1-6) z.B. haben wir sowohl vor als auch nach der Transformation frequenzabhängige Funktionen. Solche Zuordnungen sind nützliche Hilfsmittel, sind aber nicht Gegenstand dieses Buches, sie finden lediglich als Anwendungen Berücksichtigung.

Die folgenden Ausführungen konzentrieren sich ausschließlich auf Zuordnungen der Form:

$$F(\Omega) = \int_{x_1}^{x_2} f(x) \cdot K(x,\Omega) dx \tag{1-7}$$

Die einzelnen Transformationen unterscheiden sich im Wesentlichen durch die Kernfunktion $K(x,\Omega)$. Die Relation (1-7) definiert die Abbildung einer Funktion der Variablen x auf eine Funktion der Variablen Ω. Man bezeichnet $f(x)$ als Originalfunktion und ihre Beschreibungsebene als *Original- oder Zeitbereich*, während $F(\Omega)$ Bildfunktion und ihre Darstellungsebene *Bild- oder Frequenzbereich* genannt werden. Wegen der Beschränkung auf Transformationen nach (1-7) ist z.B. die Hilberttransformation, bei der eine Funktion $f_1(x)$ auf eine Funktion $f_2(x)$ abgebildet wird und somit der Darstellungsraum unverändert bleibt, nicht in diese Gruppe der Transformationen eingeschlossen.

Darüber hinaus werden Transformationen, die an die digitale Signalverarbeitung angepasst sind und vor allem auch Echtzeitanwendungen ermöglichen, behandelt. Anstelle der kontinuierlichen Funktionen $f(x)$ und $F(\Omega)$ sind dabei Wertefolgen mit einer endlichen Anzahl N von Elementen zu transformieren. Die Abbildungsvorschrift nimmt in diesem Falle die Form

$$F(m) = \sum_{n=0}^{N-1} f(n) \cdot d(m,n) \qquad m = 0 \quad (1) \quad N-1 \tag{1-8}$$

an. Werden die Elemente $d(m,n)$ $n = 0,1,2 \cdots N-1$ zu (1xN)-Vektoren $\underline{d}(m)$ zusammengefasst, sind vor allem solche Transformationen von Interesse, bei denen diese sogenannten Transformationskerne ein System orthogonaler Vektoren bilden. Die Wertefolgen $\{f(n)\}$ und $\{F(m)\}$ können ebenfalls zu Vektoren zusammengefasst werden, wodurch die Transformationsvorschriften die Form

$$\underline{F} = \underline{D} \cdot \underline{f} \quad \text{bzw.} \quad \underline{f} = \underline{D}^{-1} \cdot \underline{F} \tag{1-9}$$

annehmen.

Zu welchem Zweck werden nun Transformationen entwickelt und angewendet?

1. Um Erleichterungen für die Lösung mathematischer Probleme zu erreichen.

So wird durch die oben erwähnte Logarithmierung aus einer (komplizierten) Multiplikation eine Addition. Am Beispiel der im Kapitel 4 behandelten Laplacetransformation wollen wir diesen Sachverhalt noch deutlicher werden lassen. Das Prinzip ist im Bild 1.1 dargestellt. Die mathematische Beschreibung eines technisch-physikalischen Sachverhaltes führt in aller Regel auf Differentialgleichungen, die mit relativ aufwendigen Mitteln zu lösen sind. Werden diese Gleichungen durch die Laplacetransformation auf die komplexe Zahlenebene mit der Variablen $s = \sigma + j\omega$ abgebildet, entstehen algebraische Gleichungen, die mit geringem Aufwand nach der gesuchten Größe aufgelöst werden können. Eventuelle Anfangswerte der Variablen sind problemlos einzubeziehen und es sind nicht wie gewöhnlich im Originalbereich zwei Lösungsschritte (spezielle und allgemeine Lösung) erforderlich. Die Rückführung in den Originalbereich - die Rücktransformation - führt dann auf die gesuchte Lösung. Obzwar sowohl Hin- als auch Rücktransformation formal die Berechnung von Integralen erfordern, ist die Laplacetransformation in beiden Richtungen weitgehend mit Tabellen durchführbar. Als Hinweis sei schon an dieser Stelle vermerkt, dass sowohl Originalfunktion als auch die Bildfunktion jede für sich den vorliegenden technischen Sachverhalt vollständig beschreiben aber nicht vermischt werden dürfen, da sie unterschiedlichen mathematischen Verknüpfungsregeln unterliegen.

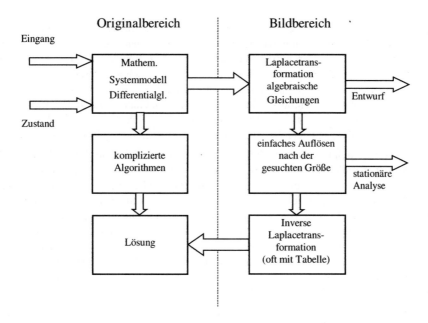

Bild 1.1: Transformationsbeispiel, die Laplacetransformation

2. Um Verfeinerungen der Analyse technischer Sachverhalte zu ermöglichen

Auch zur Erläuterung dieses Aspektes kann Bild 1.1 dienen, es zeigt sich nämlich, dass die Laplacetransformierte der Impulsantwort eines Systems Aussagen zum spektralen Verhalten ermöglicht, die in der Beschreibung im Originalbereich nicht ohne Weiteres zu Tage treten. Im Bild 1.1 deutet dies der Ausgang "Stationäre Analyse" an. Es sei hier auch angemerkt, dass die Begründung des Abtasttheorems, der theoretischen Grundlage der digitalen Verarbeitung analoger Signale, erst durch die Anwendung der Fouriertransformation gelingt.

3. Um effektive Konstruktionsmethoden zu entwickeln.

Diese Möglichkeit wollen wir ebenfalls mit Hilfe der Laplacetransformation erklären. Im Laplacebereich lassen sich z.B. die Funktionenklassen definieren, die realisierbaren, elektrischen Netzwerken zuzuordnen sind, was Voraussetzung für die Synthese solcher Netzwerke ist. Approximationen gegebener technischer Forderungen durch realisierbare Funktionen sind in eleganter Weise ausführbar, Konstruktion und Dimensionierungsvorschriften können effektiv bestimmt werden.

4. Schließlich wird seit einiger Zeit die Anwendung von Transformationen verfolgt um den Echtzeitbetrieb der Signalverarbeitung und -übertragung zu verbessern

Die rasante Entwicklung der Mikroelektronik ermöglicht heute die Herstellung von Schaltkreisen, die Transformationen nach (1-8) schnell auszuführen vermögen. Damit sind Wege zur effektiven und qualitätsgerechten Signalverarbeitung unter Nutzung der Transformationseigenschaften erschlossen. Die Transformationskodierungen z.B. sind zu einem wirkungsvollen Mittel zur Datenkompression und damit zur Erhöhung der Übertragungsgeschwindigkeiten geworden.

Das Buch ist in zwei Teile gegliedert. Nach einführenden Grundlagen werden im ersten Teil die mathematischen Hintergründe der wichtigsten Transformationen nach (1-7) und (1-8) aufgezeigt. Die Rechnregeln werden hergeleitet und an einfachen Beispielen deren Anwendung demonstriert. Damit wird dem Leser die Möglichkeit gegeben, sich ausführlich in die verschiedenen Transformationswerkzeuge einzuarbeiten und ihre Eigenschaften zu studieren. Besondere Bedeutung wird dabei der Herausstellung der Gemeinsamkeiten und der Unterschiede der Transformationen beigemessen. Es werden ihre Stärken und Schwächen deutlich gemacht, ihre bevorzugten Anwendungsgebiete verdeutlicht und die Grenzen der Anwendbarkeit aufgezeigt.

Im zweiten Teil werden meist in tabellarischer Form ohne Beweise die Eigenschaften und Korrespondenzen zusammengefasst und Anwendungen ausführlich vorgestellt. Damit ist er zum einen zum Nachschlagen geeignet, vermittelt andererseits aber auch einen Eindruck von der Leistungsfähigkeit der vorgestellten mathematischen Verfahren. Bei der Durchrechnung der verschiedenen Beispiele wird von den unterschiedlichen Lösungsmöglichkeiten Gebrauch gemacht, um dem Leser die Auswahl der für die Lösung einer gestellten Aufgabe geeignetste Methode zu erleichtern. Die Anwendungen betreffen in erster Linie die Signal und Systemtheorie und Verfahren der Signalübertragung. Methodisch sind die rechnerischen Ausführungen natürlich einfach auf andere Fachgebiete übertragbar. Unter anderem können die bekannten elektromechanischen Analogien dabei als Brücke dienen.

Der zweite Teil hat die gleiche Struktur wie der erste, somit ist schnell eine Zuordnung zwischen den Kapiteln herstellbar

Für die Ausführung von Transformationen steht heute eine Reihe von Softwarepaketen zur Verfügung, mit denen die Berechnungen effektiv ausgeführt werden können. Beispielhaft werden die mit dem weitverbreiteten Programm MATLAB gegebenen Möglichkeiten aufgezeigt, ohne umfassend alle Details mitzuteilen.

Einige der behandelten Transformationen haben sich im Allgemeinen nicht durchsetzen können und sind auf spezielle Anwendungen beschränkt. Sie finden im zweiten Teil des Buches keine Berücksichtigung.

Teil 1: Mathematische Grundlagen

2 Einführende Grundlagen

Im Abschnitt 1 wurde erwähnt, dass die Rückführung beliebiger Signalfunktionen auf die lineare Überlagerung einfacher Elementarfunktionen ein zweckmäßiges Mittel zu einer einheitlichen Beschreibung ist und den wesentlichen Kern der Transformationen ausmacht. Die wichtigsten Elementarfunktionen sollen nun im Folgenden vorgestellt werden[1]. Wir werden gleichzeitig erste Vorstellungen über den Sinn und die Zweckmäßigkeit von Transformationen entwickeln.

2.1 Die harmonische Schwingung

Unter harmonischen Schwingungen versteht man Kosinus- bzw. Sinusfunktionen:

$$f(t) = a \cdot \cos\left(2\pi \frac{t}{T_0} + 2\pi \frac{\tau}{T_0}\right) = a \cdot \cos(\omega_0 t + \varphi_0) \qquad (2\text{-}1)$$

mit einem Verlauf nach Bild 2.1. Die Funktion ist eindeutig durch die Amplitude a, die Periodendauer T und die Zeitverschiebung τ charakterisiert. Nun ist allgemein bekannt, dass $f(t)$, wie im Bild 2.2 dargestellt, durch die Projektion eines Zeigers der Länge a auf die *x*-Achse dargestellt werden kann. Er rotiert mit der Winkelgeschwindigkeit $\omega_0 = 2\pi/T_0$ um den Koordinatenursprung.

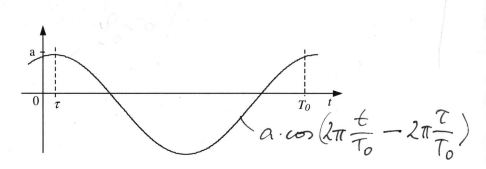

Bild 2.1: Harmonische Schwingung

---

[1] Wir werden hier grundsätzlich die Zeit *t* als unabhängige Variable wählen, obwohl Signale auch von anderen Größen abhängen können, z.B. vom Ort.

Transformiert man die reelle Darstellung nach Bild 2.2 in die gaußsche Zahlenebene, d.h. x und y sind jetzt Real- bzw. Imaginärteil der durch die Zeigerspitze definierten komplexen Zahl, entsteht das neue mathematische Modell (2-2).

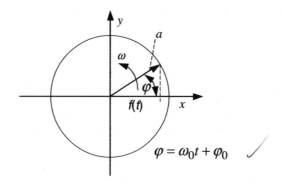

Bild 2.2: Zeigerdarstellung der harmonischen Schwingung

$$f(t) = a \cdot \mathrm{Re}\left\{ e^{j(\omega_0 t + \varphi_0)} \right\} = \mathrm{Re}\left\{ a \cdot e^{j\varphi_0} \cdot e^{j\omega_0 t} \right\} = \mathrm{Re}\left\{ \underline{\hat{A}} \cdot e^{j\omega_0 t} \right\}$$

und weiter mit $\underline{\hat{A}} = a \cdot e^{j\varphi_0}$

$$f(t) = \left\{ \underline{\hat{A}} \cdot e^{j\omega_0 t} \right\} \tag{2-2}$$

$\underline{\hat{A}}$ heißt komplexe Amplitude. Bei bekannter Frequenz ω_0 enthält $\underline{\hat{A}}$ alle erforderlichen Informationen über das Signal $f(t)$. Die getrennte Darstellung der Amplitude und der Phase φ_0 über der Frequenzachse (Bild 2.3) enthält die gleiche Information wie Bild 2.1.

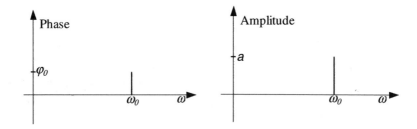

Bild 2.3: Phasen und Amplitudendiagramm

Diese neue Repräsentation bietet einige Vorteile. Nehmen wir an, zwei gleichfrequente Signale mit unterschiedlichen Amplituden und Nullphasenwinkeln sollen addiert werden. Die Beschreibung nach (2-1) erfordert eine punktweise Addition oder die Berechnung mit Hilfe von Gesetzen der Geometrie oder durch Anwendung von Additionstheoremen der trigonometrischen

2.1 Die harmonische Schwingung

Funktionen. Wie man sich anhand von (2-2) leicht überzeugt, ist mit der neuen Darstellung lediglich die Addition der beiden komplexen Amplituden erforderlich. Die Abbildung - die Transformation - auf die komplexe Zahlenebene hat so den Rechenaufwand wesentlich gesenkt.

Beispiel:

Gegeben: Zwei kosinusförmige Signale $f_1(t) = 2 \cdot \sqrt{2} \cos(\omega_0 t + \frac{\pi}{6})$ und

$$f_2(t) = 3 \cdot \cos(\omega_0 t + \frac{\pi}{4})$$

Gesucht: Die Summe $f(t) = f_1(t) + f_2(t)$ Lösung: a) In der reellen Darstellung im Zeitbereich führt die Anwendung der Formeln

$$|a_1 \cos(\varphi_1) \pm a_2 \cos(\varphi_2)| = \sqrt{a_1^2 + a_2^2 - 2a_1 a_2 \cos(\varphi_2 - \varphi_1)} \quad \text{und}$$

$$\Phi = \tan^{-1} \frac{-(a_1 \sin(\varphi_1) + a_2 \sin(\varphi_2))}{a_1 \cos(\varphi_1) + a_2 \cos(\varphi_2)} \quad \text{zur Lösung:}$$

$$f(t) = 5{,}78 \sin(\omega_0 t + 0{,}66)$$

b) Die Rechnung im Komplexen ergibt:

$$\underline{\hat{A}} = \underline{\hat{A}}_1 + \underline{\hat{A}}_2 = 2\sqrt{2} \cdot e^{j\frac{\pi}{6}} + 3 \cdot e^{j\frac{\pi}{4}} = (2{,}45 + j \cdot 1{,}41) + (2{,}12 + j \cdot 2{,}12)$$
$$= 4{,}57 + j \cdot 3{,}53 = 5{,}78 \cdot e^{j0{,}66}$$

Anmerkung: Die graphische Addition der beiden zu $f_1(t)$ und $f_2(t)$ gehörenden Zeiger führt natürlich zu dem gleichen Ergebnis. (Bild 2.4)

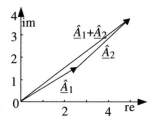

Bild 2.4: Zeigerdarstellung

Die Originalfunktion erhält man durch die einfache (Rück-) Transformationsvorschrift

$$f(t) = \text{Re}\left\{ \underline{\hat{A}} \cdot e^{j\omega_0 t} \right\} \tag{2-3}$$

Für viele mathematische Operationen ist (2-3) unbequem. Mit der bekannten Relation (2-4)

$$z + z^* = 2 \cdot \text{Re}\{z\} \quad \text{bzw.} \quad z - z^* = 2j \cdot \text{Im}\{z\} \tag{2-4}$$

ist auch

$$f(t) = \frac{\underline{\hat{A}}}{2} \cdot e^{j\omega_0 t} + \frac{\underline{\hat{A}}^*}{2} \cdot e^{-j\omega_0 t} \tag{2-5}$$

gültig. Damit erfolgt nach Bild 2.5 eine Abbildung auf zwei Zeiger mit halbem Betrag und entgegengesetzter Rotationsrichtung. Sie repräsentieren jeweils die Hälfte der Signalenergie. Es wird so eine "negative" Frequenz eingeführt. Diese gibt es in der Realität natürlich nicht, mit ihr kann aber die mathematische Beschreibung deutlich vereinfacht werden. Die Amplituden der beiden Teilschwingungen sind konjugiert komplex zu einander. Das Amplituden- und Phasendiagramm nimmt nun die Form Bild 2.6 an.

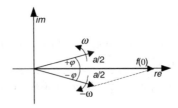

Bild 2.5: Zweizeigerdarstellung

Auf dieser Zweizeigerdarstellung beruht die Fouriertransformation und ist für deren Verständnis außerordentlich wichtig.

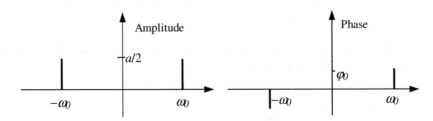

Bild 2.6 Zweiseitiges Amplituden und Phasendiagramm

2.2 Orthogonale Funktionen

2.2.1 Definition

Ein System von Vektoren, deren skalare Produkte Null sind, heißen orthogonal. In Verallgemeinerung dieses Begriffes werden auch Funktionen, die der Gleichung

$$\int_{t_1}^{t_2} \phi_n(t) \cdot \phi_k^*(t) dt = \begin{cases} c_0^2 & \text{für } n = k \\ 0 & \text{für } n \neq k \end{cases} \tag{2-6}$$

2.2 Orthogonale Funktionen

genügen, orthogonal genannt. Die Gesamtheit der ϕ_n nennt man ein System orthogonaler Funktionen. Ist $c_0^2 = 1$ nennt man das System orthonormal.

Bei vielen praktischen Anwendungen erscheinen an Stelle der kontinuierlichen Funktionen $\phi_n(t)$ zeitdiskrete Folgen $\{\phi_n(mT)\}$ oder kürzer $\{\phi_n(m)\}$. Sie heißen orthogonal, wenn

$$\sum_{m=0}^{M-1} \phi_n(m) \cdot \phi_k^*(m) = \begin{cases} c_0^2 & \text{für } n = k \\ 0 & \text{für } n \neq k \end{cases} \tag{2-7}$$

2.2.2 Reihenentwicklung mit orthogonalen Funktionen

Es hat sich als wirkungsvoll erwiesen, Funktionen beliebiger Art durch lineare Überlagerung gewichteter Elementarfunktionen zu beschreiben:

$$f(t) = \sum_{n=-\infty}^{\infty} c_n \cdot \phi_n(t) \tag{2-8}$$

Die Koeffizienten c_n und die Funktionen ϕ_n sind so zu wählen, dass bei Abbruch der Reihe (2-8) nach endlich vielen Gliedern N der Fehler möglichst klein ist. Außerdem sollten die Basisfunktionen $\phi_n(t)$ einfach sein. Die Forderung nach minimalem Fehler wird dann erfüllt, wenn die $\phi_n(t)$ ein System orthogonaler Funktionen bilden, wie nun gezeigt werden soll.

Als Optimierungskriterium dient der quadratische Fehler

$$\varepsilon^2 = \int_{t_1}^{t_2} (\sum_{n=-N}^{N} c_n \cdot \phi_n(t) - f(t)) \cdot (\sum_{n=-N}^{N} c_n^* \cdot \phi_n^*(t) - f^*(t)) dt \Rightarrow Min \tag{2-9}$$

der bei beliebigen N in der Reihe (2-8) minimal werden soll.

Gesucht werden die Koeffizienten c_n, die der Bedingung (2-9) genügen. Die Ableitung nach dem Koeffizienten c_k ist

$$\frac{d\varepsilon^2}{dc_k} = \int_{t_1}^{t_2} \phi_k(t) \cdot (\sum_{n=-N}^{N} c_n^* \cdot \phi_n^*(t) - f^*(t)) dt$$

$$= \int_{t_1}^{t_2} (c_k^* |\phi_k(t)|^2 + \sum_{\substack{n=-N \\ n \neq k}}^{N} c_n^* \phi_k(t) \cdot \phi_n^*(t) - \phi_k(t) \cdot f^*(t)) dt \tag{2-10}$$

Die Ableitung (2-10) muss Null werden. Die Lösung ist für beliebiges n besonders einfach, wenn die ϕ_n (2-6) genügen, also orthogonal sind. Damit entfällt in (2-10) die Summe und es folgt

$$c_k^* \cdot \int_{t_1}^{t_2} |\phi_k|^2 dt - \int_{t_1}^{t_2} \phi_k(t) \cdot f^*(t) dt = 0 \tag{2-11}$$

oder
$$c_k = \frac{\int\limits_{t_1}^{t_2} f(t) \cdot \phi_k^*(t) dt}{\int\limits_{t_1}^{t_2} |\phi_k|^2 dt} \tag{2-12}$$

Für Folgen erhält man entsprechend (2-7)

$$c_k = \frac{\sum\limits_{m=0}^{M-1} f(m) \cdot \phi_k^*(m)}{\sum\limits_{m=0}^{M-1} |\phi_k|^2} \tag{2-13}$$

2.2.3 Anwendung: Die Fourier-Reihe

Das bekannteste System orthogonaler Funktionen sind die harmonischen Schwingungen $e^{jn\omega_0 t}$. Es gilt nämlich

$$\int\limits_0^{T_0} e^{jn\omega_0 t} \cdot e^{-jk\omega_0 t} dt = \int\limits_0^{T_0} e^{j(n-k)\omega_0 t} dt = \frac{e^{j2(n-k)\pi} - 1}{j2(n-k)\pi \cdot f_0} = \begin{cases} 0 & n \neq k \\ T_0 & n = k \end{cases} \tag{2-14}$$

Der Zähler ist für $n \neq k$ immer Null, da $e^{j2m\pi} = 1$. Die Lösung für $n = k$ findet man durch die Grenzwertberechnung $k \to n$. Die Koeffizienten c_n in (2-6) berechnen sich also mit (2-12) zu

$$c_n = \frac{1}{T_0} \int\limits_0^{T_0} f(t) \cdot e^{-jn\omega_0 t} dt \tag{2-15}$$

und die Reihendarstellung für die Funktion $f(t)$ ist mit

$$f(t) = \sum\limits_{n=-\infty}^{\infty} c_n e^{jn\omega_0 t} \tag{2-16}$$

gegeben. Die Reihe (2-16) heißt (komplexe) Fourier-Reihe.

Feststellung: Die Orthogonalität ist zunächst innerhalb des Zeitabschnittes $<0, T_0>$ gegeben. Die harmonische Schwingung ist aber in T_0 periodisch, so dass die Zusammenhänge in einem beliebigen Zeitabschnitt der Dauer T_0 gelten. Daraus folgt, dass die Signalbeschreibung mit Hilfe der Fourier-Reihe auf periodische Signale mit der Periodendauer T_0 beschränkt ist.

2.2 Orthogonale Funktionen

Eigenschaften der Fourierkoeffizienten c_n:

Die Koeffizienten sind im Allgemeinen komplex. Bei reellen Funktionen $f(t)$ gilt, wie man sich schnell anhand von (2-15) überzeugt, $c_{-n} = c_n^*$. Offensichtlich existiert wie bei der Zweizeigerdarstellung jeweils ein konjugiert komplexes Paar

$$f_n(t) = c_n \cdot e^{jn\omega_0 t} + c_n^* e^{-jn\omega_0 t} \qquad \text{für } n \neq 0 \; ! \qquad (2\text{-}17)$$

Die c_n sind die komplexen Amplituden der Teilschwingungen.

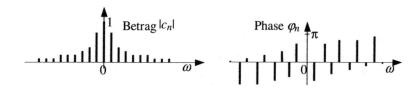

Bild 2.7: Spektrum einer periodischen Funktion

Ein typisches Amplituden- und Phasendiagramm zeigt Bild 2.7. Diese Diagramme werden *Amplituden- und Phasenspektren* genannt. Wegen ihrer Form heißen die Spektren periodischer Signale diskrete oder Linienspektren.

Neben der komplexen Form (2-16) sind auch reelle Darstellungen der Fourier-Reihe möglich. Mit (2-4) und $c_n = |c_n| \cdot e^{j\varphi_n}$ erhält man aus (2-17)

$$f_n(t) = 2|c_n| \cdot \cos(n\omega_0 t + \varphi_n) = 2|c_n| \cdot \cos(\varphi_n) \cdot \cos(n\omega_0 t) - 2|c_n| \cdot \sin(\varphi_n) \cdot \sin(n\omega_0 t)$$

oder in der üblichen Schreibweise

$$f_n(t) = d_n \cos(n\omega_0 t + \varphi_n) = a_n \cos(n\omega_0 t) + b_n \sin(n\omega_0 t) \qquad (2\text{-}18)$$

Diese Form der Fourier-Reihe findet ebenfalls vielfältige Anwendung da insbesondere die d_n und die φ_n messbare Größen sind. Die a_n und b_n sind Real- bzw. negativer Imaginärteil von $2 \cdot c_n$ und werden somit rechnerisch mit den Beziehungen

$$a_n = \frac{2}{T_0} \int_0^{T_0} f(t) \cos(n\omega_0 t) dt \qquad b_n = \frac{2}{T_0} \int_0^{T_0} f(t) \sin(n\omega_0 t) dt \qquad (2\text{-}19)$$

bestimmt. Die besondere Bedeutung von (2-15) ist durch ihre Nähe zur Fouriertransformation (Kap.3) gegeben.

Häufig wird der quadratische Mittelwert $\sqrt{\dfrac{1}{T_0} \int_0^{T_0} |f(t)|^2 \, dt}$ oder Effektivwert einer Funktion benötigt. Wegen der Orthogonalität der Basisfunktionen findet man

$$\frac{1}{T_0}\int_0^{T_0}\left(\sum_{n=-\infty}^{\infty}c_n\cdot e^{j2\pi n f_0 t}\right)\left(\sum_{k=-\infty}^{\infty}c_k^*\cdot e^{-j2\pi k f_0 t}\right)dt = \frac{1}{T_0}\sum_{n=-\infty}^{\infty}\sum_{k=-\infty}^{\infty}c_n\cdot c_k^*\int_0^{T_0}e^{j2\pi(n-k)f_0 t}dt$$

oder mit (2-14)

$$F_{eff}^2 = \sum_{n=-\infty}^{\infty}|c_n|^2 \qquad (2\text{-}20)$$

Mit der Fourier-Reihe wird somit eine periodische Funktion auf komplexe (spektrale) Koeffizienten abgebildet, die die Funktion vollständig beschreiben.

Die Fourier-Reihe bei diskreten Folgen:

Die Grundperiode der in eine Reihe zu entwickelnden periodischen Folge sei durch M Werte beschrieben. Die Probenwerte sind somit Zeitpunkten mit einem Abstand

$$\Delta t = \frac{T_0}{M} \qquad (2\text{-}21)$$

zuzuordnen.

Bild 2.8 zeigt ein Beispiel. T_0 ist dabei die Periodendauer. Aus der Basisfunktion im kontinuierlichen Fall wird die Basisfolge

$$\phi_n(m) = e^{j2\pi f_0 m\Delta t} = e^{j\frac{2\pi}{M}nm} \qquad m = 0\,(1)\,M\text{-}1 \qquad -\infty < n < \infty \qquad (2\text{-}22)$$

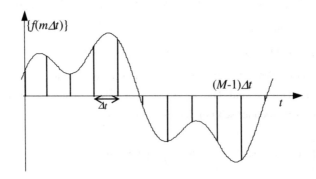

Bild 2.8: Diskrete periodische Funktion

Es muss überprüft werden, ob und unter welchen Umständen die hier definierten Basisfolgen orthogonal sind und somit die Bedingung

$$\sum_{m=0}^{M-1} e^{j\frac{2\pi}{M}nm}\cdot e^{-j\frac{2\pi}{M}km} = \begin{cases} c_0^2 & \text{für } n = k \\ 0 & \text{für } n \neq k \end{cases} \qquad -\infty < n,k < \infty \qquad (2\text{-}23)$$

erfüllen. Dazu wird die Beziehung (2-23) umgeformt

$$\sum_{m=0}^{M-1} e^{j\frac{2\pi}{M}m(n-k)} = \sum_{m=0}^{M-1}\left(e^{j\frac{2\pi}{M}(n-k)}\right)^m = \frac{1-e^{j2\pi(n-k)}}{1-e^{j\frac{2\pi}{M}(n-k)}}$$

Der Zähler auf der rechten Seite ist für beliebige n und k Null. Der Ausdruck kann somit dann und nur dann von Null verschieden sein, wenn Zähler und Nenner gleichzeitig Null werden. Das trifft zu, wenn, wie mit (2-23) gefordert, $n = k$, aber auch, wenn $(n-k)/M =$ ganze Zahl. Dieser letzte Fall muss also im Sinne von (2-23) ausgeschlossen werden. Nach (2-23) ist das aber bei endlichem M nur möglich, wenn auch n und k beschränkt sind. Wir unterstellen daher, dass das Spektrum für alle Frequenzen $> N \cdot f_0$ verschwindet. Damit gilt $-N < n, k < N$ und $\text{Max}\{n-k\} = N + (N \mp 1) = 2N - 1$. Daraus folgt schließlich für M die Bedingung

$$M > 2N - 1 \quad \text{oder} \quad M \geq 2N \tag{2-24}$$

Das bedeutet, es müssen mindestens 2 Abtastwerte ($N = 1$) je Periode existieren. Der Grenzwert für n = k wird mit der Regel von L'Hopital berechnet:

$$c_0^2 = \lim_{n \to k} \frac{1-e^{j2\pi(n-k)}}{1-e^{j2\pi\frac{n-k}{M}}} = \lim_{n \to k} \frac{j2\pi \cdot e^{j2\pi(n-k)}}{j\frac{2\pi}{M} \cdot e^{j2\pi\frac{n-k}{M}}} = M \tag{2-25}$$

2.3 Die Dirac-Funktion

Die im vorigen Abschnitt eingeführte Fourier-Reihe ist wie wir gesehen haben in ihrer Anwendung auf periodische Funktionen beschränkt. Weitaus häufiger treten nichtperiodische Signale auf. (Diese können auch als Sonderfall einer periodischen Funktion mit der Periodendauer $T_0 = \infty$ aufgefasst werden.) Es ist anzustreben, für sie eine ähnliche mathematische Beschreibung zu entwickeln. Die Basis dafür ist die Dirac-Funktion. Sie soll nun eingeführt werden.

Wir wählen wiederum die harmonische Schwingung als Aufbaufunktion. Im Gegensatz zur Fourier-Reihe seien im Spektrum nicht nur Frequenzen zugelassen, die ein ganzes Vielfaches der Grundfrequenz f_0 sind, sondern beliebige, deren Abstand $df \to 0$ betragen kann. Das Spektrum verläuft also lückenlos über der Frequenzachse. Zunächst sei der einfache Fall angenommen, dass alle Spektralanteile die gleiche Amplitude a haben. Das Spektrum sei auf den Bereich $-f_g \leq f \leq f_g$ beschränkt. Dann gilt

$$f(t) = a \int_{-f_g}^{f_g} e^{j2\pi f t} df \tag{2-26}$$

für die zugehörige Zeitfunktion. An die Stelle der Summe ist nun das Integral getreten. Die Lösung von (2-26) lautet:

$$f(t) = a \frac{e^{j2\pi f_g t} - e^{-j2\pi f_g t}}{j2\pi t} = a \frac{2j \cdot \sin(2\pi f_g t)}{2j\pi t} = a \cdot 2f_g \frac{\sin(2\pi f_g t)}{2\pi f_g t} \qquad (2\text{-}27)$$

$$f(t) = a \cdot 2f_g \operatorname{sinc}(2\pi f_g t)$$

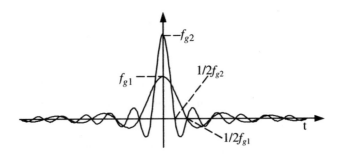

Bild 2.9: Spaltfunktion (2-23) $f_{g1} < f_{g2}$

Die Funktion sinc(x) ist die bekannte Spaltfunktion und hat einen Verlauf nach Bild 2.9. Die Nullstellen dieser Funktion liegen im Abstand $1/2 f_g$. Wir wollen in Vorbereitung auf die weiteren Betrachtungen die Fläche unter $f(t)$ von (2-27) berechnen. Das Ergebnis

$$\int_{-\infty}^{\infty} f(t)dt = a \cdot 2f_g \int_{-\infty}^{\infty} \operatorname{sinc}(2\pi f_g t)dt = a \frac{2f_g}{2\pi f_g}(\operatorname{Si}(\infty) - \operatorname{Si}(-\infty)) = a \qquad (2\text{-}28)$$

$$(\operatorname{Si}(x) = \int_0^x \operatorname{sinc}(x)dx = \text{Integralsinus, Si}(\pm\infty) = \pm\frac{\pi}{2})$$

zeigt, dass sie unabhängig von f_g ist.

Jetzt heben wir die Beschränkung des Frequenzbereiches auf und bilden den Grenzübergang $f_g \to \infty$ von $2f_g \operatorname{sinc}(2\pi f_g t)$. Dabei fallen die Nullstellen im Bild 2.9 alle im Koordinatenursprung zusammen und die Amplitude wird unendlich. Es entsteht so ein „Impuls" der Dauer Null, der Amplitude unendlich und der Fläche eins. Diese Grenzfunktion

$$\delta(t) = \int_{-\infty}^{\infty} e^{j2\pi f t} df \qquad (2\text{-}29)$$

heißt Dirac-Funktion oder δ-Impuls. Für sie wurde die Bezeichnung $\delta(t)$ eingeführt und die graphische Darstellung nach Bild 2.10 vereinbart.

2.3 Die Dirac-Funktion

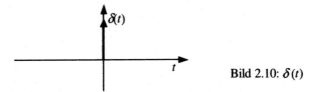

Bild 2.10: $\delta(t)$

Somit gilt schließlich für die Funktion (2-27) nach dem Grenzübergang

$$\lim_{f_g \to \infty} (f(t)) = \lim_{f_g \to \infty} a \cdot \int_{-f_g}^{f_g} e^{j2\pi ft} df = a \cdot \delta(t)$$

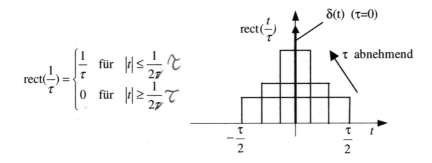

Bild 2.11: Rechteckfolge

Die δ-Funktion gehört zu den sog. Distributionen, die Grenzfunktionen von Funktionenfolgen sind. Es gibt verschiedene Funktionenfolgen, die zur δ-Funktion führen. Sehr anschaulich ist die Herleitung mit Hilfe der Rechteckfolge im Bild 2.11. Die δ-Funktion ist also als extrem kurzer Impuls zu deuten und so für Messzwecke wenigstens näherungsweise zu erzeugen. Schließlich wollen wir eine 3. Funktionenfolge

$$\delta(t) = \frac{1}{\pi} \lim_{a \to 0} \frac{a}{a^2 + t^2} \qquad (2\text{-}30)$$

mit der δ-Funktion als Grenzfunktion angeben. Es gilt nämlich

$$\int_{-\infty}^{\infty} \frac{a}{a^2 + t^2} dt = \pi$$

d.h. die Fläche ist wieder unabhängig vom Parameter a. Mit Bild 2.12 folgt daraus in Analogie zu den obigen Betrachtungen die Gültigkeit von (2-30).

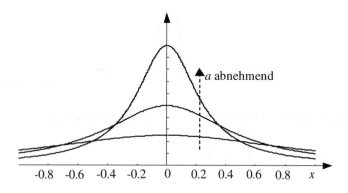

Bild 2.12: Zur δ-Funktion

Wegen der Bedeutung der δ-Funktion für die zu behandelnden Transformationen sind die wichtigsten Eigenschaften in der Tabelle 2-1 zusammengestellt, ohne auf die Distributionentheorie einzugehen.

Tabelle 2-1: Eigenschaften der δ-Funktion:

$$\delta(t) = \int_{-\infty}^{\infty} e^{j2\pi ft} df \quad \text{oder} \quad \delta(t) = \lim_{\tau \to 0} \text{rect}\left(\frac{t}{\tau}\right) \quad \text{oder} \quad \delta(t) = \lim_{a \to 0} \frac{a}{a^2 + t^2} \qquad (2\text{-}31\text{a-c})$$

$$\int_{-\infty}^{\infty} \delta(t) dt = 1 \qquad \Rightarrow \quad \text{Fläche} = 1 \qquad (2\text{-}32)$$

$$f(t) \cdot \delta(t - t_0) = f(t_0) \cdot \delta(t - t_0) \qquad \Rightarrow \quad \text{Abtastung} \qquad (2\text{-}33)$$

$$\int_{-\infty}^{\infty} f(t) \delta(t - t_0) dt = f(t_0) \qquad \Rightarrow \quad \text{Ausblendeigenschaft} \qquad (2\text{-}34)$$

$$\int_{-\infty}^{\infty} f(\tau) \cdot \delta(t - \tau) d\tau = f(t) \qquad \Rightarrow \quad \text{Faltung} \qquad (2\text{-}35)$$

Die Beziehung (2-35) ist das sog. Faltungsintegral. Wegen seiner häufigen Anwendung ist dafür die verkürzte Schreibweise

$$\int_{-\infty}^{\infty} f_1(\xi) \cdot f_2(x - \xi) d\xi = f_1(x) * f_2(x) \qquad (2\text{-}36)$$

vereinbart worden. Gleichung (2-35) sagt aus, dass man sich jede beliebige Funktion als Überlagerung von mit dieser Funktion „gewichteten" δ-Funktionen vorstellen kann. Eine Verschiebeoperation wird mit der δ-Funktion durch

2.3 Die Dirac-Funktion

$$f(t) * \delta(t-t_0) = f(t-t_0) \qquad (2\text{-}37)$$

beschrieben. Unter Berücksichtigung der Eigenschaften (2-21) bis (2-35) kann die δ-Funktion wie eine gewöhnliche Funktion behandelt werden. Insbesondere ist sie integrierbar:

$$\int_{-\infty}^{t} \lim_{\tau \to 0} \operatorname{rect}\left(\frac{u}{\tau}\right) du = \lim_{\tau \to 0} \int_{-\infty}^{t} \operatorname{rect}\left(\frac{u}{\tau}\right) du$$

$$= \lim_{\tau \to 0} \begin{cases} 0 & \text{für} \quad -\infty \leq t < -\dfrac{\tau}{2} \\ \dfrac{t}{\tau} + \dfrac{1}{2} & \text{für} \quad -\dfrac{\tau}{2} \leq t < \dfrac{\tau}{2} \\ 1 & \text{für} \quad t \geq \dfrac{\tau}{2} \end{cases} \qquad (2\text{-}38)$$

Bild 2.13 verdeutlicht den Grenzübergang $\tau \to 0$ in der Beziehung (2-38). Es entsteht eine neue Distribution $\varepsilon(t)$, die wegen ihrer Form Sprungfunktion genannt wird.

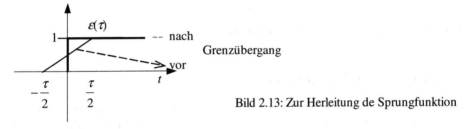

Bild 2.13: Zur Herleitung de Sprungfunktion

Schließlich folgt

$$\int_{-\infty}^{t} \delta(t) dt = \varepsilon(t) \qquad (2\text{-}39)$$

Man kann leicht zeigen, dass auch (2-40) Gültigkeit hat.

$$\frac{d\varepsilon(t)}{dt} = \delta(t) \qquad (2\text{-}40)$$

Wir werden gelegentlich von der Sprungfunktion Gebrauch machen. Wie im Falle der δ–Funktion gibt es auch zur Herleitung der Sprungfunktion verschiedene Funktionenfolgen. Ein Beispiel ist mit

$$f(t) = \begin{cases} 0 & \text{für} \quad t < 0 \\ e^{-at} & \text{für} \quad t \geq 0 \end{cases} \qquad \varepsilon(t) = \lim_{a \to 0} e^{-at} \quad \text{für} \quad t \geq 0 \qquad (2\text{-}41)$$

gegeben. Eine weitere Möglichkeit zur Sprungfunktion zu gelangen folgt aus

$$\varepsilon(t) = \lim_{a \to \infty} \frac{1}{\pi}\left(\frac{\pi}{2} + \tan^{-1}(a \cdot t)\right) \qquad (2\text{-}42)$$

und Bild 2.14.

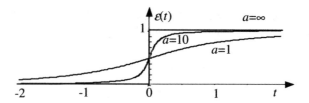

Bild: 2.14: Zur Entstehung der Sprungfunktion $\varepsilon(t)$

Für die Faltung der Sprungfunktion mit einer beliebigen Funktion findet man den Zusammenhang

$$f(t) * \varepsilon(t) = \int_{-\infty}^{\infty} f(\tau) \cdot \varepsilon(t-\tau) d\tau = \int_{-\infty}^{t} f(\tau) d\tau \qquad (2\text{-}43)$$

da $\varepsilon(t)$ für das Argument < 0 verschwindet und im übrigen eins ist.

2.4 Zerlegung von Funktionen

Bei der Anwendung der hier zu besprechenden Transformationen wird die Rechnung meist vereinfacht, wenn die Funktionen gerade oder ungerade sind. Es ist daher häufig zweckmäßig eine beliebige Funktion durch die Überlagerung eines geraden und eines ungeraden Teils zu beschreiben.

Gerade und ungerade Funktionen sind durch die Eigenschaften

    Gerade Funktion $\qquad f(x) = f(-x)$ (2-44)

    Ungerade Funktion $\qquad f(x) = -f(-x)$ (2-45)

definiert.

Wir wollen eine gerade Funktion mit dem Index g und die ungerade mit dem Index u bezeichnen. Dann gilt mit

$$f(x) = f_g(x) + f_u(x)$$

offensichtlich

$$f(x) + f(-x) = f_g(x) + f_u(x) + f_g(x) - f_u(x) = 2 f_g(x)$$

und

$$f(x) - f(-x) = f_g(x) + f_u(x) - (f_g(x) - f_u(x)) = 2 f_u(x)$$

bzw.

$$f_g(x) = \frac{1}{2}(f(x) + f(-x)) \qquad \text{und}$$

2.4 Zerlegung von Funktionen

$$f_u(x) = \frac{1}{2}(f(x) - f(-x)) \tag{2-46}$$

Bild 2.15 demonstriert ein Beispiel für eine solche Zerlegung.

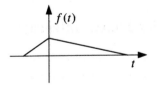

$$f_g(t) = \frac{1}{2}[f(t) + f(-t)] \qquad\qquad f_u(t) = \frac{1}{2}[f(t) - f(-t)]$$

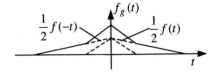
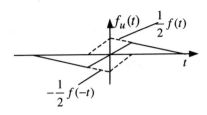

Bild 2.15: Zerlegung einer Funktion

Ergänzung:

Bei komplexen Funktionen sind in dem hier zu besprechenden Zusammenhang solche von besonderem Interesse, für die

a) $\quad f(x) = f_r(x) + jf_i(x) = f^*(-x) \qquad$ oder $\hfill (2\text{-}47)$

b) $\quad f(x) = f_r(x) + jf_i(x) = -f^*(-x) \hfill (2\text{-}48)$

erfüllt ist.

Im Fall a) heißt das:

$$f_r(x) = f_g(x) \quad \text{und} \quad f_i(x) = f_u(x) \tag{2-48a}$$

und im Fall b)

$$f_r(x) = f_u(x) \quad \text{und} \quad f_i(x) = f_g(x) \tag{2-48a}$$

3 Grundlagen der Fouriertransformation

3.1 Die Herleitung der Fourierintegrale

Es sei eine beliebige Funktion $f(t)$. Mit (2-35) kann sie als Faltung mit der δ-Funktion geschrieben werden. Wird für die Dirac-Funktion (2-29) eingesetzt, gilt

$$f(t) = f(t) * \delta(t) = \int_{-\infty}^{\infty} f(\tau) \cdot \delta(t-\tau) d\tau = \int_{-\infty}^{\infty} f(\tau) (\int_{-\infty}^{\infty} e^{j2\pi f(t-\tau)} df) d\tau \qquad (3\text{-}1)$$

Die Reihenfolge der Integration in (3-1) darf vertauscht werden:

$$f(t) = \int_{-\infty}^{\infty} (\int_{-\infty}^{\infty} f(\tau) e^{-j2\pi f \tau} d\tau) e^{j2\pi f t} df \qquad (3\text{-}2)$$

Das innere Integral von (3-2) ergibt eine Funktion

$$F(f) = \int_{-\infty}^{\infty} f(t) e^{-j2\pi f t} dt \qquad \text{Fourierintegral} \qquad (3\text{-}3)$$

die nur von der Frequenz abhängt. Sie wird die Fouriertransformierte von $f(t)$ genannt. Ähnlich wie durch die Fourier-Reihe (2-16) einer periodischen Funktion die spektralen Koeffizienten c_n (2-15) zugeordnet werden, ordnet das Fourierintegral einer beliebigen, nichtperiodischen Zeitfunktion eine Spektralfunktion zu. Aus Gleichung (3-3) ist zu erkennen, dass die Fouriertransformierte anders als die Fourierkoeffizienten c_n die Dimension

$$\frac{[\text{Dimension von } F(f)]}{\frac{1}{s}} = \frac{[\text{Dimension von } F(f)]}{Hz}$$

hat. Sie ist so als spektrale Verteilungsdichte zu deuten. Man spricht daher von der spektralen (komplexen) Amplitudendichte oder vom Amplitudendichtespektrum. Die Verwandtschaft zwischen Fourier-Reihe und Fouriertransformation wird durch die folgenden Überlegungen noch deutlicher. Eine nichtperiodische Funktion kann auch als periodische mit der Periodendauer $T_0 = \infty$ gedeutet werden. So folgt (3-3) auch aus (2-15) durch den Grenzübergang $T_0 \to \infty$

$$\lim_{T_0 \to \infty} c_n \cdot T_0 = \lim_{T_0 \to \infty} \int_{-\frac{T_0}{2}}^{\frac{T_0}{2}} f(t) \cdot e^{-j2\pi n f_0 t} dt = \int_{-\infty}^{\infty} f(t) \cdot e^{-j2\pi f t} dt = F(f)$$

wobei zu beachten ist, dass wegen $1/T_0 = f_0 \to 0$ aus $n \cdot f_0$ die kontinuierliche Variable f wird. Bei gegebener Amplitudendichte ist die Originalfunktion $f(t)$ mit (3-2) durch das inverse Fourierintegral

$$f(t) = \int_{-\infty}^{\infty} F(f) e^{j2\pi ft} df \quad \textit{inverses Fourierintegral} \tag{3-4}$$

bestimmt. Es stellt die Rücktransformation in den Zeitbereich dar. Die Gleichungen (3-3) und (3-4) definieren die Fouriertransformation. Es wird die folgende Schreibweise vereinbart:

$$F(f) = FT\{f(t)\} \quad f(t) = FT^{-1}\{F(f)\}$$

und $f(t) \xleftrightarrow{FT} F(f)$ heißt $f(t)$ und $F(f)$ sind wechselseitig durch die Fouriertransformation verknüpft.

Für die Anwendung der Fouriertransformation ist entscheidend, ob das Integral (3-3) existiert. Der allgemeine Existenzbeweis ist aufwendig. Auf ihn soll verzichtet werden. Eine hinreichende (nicht notwendige) Bedingung ist die absolute Integrierbarkeit der Zeitfunktion $f(t)$:

$$\int_{-\infty}^{\infty} |f(t)| dt < \infty \tag{3-5}$$

Es gibt Funktionen, für die (3-5) nicht erfüllt ist, deren Fouriertransformierte jedoch existiert. Insbesondere trifft dies auf periodische Funktionen zu. Wir werden später zeigen, dass mit Hilfe der δ-Funktion auch für sie Fouriertransformationen berechnet werden können.

3.2 Einfache Beispiele

δ-Funktion

Zunächst sei die Fouriertransformierte der δ-Funktion berechnet. Unter Beachtung von (2-29) und (2-30) erhalten wir

$$FT\{\delta(t)\} = \int_{-\infty}^{\infty} \delta(t) \cdot e^{-j2\pi ft} dt = \int_{-\infty}^{\infty} e^{-j0} \delta(t) dt = 1 \quad \text{also}$$

$$\delta(t) \xleftrightarrow{FT} 1 \tag{3-6}$$

Dieses Ergebnis ist nicht überraschend. Ist doch nach (2-29) die δ-Funktion die Überlagerung aller denkbaren harmonischen Schwingungen mit Frequenzen zwischen -∞ und ∞ deren Amplituden gleich eins sind, d.h. die spektrale Amplitudendichte ist konstant = 1.

Rechteckfunktion

Im Kapitel 2 wurde die Rechteckfunktion (3-7) zur Herleitung der δ-Funktion eingeführt.

$$\text{rect}\left(\frac{t}{\tau}\right) = \begin{cases} 0 & |t| > \frac{\tau}{2} \\ \frac{1}{\tau} & |t| \leq \frac{\tau}{2} \end{cases} \tag{3-7}$$

Auch für sie ist (3-5) erfüllt und sie muss eine Fouriertransformierte besitzen.

$$FT\left\{\text{rect}\left(\frac{t}{\tau}\right)\right\} = \int_{-\frac{\tau}{2}}^{\frac{\tau}{2}} \frac{1}{\tau} e^{-j2\pi ft} dt = \frac{1}{\tau} \frac{e^{-j\pi f\tau} - e^{j\pi f\tau}}{-j2\pi f} = \frac{\sin(\pi f\tau)}{\pi f\tau} = \text{sinc}(\pi f\tau)$$

also

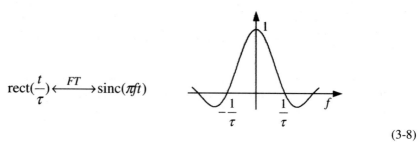

$$\text{rect}(\frac{t}{\tau}) \xleftrightarrow{FT} \text{sinc}(\pi ft)$$

(3-8)

Die Sprungfunktion

Mit der Sprungfunktion ist ein Beispiel gegeben, für das die Bedingung (3-5) nicht erfüllt ist. Wir werden nun zeigen, dass auch für sie eine Fouriertransformierte existiert. Zur Herleitung gehen wir von (2-41) aus.

$$FT\{\varepsilon(t)\} = \int_0^\infty \lim_{a\to 0} e^{-at} \cdot e^{-j2\pi ft} dt = \lim_{a\to 0} \int_0^\infty e^{-(a+j2\pi f)t} dt$$

$$FT\{\varepsilon(t)\} = \lim_{a\to 0} \frac{1}{(a+j2\pi f)} = \lim_{a\to 0}\left[\frac{a}{a^2+(2\pi f)^2} - \frac{j2\pi f}{a^2+(2\pi f)^2}\right]$$

Der Realteil geht beim Grenzübergang wegen (2-31c) in $\frac{1}{2}\delta(f)$ über. Für den Imaginärteil bestätigt man leicht $\text{Im}\{F(f)\}|_{f=0} = 0$ unabhängig von a. Damit gilt die Korrespondenz:

$$\varepsilon(t) \xleftrightarrow{FT} \frac{1}{2}(\delta(f) + \frac{1}{j\pi f}) \qquad \text{Im}\{F(f)\}|_{f=0} = 0 \qquad (3-9)$$

Periodische Funktionen

Die harmonische Schwingung

Das einfachste Beispiel einer periodischen Funktion ist die harmonische Schwingung $e^{j2\pi f_0 t}$. Sie erfüllt die Bedingung (3-5) nicht. Wir wollen trotzdem versuchen, $FT\{e^{j2\pi f_0 t}\}$ zu berechnen. Zuvor definieren wir in Analogie zu (2-29) im Bildbereich eine δ-Funktion

$$\delta(f) = \int_{-\infty}^{\infty} e^{-j2\pi ft} dt \qquad (3-10)$$

Mit ihr findet man:

$$FT\{e^{j2\pi f_0 t}\} = \int_{-\infty}^{\infty} e^{j2\pi f_0 t} \cdot e^{-j2\pi ft} dt = \int_{-\infty}^{\infty} e^{-j2\pi (f-f_0)t} dt = \delta(f-f_0) \quad \text{bzw.}$$

$$e^{j2\pi f_0 t} \xleftrightarrow{FT} \delta(f-f_0) \tag{3-11}$$

Nun ist es möglich, mit der Fourier-Reihe (2-16) die Fouriertransformierte einer beliebigen *periodischen Funktion* anzugeben, da bei der Berechnung der Spektralfunktion Addition und Integration vertauscht werden können.

$$\sum_{n=-\infty}^{\infty} c_n e^{j2\pi n f_0 t} \xleftrightarrow{FT} \sum_{n=-\infty}^{\infty} c_n \delta(f-nf_0) \tag{3-12}$$

Bei der graphischen Darstellung werden die Linien der Fourier-Reihe (z.B. in Bild 2-7) einfach durch δ-Impulse ersetzt.

3.3 Eigenschaften und Rechenregeln

Für die Anwendung der Fouriertransformation ist es oft nützlich, bestimmte Detailkenntnisse über ihre Eigenschaften zu besitzen. Es werden nun die wichtigsten Eigenschaften und Rechenregeln der Fouriertransformation untersucht.

3.3.1 Allgemeine Eigenschaften der Fouriertransformation

- Die Fouriertransformierte einer im Allgemeinen komplexen Funktion $f(t) = f_r(t) + jf_i(t)$ ist ebenfalls eine komplexe Funktion:

Beweis:

$$F(f) = \int_{-\infty}^{\infty} f(t) \cdot e^{-j2\pi f t} dt = \int_{-\infty}^{\infty} (f_r(t) \cdot \cos(2\pi f t) + f_i(t) \cdot \sin(2\pi f t)) dt$$

$$-j \int_{-\infty}^{\infty} (f_r(t) \cdot \sin(2\pi f t) - f_i(t) \cdot \cos(2\pi f t)) dt$$

$$F(f) = \operatorname{Re}\{F(f)\} + j \operatorname{Im}\{F(f)\} = |F(f)| \cdot e^{j\Phi(f)} \tag{3-13}$$

mit $\quad |F(f)| = \sqrt{\operatorname{Re}\{F(f)\}^2 + \operatorname{Im}\{F(f)\}^2} \quad$ und $\quad \Phi(f) = \tan^{-1}\left(\dfrac{\operatorname{Im}\{F(f)\}}{\operatorname{Re}\{F(f)\}}\right) \tag{3-14}$

- Spiegelung der Zeitfunktion:

$$f(-t) \xleftrightarrow{FT} F(-f) \tag{3-15}$$

Beweis: Die Fouriertransformierte der gespiegelten Funktion $f(-t)$ ist mit (3-1):

$$FT\{f(-t)\} = \int_{-\infty}^{\infty} f(-t) \cdot e^{-j2\pi f t} dt$$

Mit der Substitution $-t \to \tau$ wird daraus

$$= -\int_{\infty}^{-\infty} f(\tau) \cdot e^{-j2\pi(-f)\tau} d\tau = \int_{-\infty}^{\infty} f(\tau) \cdot e^{-j2\pi(-f)\tau} d\tau = F(-f)$$

- Konjugiert komplexe Zeitfunktion:

$$f^*(t) \xleftrightarrow{FT} F^*(-f) \tag{3-16}$$

Beweis: Für die konjugiert komplexe Funktion $f^*(t)$ führt die Anwendung des Fourierintegrals zu

$$FT\{f^*(t)\} = \int_{-\infty}^{\infty} f^*(t) \cdot e^{-j2\pi ft} dt = \left(\int_{-\infty}^{\infty} f(t) \cdot e^{-j2\pi(-f)t} dt \right)^* = F^*(-f)$$

- Spiegelung der konjugiert komplexen Zeitfunktion:

$$f^*(-t) \xleftrightarrow{FT} F^*(f) \tag{3-17}$$

Beweis: Durch Bildung der konjugierten Fouriertransformierten folgt mit (3-1) und der Substitution $t \to -t$ direkt die Beziehung (3-17).

$$F^*(f) = \left(\int_{-\infty}^{\infty} f(t) \cdot e^{-j2\pi ft} dt \right)^* = \int_{-\infty}^{\infty} f^*(t) \cdot e^{j2\pi ft} dt = \int_{-\infty}^{\infty} f^*(-t) \cdot e^{-j2\pi ft} dt$$

- Symmetrie der Fouriertransformation:

Die beiden Fourierintegrale (3-3) und (3-4) unterscheiden sich formal nur durch das Vorzeichen im Exponenten der Kernfunktion. Dadurch gelten die beiden sehr nützlichen Relationen

$$\begin{aligned} F(t) &\xleftrightarrow{FT} f(-f) \\ F(-t) &\xleftrightarrow{FT} f(f) \end{aligned} \tag{3-18}$$

Beweis: Die Gültigkeit wird offenbar, wenn in den Transformationsintegralen die Variablen getauscht werden.

Sonderfälle:

1. Reelle Zeitfunktion Bei den meisten Anwendungen ist $f(t)$ reell. Wegen $f^*(t) = f(t)$ führt der Vergleich der Beziehungen (3-15) und (3-17) zu

$$F^*(f) = F(-f) \tag{3-19}$$

Ausführlicher geschrieben lautet (3-19)

$$\operatorname{Re}\{F(f)\} - j\operatorname{Im}\{F(f)\} = \operatorname{Re}\{F(-f)\} + j\operatorname{Im}\{F(-f)\} \tag{3-19a}$$

Daraus liest man ab:

$$\operatorname{Re}\{F(f)\} = \operatorname{Re}\{F(-f)\} \qquad \operatorname{Im}\{F(f)\} = -\operatorname{Im}\{F(-f)\}$$

oder

$$\operatorname{Re}\{F(f)\} = \text{gerade Funktion} \qquad \operatorname{Im}\{F(f)\} = \text{ungerade Funktion} \tag{3-20}$$

Das impliziert:

$$|F(f)| = \text{gerade Funktion} \qquad \arg(F(f)) = \text{ungerade Funktion} \tag{3-20a}$$

3.3 Eigenschaften und Rechenregeln

Ist die Zeitfunktion zusätzlich eine *gerade Funktion* $f_g(t)$, gilt:

$$F(f) = \int_{-\infty}^{\infty} f_g(t) \cdot e^{-j2\pi ft} dt = \int_{-\infty}^{\infty} f_g(t) \cdot (\cos(2\pi ft) - j\sin(2\pi ft))dt = \int_{-\infty}^{\infty} f_g(t) \cdot \cos(2\pi ft) dt$$

$$FT\{f_g(t)\} = \text{reelle, gerade Funktion} \qquad (3\text{-}21)$$

da der Integrand des Imaginärteils eine ungerade Funktion ist und damit das Integral verschwindet.

In analoger Weise zeigt man, dass bei einer reellen *ungeraden Funktion* $f_u(t)$

$$FT\{f_u(t)\} = \text{imaginäre, ungerade Funktion} \qquad (3\text{-}22)$$

erfüllt ist.

2. Imaginäre Zeitfunktion Aus dem Fourierintegral (3-3) folgt mit $f(t) = jf_i(t)$

$$F(f) = j \cdot \int_{-\infty}^{\infty} f_i(t) \cdot e^{-j2\pi ft} dt = j \int_{-\infty}^{\infty} [f_i(t) \cdot \cos(2\pi ft) - jf_i(t) \cdot \sin(2\pi ft)] dt$$

$$= \int_{-\infty}^{\infty} f_i(t) \cdot \sin(2\pi ft) dt + j \int_{-\infty}^{\infty} f_i(t) \cdot \cos(2\pi ft) dt \qquad (3\text{-}23)$$

Mit (3-23) gewinnt man, da $f_i(t)$ reell ist, die Aussagen:

$$\text{Re}\{F(f)\} = \text{ungerade Funktion} \qquad \text{Im}\{F(f)\} = \text{gerade Funktion} \qquad (3\text{-}24)$$

Ebenso erkennen wir aus (3-23) die Zusammenhänge

$$FT\{jf_g(t)\} = \text{imaginäre gerade Funktion} \qquad (3\text{-}25)$$

$$FT\{jf_u(t)\} = \text{reelle ungerade Funktion} \qquad (3\text{-}26)$$

3.3.2 Wichtige Rechenregeln

- Linearität der Fouriertransformation

$$\sum_v a_v f_v(t) \xleftrightarrow{FT} \sum_v a_v F_v(f) \qquad (3\text{-}27)$$

Die Gültigkeit von (3-27) ist offensichtlich, da die Fouriertransformation für jeden Summanden getrennt ausgeführt werden kann, sofern für jede Zeitfunktion $f_v(t)$ eine Fouriertransformierte $F_v(f)$ existiert.

- Ähnlichkeitssatz

$$f(at) \xleftrightarrow{FT} \frac{1}{|a|} F(\frac{f}{a}) \qquad (3\text{-}28)$$

Beweis: $FT\{f(at)\} = \int_{-\infty}^{\infty} f(at) \cdot e^{-j2\pi ft} dt$

1. Fall: $a = k, k > 0$. Mit der Substitution $x = a \cdot t$ folgt

$$FT\{f(at)\} = \frac{1}{k}\int_{-\infty}^{\infty} f(x) \cdot e^{-j2\pi\frac{f}{k}x} dx = \frac{1}{a}F(\frac{f}{a})$$

2. Fall: $a = -k$, $k > 0$. Mit der Substitution $x = at$ folgt nun

$$FT\{f(at)\} = -\frac{1}{k}\int_{\infty}^{-\infty} f(x) \cdot e^{-j2\pi\frac{f}{-k}x} dx = \frac{1}{k}\int_{-\infty}^{\infty} f(x) \cdot e^{-j2\pi\frac{f}{-k}x} dx = \frac{1}{|a|}F(\frac{f}{a})$$

Die Zusammenfassung der Ergebnisse ergibt (3-28)

- Verschiebungssatz (Zeitbereich)

$$f(t-t_0) \xleftrightarrow{FT} F(f) \cdot e^{-j2\pi f t_0} \qquad (3\text{-}29)$$

Beweis: $FT\{f(t-t_0)\} = \int_{-\infty}^{\infty} f(t-t_o) \cdot e^{-j2\pi f t} dt$

Mit der Substitution $t' = t - t_0$ erhält man daraus

$$FT\{f(t-t_0) = \int_{-\infty}^{\infty} f(t') \cdot e^{-j2\pi f(t'-t_0)} = \left[\int_{-\infty}^{\infty} f(t') \cdot e^{-j2\pi f t'} dt\right] \cdot e^{-j2\pi f t_0} = F(f) \cdot e^{-j2\pi f t_0}$$

- Verschiebungssatz (Bildbereich)

$$f(t) \cdot e^{j2\pi f_0 t} \xleftrightarrow{FT} F(f - f_0) \qquad (3\text{-}30)$$

Beweis: $FT^{-1}\{F(f-f_0)\} = \int_{-\infty}^{\infty} F(f-f_0) \cdot e^{j2\pi f t} df$

und weiter nach der Substitution $\bar{f} = f - f_0$

$$FT^{-1}\{F(f-f_0)\} = \left[\int_{-\infty}^{\infty} F(\bar{f}) \cdot e^{j2\pi \bar{f} t} d\bar{f}\right] \cdot e^{j2\pi f_0 t} = f(t) \cdot e^{j2\pi f_0 t}$$

- Faltungssatz

$$f_1(t) * f_2(t) \xleftrightarrow{FT} F_1(f) \cdot F_2(f) \qquad (3\text{-}31)$$

Beweis: Das Faltungsintegral (s. Gleichung (2-36)) wird der Fouriertransformation unterworfen:

$$\int_{-\infty}^{\infty} (\int_{-\infty}^{\infty} f_1(\tau) \cdot f_2(t-\tau) d\tau) \cdot e^{-j2\pi f t} dt$$

Die Reihenfolge der Integration kann vertauscht werden.

$$\int_{-\infty}^{\infty} (f_1(\tau) \int_{-\infty}^{\infty} f_2(t-\tau) \cdot e^{-j2\pi f t} dt) d\tau$$

3.3 Eigenschaften und Rechenregeln

Das innere Integral ist die FT der um τ verschobenen Funktion $f_2(t)$. Mit dem Verschiebungssatz (3-29) folgt daher

$$\int_{-\infty}^{\infty} f_1(\tau) \cdot F_2(f) \cdot e^{-j2\pi f\tau} d\tau = F_2(f) \int_{-\infty}^{\infty} f_1(\tau) \cdot e^{-j2\pi f\tau} d\tau = F_1(f) \cdot F_2(f)$$

In ähnlicher Weise kann gezeigt werden, dass

$$f_1(t) \cdot f_2(t) \xleftrightarrow{FT} F_1(f) * F_2(f) \qquad (3\text{-}32)$$

gültig ist.

- Differentiationssatz (Zeitbereich)

$$\frac{d^{(n)} f(t)}{dt^n} \xleftrightarrow{FT} (j2\pi f)^n \cdot F(f) \qquad (3\text{-}33)$$

Beweis: Unter Verwendung des Fourierumkehrintegrals (3-4) gilt für die Differentiation einer Zeitfunktion

$$\frac{d^{(n)} f(t)}{dt^n} = \frac{d^{(n)}}{dt}[\int_{-\infty}^{\infty} F(f) \cdot e^{j2\pi ft} df] = \int_{-\infty}^{\infty} \frac{d^{(n)}}{dt}(F(f) \cdot e^{j2\pi ft}) df = \int_{-\infty}^{\infty} (j2\pi f)^n F(f) \cdot e^{j2\pi ft} df$$

$$= FT^{-1}\{(j2\pi f)^n F(f)\}$$

Damit ist die Beziehung (3-33) bestätigt.

- Differentiationssatz (Frequenzbereich)

$$(-j2\pi t)^n \cdot f(t) \xleftrightarrow{FT} \frac{d^{(n)} F(f)}{df^n} \qquad (3\text{-}34)$$

Der Beweis kann in ähnlicher Weise wie im Zeitbereich geführt werden.

- Integrationssatz (Zeitbereich)

$$\int_{-\infty}^{t} f(\tau) d\tau \xleftrightarrow{FT} \frac{1}{2}(F(0) \cdot \delta(f) + \frac{F(f)}{j\pi f}) \qquad (3\text{-}35)$$

Beweis: Mit (2-43) ist das zu transformierende Integral das Faltungsprodukt $f(t) * \varepsilon(t)$. Mit dem Faltungssatz (3-31) der Korrespondenz (3-9) und der Eigenschaft (2-38) der δ-Funktion erhält man:

$$\int_{-\infty}^{t} f(\tau) d\tau = f(t) * \varepsilon(t) \xrightarrow{FT} F(f) \cdot \frac{1}{2}(\delta(f) + \frac{1}{j\pi f}) = \frac{1}{2}(F(0) \cdot \delta(f) + \frac{F(f)}{j\pi f})$$

- Integrationssatz (Frequenzbereich)

$$\frac{1}{2}(f(0) \cdot \delta(t) - \frac{f(t)}{j\pi t}) \xleftrightarrow{FT} \int_{-\infty}^{f} F(\eta) d\eta \qquad (3\text{-}36)$$

Beweis: Es wird eine Frequenzsprungfunktion $\varepsilon(f)$ eingeführt. Die zugehörige Zeitfunktion ist wegen der Eigenschaft (3-25) und der Korrespondenz (3-9) $FT^{-1}\{\varepsilon(f)\} = \frac{1}{2}(\delta(t) - \frac{1}{j\pi t})$. Damit folgt in analoger Weise wie im Zeitbereich die Beziehung (3-36).

3.4 Demonstrationsbeispiele

In diesem Abschnitt wird die Anwendung der im vorangegangenen Kapitel angegebenen Regeln der Fouriertransformation an Beispielen demonstriert.

Beispiel 1:

Gegeben: Funktion wie im Bild 3.1 skizziert.

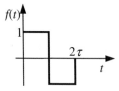

Bild 3.1: Beispielfunktion

Gesucht: Zugehörige Fouriertransformierte

Lösung: Die Anwendung des Fourierintegrals (3-3) führt zu folgender Rechnung:

$$\int_0^\tau e^{-j2\pi ft} dt - \int_\tau^{2\tau} e^{-j2\pi ft} dt = \frac{e^{-j2\pi f\tau} - 1 - e^{-j4\pi f\tau} + e^{-j2\pi f\tau}}{-j2\pi f}$$

$$= \frac{e^{-j2\pi f\tau} - 1 - (e^{-j2\pi f\tau} - 1)e^{-j2\pi f\tau}}{-j2\pi f} = \frac{(e^{-j2\pi f\tau} - 1)(1 - e^{-j2\pi f\tau})}{-j2\pi f}$$

$$= \frac{(e^{-j\pi f\tau} - e^{j\pi f\tau})e^{-j\pi f\tau}(e^{j\pi f\tau} - e^{-j\pi f\tau})e^{-j\pi f\tau}}{-j2\pi f}$$

$$F(f) = j \cdot 2 \frac{\sin^2(\pi f \tau)}{\pi f} e^{-j2\pi f \tau} \qquad (3\text{-}37)$$

Zur Lösung der Aufgabe kann auch auf die Korrespondenz (3-8) von Abschnitt 3.2 zurückgegriffen werden. Die gegebene Funktion ist die Überlagerung zweier Rechteckfunktionen, die um $\tau/2$ bzw. $3\tau/2$ nach rechts verschoben sind:

$$f(t) = \tau \cdot \text{rect}\left(\frac{t - \frac{\tau}{2}}{\tau}\right) - \tau \cdot \text{rect}\left(\frac{t - \frac{3\tau}{2}}{\tau}\right)$$

Die Anwendung der Regeln Additivität (3-27), Verschiebungssatz (3-29) und der Korrespondenz (3-8) führt ohne Schwierigkeiten auf die Spektralfunktion:

3.4 Demonstrationsbeispiele

$$F(f) = \tau \cdot \left(\text{sinc}(\pi f \tau) \cdot e^{-j\pi f \tau} - \text{sinc}(\pi f \tau) \cdot e^{-j3\pi f \tau}\right)$$

$$F(f) = \tau \cdot \text{sinc}(\pi f \tau) \cdot (e^{j\pi f \tau} - e^{-j\pi f \tau}) \cdot e^{-j2\pi f \tau} = j \cdot 2 \frac{\sin^2(\pi f \tau)}{\pi f} e^{-j2\pi f \tau}$$

Schließlich kann die Lösung auch mit Hilfe des Differentiationssatzes gefunden werden. Wir schreiben die gegebene Funktion als Überlagerung von Sprungfunktionen

$$f(t) = \varepsilon(t) - 2 \cdot \varepsilon(t - \tau) + \varepsilon(t - 2\tau)$$

und transformieren deren Ableitung (s. (2-39)) mit Hilfe der Korrespondenz (3-6), des Verschiebungssatzes (3-29) und des Differentiationssatzes (3-33):

$$f'(t) = \delta(t) - 2\delta(t - \tau) + \delta(t - 2\tau) \xrightarrow{FT} 1 - 2 \cdot e^{-j2\pi f \tau} + e^{-j4\pi f \tau} = j2\pi f \cdot F(f)$$

$$= (1 - e^{-j2\pi f \tau})^2 = (e^{j\pi f \tau} - e^{-j\pi f \tau})^2 e^{-j2\pi f \tau} = -4 \cdot \sin^2(\pi f \tau) \cdot e^{-j2\pi f \tau} = j2\pi f \cdot F(f)$$

bzw. $\quad F(f) = j2 \dfrac{\sin^2(\pi f \tau)}{\pi f} e^{-j2\pi f \tau}$

Die graphische Auswertung des Ergebnisses ist im Bild 3.2 wiedergegeben. Da $f(t)$ eine reelle Funktion ist, sind entsprechend (3-20) Realteil und Betrag gerade und Imaginärteil und Phase ungerade Funktionen.

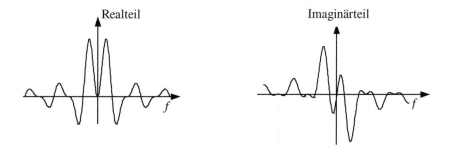

Bild 3.2: Fouriertransformierte zur Funktion von Bild 3.1

Beispiel 2:

Gegeben: Zeitfunktion nach Bild 3.3

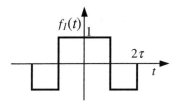

Bild 3-3: Funktion zum zweiten Beispiel

Gesucht: Fouriertransformierte $F(f)$

Lösung: Bei der formalen Anwendung des Fourierintegrals entstehen in diesem Fall vier Integrale. Einfacher wird die Lösung mit dem Ansatz $f_1(t) = f(t) + f(-t)$. Dabei ist $f(t)$ die Funktion von Beispiel 1. Mit der Regel (3-15) $f(-t) \xleftrightarrow{FT} F(-f)$ und (3-37) findet man

$$F_1(f) = j2\frac{\sin^2(\pi f\tau)}{\pi f}(e^{-j2\pi f\tau} - e^{j2\pi f\tau}) = 4\frac{\sin^2(\pi f\tau)\cdot\sin(2\pi f\tau)}{\pi f}$$

Das Ergebnis kann aber auch ohne Rechnung aus (3-37) abgeleitet werden, da nach (2-46) $f_1(t) = 2\cdot f_g(t)$ der zweifache gerade Anteil der Funktion $f(t)$ ist und damit die Eigenschaft (3-20) genutzt werden kann, so dass $F_1(f) = 2\cdot\text{Re}\{F(f)\}$ folgt. Von der Richtigkeit überzeugt man sich wegen $e^{-j2\pi f\tau} = \cos(2\pi f\tau) - j\sin(2\pi f\tau)$ schnell.

3.5 Die Fouriertransformation diskreter Funktionen

3.5.1 Die Transformationsbeziehungen

Zeitdiskrete Funktionen sind solche, die nur zu äquidistanten Zeitpunkten nT von Null verschiedene Werte besitzen. Sie stellen also eine zeitliche Wertefolge $f(nT)$ dar. Bild 3.4 zeigt beispielhaft eine solche Folge als Diagramm.

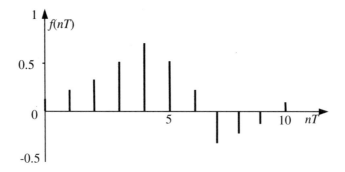

Bild 3-4: Zeitdiskrete Funktion

Soll nun für derartige Funktionen die Fouriertransformation berechnet werden, muss ein mathematischer Ausdruck zu ihrer Beschreibung gefunden werden. Das gelingt am besten mit Hilfe der δ-Funktion

$$f(t) = \sum_{n=-\infty}^{\infty} f(nT)\cdot\delta(t - nT) \tag{3-38}$$

Die Anwendung des Fourierintegrals (3-3) auf (3-38) führt auf die Gleichung

3.5 Die Fouriertransformation diskreter Funktionen

$$F(f) = \int_{-\infty}^{\infty} \sum_{n=-\infty}^{\infty} f(nT) \cdot \delta(t - nT) dt \qquad (3\text{-}39)$$

Summation und Integration können vertauscht werden

$$F(f) = \sum_{n=-\infty}^{\infty} [f(nT) \int_{-\infty}^{\infty} \delta(t - nT) \cdot e^{-j2\pi f t} dt]$$

und unter Verwendung der Korrespondenz (3-6) und des Verschiebungssatzes (3-29) findet man schließlich

$$F(f) = \sum_{n=-\infty}^{\infty} f(nT) \cdot e^{-j2\pi f n T} \qquad (3\text{-}40)$$

Die Fouriertransformierte ist eine unendliche Reihe von Exponentialfunktionen. Sie ist eine Fourier-Reihe im Bildbereich (vergleiche mit (2-16)), deren Koeffizienten $f(nT)$ die Werte der Originalfolge sind. Sie ist kontinuierlich und periodisch mit der Frequenz $f_B = 1/T$. Bei gegebener Spektralfunktion $F(f)$ lassen sich somit nach (2-15) die Koeffizienten durch

$$f(nT) = \frac{1}{f_B} \int_{-\frac{f_B}{2}}^{\frac{f_B}{2}} F(f) \cdot e^{j2\pi f n T} df = T \int_{-\frac{1}{2T}}^{\frac{1}{2T}} F(f) \cdot e^{j2\pi f n T} df \qquad (3\text{-}41)$$

bestimmen. Die Gleichungen (3-40) und (3-41) sind die auf zeitdiskrete Funktionen angepassten Transformationsbeziehungen der Fouriertransformation. Nachdem wir schon früher mit (3-12) gefunden haben, dass

> kontinuierliche periodische Zeitfunktionen im Allgemeinen ein diskretes, sich auf der gesamten f-Achse erstreckendes Amplitudendichtespektrum besitzen,

stellen wir nun fest, dass

> zu kontinuierlichen periodischen Frequenzfunktionen unendlich ausgedehnte diskrete Zeitfunktionen gehören.

Die *Faltung für diskrete Funktionen* nimmt bei festem n die Form

$$f_1(nT) * f_2(nT) = \int_{-\infty}^{\infty} f_1(\tau) \cdot f_2(nT - \tau) d\tau \qquad (3\text{-}42)$$

an. Da auch die Integrationsvariable τ nur an den definierten Zeitpunkten $\tau = m \cdot T$ zu betrachten ist, tritt an die Stelle des Integrals eine Summe. Mit $d\tau \to \Delta\tau = T$ geht (3-42) in die Beziehung

$$f_1(nT) * f_2(nT) = T \sum_{m=-\infty}^{\infty} f_1(mT) \cdot f_2\big((n-m)T\big) \qquad (3\text{-}43)$$

über.

Anmerkung: Die Faltungssumme (3-43) wird meistens auf die Taktzeit normiert und somit $T = 1$ gesetzt.

3.5.2 Elementarfunktionen

Diskrete δ-Funktion $\delta(nT)$

In Analogie zu (2-34) wird die diskrete δ-Funktion so definiert, dass

$$f(nT) * \delta(nT) = f(nT) \tag{3-44}$$

gilt. Ausführlich heißt das mit (3-43)

$$\sum_{m=-\infty}^{\infty} f(mT) \cdot \delta((n-m)T) = f(nT)$$

was offenbar nur zutreffend ist, wenn

$$\delta(nT) = \begin{cases} 1 & n = 0 \\ 0 & n \neq 0 \end{cases} \tag{3-45}$$

erfüllt ist. An die Stelle der Distribution $\delta(t)$ bei kontinuierlichen Signalen ist jetzt eine 1 getreten. Für die Fouriertransformierte erhält man mit (3-40),

$$\text{FT}\{\delta(nT)\} = \sum_{n=-\infty}^{\infty} \delta(nT) \cdot e^{-j2\pi f nT} = 1 \tag{3-46}$$

da nur für n = 0 ein von Null verschiedener Wert existiert.

Diskrete Sprungfunktion $\varepsilon(nT)$

In Anlehnung an die zeitkontinuierliche Sprungfunktion wird auch für eine diskrete Sprungfunktion $\varepsilon(nT)$ definiert. Da mit (3-44)

$$\varepsilon(nT) * \delta(nT) = \varepsilon(nT)$$

erfüllt ist, findet man

$$\sum_{m=-\infty}^{\infty} \delta(mT) \cdot \varepsilon((n-m)T) = \varepsilon(nT) = \sum_{m=-\infty}^{n} \delta(mT) = \begin{cases} 1 & n \geq 0 \\ 0 & n < 0 \end{cases} \tag{3-47}$$

In Analogie zu (2-43) gilt allgemein mit (3-47)

$$f(nT) * \varepsilon(nT) = \sum_{-\infty}^{n} f(nT) \tag{3-48}$$

Die Fouriertransformierte der diskreten Sprungfunktion lautet unter Berücksichtigung von $\sum_{n=0}^{\infty} x^n = \frac{1}{1-x}$:

$$\text{FT}\{\varepsilon(nT)\} = \sum_{n=0}^{\infty} e^{-j2\pi f nT} = \sum_{n=0}^{\infty} \left(e^{-j2\pi f T}\right)^n = \frac{1}{1-e^{-j2\pi f T}} = -j\frac{1}{2\cdot\sin(\pi f T)} \cdot e^{j\pi f T} \tag{3-49}$$

mit einer Betrags- und Phasenfunktion nach Bild 3-5.

3.6 Diskrete Fouriertransformation (DFT)

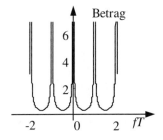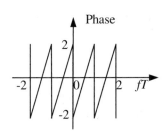

Bild 3.5: Betrags- und Phasenfunktion der Fouriertransformierten von $\{\varepsilon(nT)\}$

3.6 Diskrete Fouriertransformation (DFT)

3.6.1 Die Transformationsbeziehungen der DFT

Die bisher abgeleiteten Zusammenhänge zur Berechnung der Spektralfunktionen sind nicht für die Bearbeitung mit einem Computer geeignet, da die Menge der zu berechnenden Werte unbegrenzt ist, der Computer aber nur endliche Zahlenmengen verarbeiten kann. Es ist notwendig, Methoden zu entwickeln, die die Fouriertransformation an diese Situation anpassen. Wie sich zeigen wird, kann der Rechner für beliebige Funktionen die Fourierintegrale nur näherungsweise berechnen.

Wir setzen ein periodisches Signal mit $f(t) = f(t - n\tau)$ voraus. Es ist offensichtlich, dass es vollständig beschrieben ist, wenn eine Periode bekannt ist. Nun wird wie bei der Signalabtastung der Grundperiode $f_0(t)$ eine bestimmte Anzahl $N = \tau/T_a$ Probenwerte im Abstand T_a entnommen und als Repräsentation des gegebenen Signals verwendet. Bild 3.6 deutet diesen Sachverhalt an. Diese Abtastfolge sei mit $\tilde{f}(t)$ bezeichnet, um zu symbolisieren, dass es nur eine Approximation der gegebenen Funktion ist. Mathematisch ist $\tilde{f}(t)$ durch

$$\tilde{f}(t) = \sum_{n=0}^{N-1} f(nT_a) \cdot \delta(t - nT_a) \tag{3-50}$$

beschrieben. $\tilde{f}(t)$ ist also ein zeitbegrenztes, diskretes Signal. Zu einem solchen Signal gehört nach Abschnitt 3.5 eine periodische Spektralfunktion. Die Periode sei mit f_p bezeichnet,

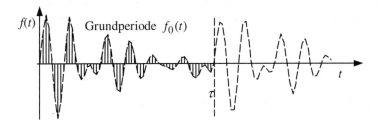

Bild 3.6a: Zur DFT, Zeitbereich

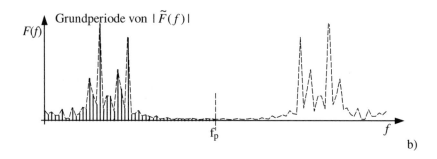

Bild: 3.6b Zur DFT, Frequenzbereich

die natürlich ebenfalls durch eine Periode vollständig beschrieben ist. Sie soll für die weitere Bearbeitung wie die Zeitfunktion durch eine bestimmte Anzahl von Probenwerten mit dem Frequenzabstand Δf repräsentiert werden. Die Anzahl der Probenwerte beträgt $M = f_p / \Delta f$. Bild 3.6 verdeutlicht diesen Sachverhalt. Die dadurch entstandene diskrete Spektralfunktion wird $\tilde{F}(f)$ genannt und kann in der Form

$$\tilde{F}(f) = \sum_{m=0}^{M-1} F(m\Delta f) \cdot \delta(f - m\Delta f) \tag{3-51}$$

geschrieben werden. Mit (3-50) und (3-51) ist ein Funktionenpaar aus diskreter Zeitfunktion mit bandbegrenztem Spektrum und diskreter Spektralfunktion mit zeitbegrenzter Funktion im Originalbereich entstanden. Für dieses Paar muss der mathematische Zusammenhang für die zunächst willkürlich gewählten Parameter τ, T, N, M und Δf gefunden werden. Nach dem Abtasttheorem für bandbegrenzte Funktionen (siehe dazu Kapitel 8.3.11) muss für unseren Fall die Abtastrate der Bedingung $T_a \leq 1/f_p$ genügen. Entsprechend ist das Spektrum für auf die Dauer τ begrenzte Signale eindeutig durch Probenwerte im Abstand $\Delta f \leq 1/\tau$ bestimmt. Werden diese Bedingungen auf den zur Debatte stehenden Fall angewendet, sind sie nur in Übereinstimmung zu bringen, wenn jeweils das Gleichheitszeichen gilt. Die Anzahl der Probenwerte ist damit

$$N = \frac{\tau}{T_a} = \frac{f_p}{\Delta f} = M \tag{3-52}$$

im Zeit- und Frequenzbereich gleich. Es bleibt nun noch zu klären, durch welche Transformationsvorschriften (3-50) und (3-51) verknüpft sind. Dazu wird (3-50) der Fouriertransformation unterworfen:

$$FT\{\tilde{f}(t)\} = \sum_{n=0}^{N-1} f(nT_a) \cdot e^{-j2\pi f nT_a}$$

Da aber die Fouriertransformierte nur für die diskreten Frequenzen mΔf von Interesse ist, folgt für festes m:

$$F(m\Delta f) = \sum_{n=0}^{N-1} f(nT_a) \cdot e^{-j2\pi mn\Delta f T_a}$$

3.6 Diskrete Fouriertransformation (DFT)

Mit (3-52) gilt $\Delta f \cdot T_a = 1/N$. Somit ist schließlich die diskrete Fouriertransformierte durch

$$F(m\Delta f) = \sum_{n=0}^{N-1} f(nT_a) \cdot e^{-j\frac{2\pi}{N}mn} \qquad (3\text{-}53)$$

gegeben. Die Umkehrfunktion gewinnt man aus der Überlegung, dass die Gleichung (3-53) eine Periode einer periodischen Funktion darstellt und so als Teil der Fourier-Reihe der Spektralfunktion zu deuten ist. Die Abtastwerte $f(nT_a)$ der Originalfunktion sind deren Koeffizienten. Aus der Beziehung (2-15)

$$c_n = \frac{1}{T}\int_0^T f(t) \cdot e^{-jn\omega_0 t} dt$$

zur Berechnung der Fourierkoeffizienten ergibt sich bei den Zuordnungen

$$c_n \to f(nT_a) \quad T \to f_p \quad dt \to \Delta f \quad f(t) \to F(m\Delta f) \quad \text{und} \quad \int_0^T \to \sum_{n=0}^{N-1}$$

$$f(nT_a) = T_a \Delta f \cdot \sum_{m=0}^{N-1} F(m\Delta f) \cdot e^{j2\pi mn\Delta f T_a} \quad \text{oder mit (3-52)}$$

$$f(nT_a) = \frac{1}{N}\sum_{m=0}^{N-1} F(m\Delta f) \cdot e^{j\frac{2\pi}{N}mn} \qquad (3\text{-}54)$$

Die Gleichungen (3-53) - Hintransformation - und (3-54) - Rücktransformation - definieren die *Diskrete Fouriertransformation DFT*.

Achtung: Die DFT ist ausschließlich für ein diskretes Funktionenpaar, das sowohl im Zeitbereich als auch im Frequenzbereich periodisch ist, uneingeschränkt gültig.

3.6.2 Eigenschaften der DFT

- *Periodizität:* Sowohl Zeit- als auch Frequenzfunktion sind mit *N* periodisch:

$$F(m\Delta f) = F((m+N)\Delta f) \qquad (3\text{-}55)$$

Beweis:

$$F((m+N)\Delta f) = \sum_{n=0}^{N-1} f(nT_a) \cdot e^{-j\frac{2\pi}{N}(m+N)n} = \sum_{n=0}^{N-1} f(nT_a) \cdot e^{-j\frac{2\pi}{N}mn} \cdot e^{-j2n\pi} = F(m\Delta f),$$

da $e^{-j2n\pi} = 1$. Entsprechendes kann für den Zeitbereich gezeigt werden.

- Unter Berücksichtigung dieses Umstandes können die für die kontinuierliche FT abgeleiteten Grundeigenschaften sinngemäß auf die DFT übertragen werden. So lautet z.B. der *Verschiebungssatz*

Zeitbereich: $\quad f((n-k)T_a) \xleftrightarrow{DFT} F(m\Delta f) \cdot e^{-j\frac{2\pi}{N}mk} \qquad (3\text{-}56)$

Frequenzbereich: $\quad f(nT_a) \cdot e^{j\frac{2\pi}{N}nk} \xleftrightarrow{DFT} F((m-k)\Delta f) \qquad (3\text{-}57)$

- *Reelle Zeitfunktionen* Die Fouriertransformierte reeller Zeitfunktionen ist konjugiertsymmetrisch zu $N/2$:

$$F((N-m)\Delta f) = F^*(m\Delta f) \tag{3-58}$$

Beweis:

$$F((N-m)\Delta f) = \sum_{n=0}^{N-1} f(nT_a)\cdot e^{-j\frac{2\pi}{N}(N-m)n} = \sum_{n=0}^{N-1} f(nT_a)\cdot e^{j\frac{2\pi}{N}mn}\cdot e^{-j2n\pi} = F^*(m\Delta f)$$

Diese Aussage impliziert

$$F((\frac{N}{2}-m)\Delta f) = F^*((\frac{N}{2}+m)\Delta f) \quad \text{und} \quad F(m\Delta f) = F^*(-m\Delta f) \tag{3-58a}$$

- *Gerade und ungerade Funktionen*

Die Begriffe gerade und ungerade Funktion sind auf eine Periode zu beziehen. Es bedeuten:

$$\text{gerade} \quad f(nT_a) = f((N-n)T_a) \tag{3-59}$$

$$\text{ungerade} \quad f(nT_a) = -f((N-n)T_a) \tag{3-60}$$

Die Zerlegung einer beliebigen Funktion in geraden und ungeraden Teil hat entsprechend (3-61) zu erfolgen.

$$f_g(nT_a) = \frac{1}{2}(f(nT_a) + f((N-n)T_a)) \tag{3-61a}$$

$$f_u(nT_a) = \frac{1}{2}(f(nT_a) - f((N-n)T_a)) \tag{3-61b}$$

Für den Bildbereich gelten sinngemäß die gleichen Beziehungen. Mit ihnen behalten die Aussagen über die Eigenschaften der kontinuierlichen FT bezüglich gerader und ungerader Funktionen auch für die DFT ihre Gültigkeit.

- *Zyklische Faltung*

Das Faltungsintegral (2-36) ist bei der Signalverarbeitung und damit der Anwendung der Fouriertransformation von großer Bedeutung und muss auch auf die DFT übertragen werden. Diese diskrete Faltung weist wegen der Periodizität der Funktionen Besonderheiten auf.

Die diskrete Faltung ist durch

$$f_1(nT_a) * f_2(nT_a) = \sum_{k=0}^{N-1} f_1(kT_a)\cdot f_2((n-k))T_a \tag{3-62}$$

definiert. Im Ergebnis entsteht eine endliche Folge der Länge N, die wie die Folgen $f_1(nT_a)$ und $f_2(nT_a)$ als Grundperiode einer periodischen Folge zu verstehen ist. Das bedeutet einen deutlichen Unterschied zur gewöhnlichen Faltung von diskreten Signalen endlicher Länge nach (3-43), bei der die Ergebnisfolge von endlicher Länge ist. An einem Beispiel soll die Faltung nach (3-62) demonstriert werden, um die Sinnfälligkeit der Definition zu zeigen. Die beiden diskreten Signale seien durch die Folgen $f_1(nT_a) = \{0{,}5\ 1\ 1\ 1\ 0{,}5\}$ und $f_2(nT_a) = \{0\ 0{,}25\ 0{,}5\ 0{,}75\ 0{,}25\}$, $n = 0\ ..\ 4$, gegeben. Sie sind in Bild 3.7 dargestellt. Die periodischen Fortsetzungen, die die DFT voraussetzt, sind gestrichelt eingezeichnet.

3.6 Diskrete Fouriertransformation (DFT)

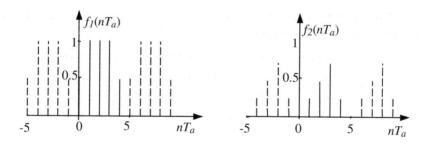

Bild 3.7: Zu faltende Funktionen

Für die Faltung muss eine der Funktionen an der Ordinate gespiegelt werden. Das soll im Beispielfall $f_2(nT_a)$ sein. In Abhängigkeit von k aufgetragen ergibt sich für $n = 0$ die Zuordnung nach Bild 3.8.

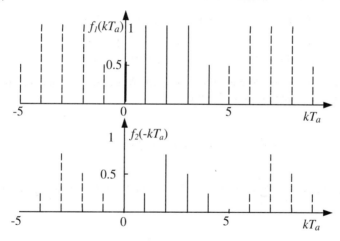

Bild 3.8: Zur diskreten Faltung (n = 0)

Das Faltungsprodukt sei mit $g(nT_a)$ bezeichnet. Aus Bild 3.8 liest man entsprechend der Vorschrift (3-62) für $n = 0$ unmittelbar $g(0) = 0+0{,}25+0{,}75+0{,}5+0{,}5 \cdot 0{,}25 =1{,}625$ ab. Für $n = 1$ muss $f_2(-kT_a)$ um einen Takt nach rechts verschoben werden, so lautet das Ergebnis $g(1)=0{,}125+0+0{,}25+0{,}75+0{,}25=1{,}375$. Nachdem genau N Verschiebungen ausgeführt wurden, ist wieder der Anfangszustand erreicht, womit deutlich wird, dass auch das Faltungsprodukt periodisch in N ist und die Berechnung nach (3-62) genügt. Interessant ist, dass die Faltung durch ein Matrizenprodukt dargestellt werden kann. Für $N = 4$ lautet es z.B.

$$f_1(nT_a) * f_2(nT_a) = \begin{pmatrix} f_1(0) \cdot f_2(0) & f_1(1) \cdot f_2(-1) & f_1(2) \cdot f_2(-2) & f_1(3) \cdot f_2(-3) \\ f_2(0) \cdot f_2(1) & f_1(1) \cdot f_2(0) & f_1(2) \cdot f_2(-1) & f_1(3) \cdot f_2(-2) \\ f_1(0) \cdot f_2(2) & f_1(1) \cdot f_2(1) & f_1(2) \cdot f_2(0) & f_1(3) \cdot f_2(-1) \\ f_1(0) \cdot f_2(3) & f_1(1) \cdot f_2(2) & f_1(2) \cdot f_2(1) & f_1(3) \cdot f_2(0) \end{pmatrix}$$

Wegen der Periodizität gilt mit (3-55) $f(-kT_a) = f((N-k)T_a)$, so dass obige Gleichungen auch wie folgt geschrieben werden können:

$$f_1(nT_a) * f_2(nT_a) = \begin{pmatrix} f_1(0) \cdot f_2(0) & f_1(1) \cdot f_2(3) & f_1(2) \cdot f_2(2) & f_1(3) \cdot f_2(1) \\ f_1(0) \cdot f_2(1) & f_1(1) \cdot f_2(0) & f_1(2) \cdot f_2(3) & f_1(3) \cdot f_2(2) \\ f_1(0) \cdot f_2(2) & f_1(1) \cdot f_2(1) & f_1(2) \cdot f_2(0) & f_1(3) \cdot f_2(3) \\ f_1(0) \cdot f_2(3) & f_1(1) \cdot f_2(2) & f_1(2) \cdot f_2(1) & f_1(3) \cdot f_2(0) \end{pmatrix}$$

oder

$$f_1(nT_a) * f_2(nT_a) = \begin{pmatrix} f_2(0) & f_2(3) & f_2(2) & f_2(1) \\ f_2(1) & f_2(0) & f_2(3) & f_2(2) \\ f_2(2) & f_2(1) & f_2(0) & f_2(3) \\ f_2(3) & f_2(2) & f_2(1) & f_2(0) \end{pmatrix} \cdot \begin{pmatrix} f_1(0) \\ f_1(1) \\ f_1(2) \\ f_1(3) \end{pmatrix}$$

In Verallgemeinerung dieses Beispieles ist

$$\begin{pmatrix} g(0) \\ \vdots \\ g(N-1) \end{pmatrix} = \begin{pmatrix} f_2(0) & f_2(N-1) & \cdots & f_2(1) \\ \vdots & \vdots & \vdots & \vdots \\ f_2(N-1) & \cdots & \cdots & f_2(0) \end{pmatrix} \cdot \begin{pmatrix} f_1(0) \\ \vdots \\ f_1(N-1) \end{pmatrix} \qquad (3\text{-}63)$$

eine andere Möglichkeit, die Faltung zu beschreiben. Wegen der Periodizität spricht man von *zyklischer Faltung*. Für sie gilt auch wieder das

- *Faltungstheorem*

$$f_1(nT_a) * f_2(nT_a) \xleftrightarrow{FT} F_1(m\Delta f) \cdot F_2(m\Delta f) \qquad (3\text{-}64)$$

Beweis: Mit $f_1(nT_a) = \dfrac{1}{N} \sum_{m=0}^{N-1} F_1(m\Delta f) \cdot e^{j\frac{2\pi}{N}mn}$ und $f_2(nT_a) = \dfrac{1}{N} \sum_{q=0}^{N-1} F_2(q\Delta f) \cdot e^{j\frac{2\pi}{N}qn}$

gilt

$$f_1(nT_a) * f_2(nT_a) = \sum_{k=0}^{N-1} \frac{1}{N} \sum_{m=0}^{N-1} F_1(m\Delta f) \cdot e^{j\frac{2\pi}{N}mk} \frac{1}{N} \sum_{q=0}^{N-1} F_2(q\Delta f) \cdot e^{j\frac{2\pi}{N}(n-k)q}$$

$$= \frac{1}{N} \sum_{m=0}^{N-1} \sum_{q=0}^{N-1} F_1(m\Delta f) \cdot F_2(q\Delta f) \cdot e^{j\frac{2\pi}{N}qn} \cdot \underbrace{\frac{1}{N} \sum_{k=0}^{N-1} e^{j\frac{2\pi}{N}k(m-q)}}_{= \begin{cases} N & \text{für } m=q \\ 0 & \text{für } m \neq q \end{cases}}$$

$$f_1(nT_a) * f_2(nT_a) = \frac{1}{N} \sum_{m=0}^{N-1} F_1(m\Delta f) \cdot F_2(m\Delta f) \cdot e^{j\frac{2\pi}{N}mn}$$

bzw.

$$f_1(nT_a) * f_2(nT_a) = DFT^{-1}\{F_1(m\Delta f) \cdot F_2(m\Delta f)\}$$

womit die Richtigkeit von (3-64) nachgewiesen ist.

3.6.3 Anwendung der DFT auf kontinuierliche Funktionen

Die abgeleiteten Beziehungen sind für die Fourieranalyse mit einem Computer geeignet, gelten aber nur für diskrete, periodische Zeitfunktionen mit zugehörigen diskreten, periodischen Spektralfunktionen. Solche Funktionenpaare gibt es in der Physik nicht. Zu zeitlich begrenzten Funktionen gehören unendlich ausgedehnte Fourierspektren und umgekehrt, bandbegrenzte Bildfunktionen sind mit über der gesamten Zeitachse verlaufenden Originalfunktionen verbunden. Im Zentrum der Fourieranalyse stehen kontinuierliche, unbegrenzte Zeitfunktionen, die über die Fouriertransformation mit kontinuierlichen, nichtperiodischen Spektralfunktionen verbunden sind. Die letzteren können praktisch aus technischen Gründen in der Regel als bandbegrenzt angenommen werden. Dagegen ermöglicht die DFT nur die Analyse von Teilabschnitten der Zeitfunktionen. Dieser Umstand wird in Bild 3.9 angedeutet. Dadurch ist eine Verfälschung des Ergebnisses zu erwarten. Die Wahl des Ausschnittes hat natürlich

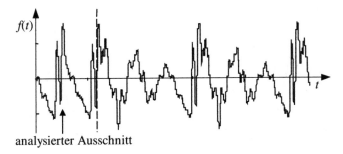

Bild 3.9: Zeitfunktion

erheblichen Einfluss auf die Güte der Approximation der exakten Fouriertransformierten. Im Bild 3.10 sind die Ergebnisse der beiden Analysen gegenübergestellt. Zwei wesentliche Unterschiede sind erkennbar: 1. Die DFT liefert bedeutend geringere Amplitudenwerte. Das ist darauf zurückzuführen, dass der verwendete Signalausschnitt nur einen Teil der Signalenergie repräsentiert. 2. Vornehmlich an den Bandgrenzen ist das Spektrum der DFT verfälscht. Dies kann seine Ursache in dem Aliasing-Effekt haben oder durch die Amplitudensprünge an den Rändern des Signalausschnittes im Zeitbereich hervorgerufen sein. Bekanntlich können Sprünge unendlicher Steilheit nicht mit einer endlichen Reihe approximiert werden (Gibs'sches Phänomen). Dieser Effekt kann bei der praktischen Analyse gemindert werden, wenn die Abtastwerte durch eine sogenannte Fensterfunktion so gewichtet werden, dass die Funktionswerte an den Grenzen des Zeitausschnittes allmählich null werden.

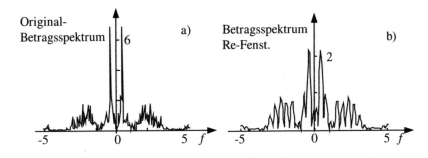

Bild 3.10: Spektrum der Funktion nach Bild 3.9, a = exakt, b = mit Recheckfensterung

Mathematisch bedeutet es, dass die Zeitfunktion mit einer Fensterfunktion $w(t)$ multipliziert wird. Die durch die DFT berechnete Spektralfunktion ist entsprechend dem Faltungssatz somit die Faltung des Originalspektrums mit der Fouriertransformierten der Fensterfunktion:

$$f(t) \cdot w(t) \Rightarrow F(f) * W(f) \tag{3-65}$$

Wie mit (3-8) gezeigt wurde, korrespondiert die Rechteckfunktion mit der Spaltfunktion, die beträchtliche Seitenschwinger hat und die beobachteten Fehler verursachen. Man hat zahlreiche Fensterfunktionen entwickelt, um die Approximationsgüte der DFT zu optimieren. Darauf soll im zweiten Teil des Buches noch einmal eingegangen werden. An dieser Stelle werden lediglich an einem einfachen Beispiel die Effekte demonstriert. Dazu wählen wir die Funktion:

$$f(t) = e^{-10 \cdot |t|} \xleftrightarrow{FT} F(f) = \frac{0{,}2}{1 + (0{,}2\pi f)^2}$$

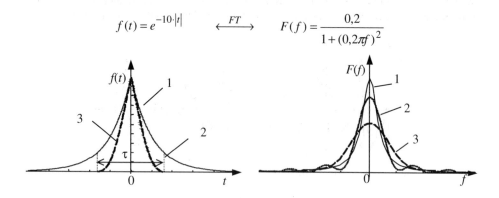

Bild 3.11: Fensterung bei der DFT, (Gleichung (3-53)), 1= Originalfunktionen, 2 = mit Rechteckfenster, 3 = mit Hanningfenster

Das Bild 3.11 zeigt im Zeit- und Frequenzbereich jeweils die Originalfunktion (1), die mit einem Rechteckfenster (2) und die mit einem Hanningfenster (3) bewertete Funktion. Man erkennt deutlich den glättenden Einfluss des Hanningfensters. Es wird ebenfalls deutlich, dass bei Anwendungen in der Messtechnik eine Umskalierung der Amplituden erfolgen muss.

3.6.4 Die Schnelle Fouriertransformation (FFT = Fast Fourier Transform)

Um es vorweg zu nehmen: die schnelle Fouriertransformation FFT ist nicht eine weitere Form der Fouriertransformation sondern nur ein effektiver Algorithmus zur Berechnung der DFT. Wir wollen hier nicht in allen Einzelheiten auf die FFT eingehen, werden vielmehr nur die Grundidee des von Tukey und Cooley eingeführten Verfahrens erläutern. Der Algorithmus ist in allen einschlägigen Programmen implementiert und steht auch in modernen Messgeräten zur Verfügung. Damit sind Detailkenntnisse nur für Softwareentwickler von Interesse.

Die Transformationsvorschriften (3-53) und (3-53) der DFT gelten jeweils für ein festes m bzw. n und müssen zur vollständigen Berechnung der DFT N-mal bearbeitet werden. Werden nun die Wertefolgen im Frequenz- und im Zeitbereich zu Vektoren

$$\underline{f}(nT_a) = \begin{pmatrix} f(0) & f(1) & \cdots & f(N-2) & f(N-1) \end{pmatrix}^T$$

und $\quad \underline{F}(m\Delta f) = \begin{pmatrix} F(0) & F(1) & \cdots & F(N-1) & F(N) \end{pmatrix}^T$

3.6 Diskrete Fouriertransformation (DFT)

zusammengefasst, kann die vollständige Prozedur als Matrizengleichung geschrieben werden. Dabei wird die Abkürzung $w = e^{-j\frac{2\pi}{N}}$ eingeführt.

$$\underline{F}(m\Delta f) = \begin{pmatrix} 1 & 1 & 1 & \cdots & 1 & 1 \\ 1 & w & w^2 & \cdots & w^{N-2} & w^{N-1} \\ 1 & w^2 & w^4 & \cdots & w^{2(N-2)} & w^{2(N-1)} \\ \vdots & \vdots & \vdots & \vdots & \vdots & \vdots \\ 1 & w^{(N-2)} & w^{2(N-2)} & \cdots & w^{(N-2)^2} & w^{(N-2)(N-1)} \\ 1 & w^{(N-1)} & w^{2(N-1)} & \cdots & w^{(N-1)(N-2)} & w^{(N-1)^2} \end{pmatrix} \cdot \underline{f}(nT_a) \quad (3\text{-}66)$$

oder einfacher

$$\underline{F}(m\Delta f) = \underline{D} \cdot \underline{f}(nT_a) \quad (3\text{-}66a)$$

Für die so definierte Matrix $\underline{D}$ gilt

$$\underline{D}^{-1} = \frac{1}{N} \cdot \underline{D}^* \quad (3\text{-}67)$$

und damit für die Rücktransformation nach Multiplikation von (3-66a) mit $\underline{D}^{-1}$

$$\underline{f}(nT_a) = \underline{D}^{-1} \cdot \underline{F}(m\Delta f) = \frac{1}{N} \cdot \underline{D}^* \cdot \underline{F}(m\Delta f) \quad (3\text{-}68)$$

Anmerkung: Der normierende Faktor $1/N$ kann auch der Transformation in den Bildbereich zugeordnet werden. Eine gleichmäßige Aufteilung auf Hin- und Rücktransformation führt zu

$$\underline{F}(m\Delta f) = \frac{1}{\sqrt{N}} \cdot \underline{D} \cdot \underline{f}(nT_a) \qquad \underline{f}(nT_a) = \frac{1}{\sqrt{N}} \cdot \underline{D}^* \cdot \underline{F}(m\Delta f)$$

In dieser Form ist die Transformationsmatrix unitär. Bei der praktischen Rechnung wird der Normierungsfaktor gewöhnlich erst nach Abschluss aller Rechnungen hinzugefügt.

Sämtliche Elemente der Matrix $\underline{D}$ liegen auf dem Einheitskreis (Bild 3.12).

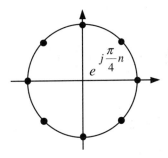

Bild 3.12 : Elemente der Transformationsmatrix, $N=8$

Sie sind gleichmäßig im Winkelabstand $\Delta\varphi = 2\pi/N$ verteilt. Dadurch gilt: $w^{kN} = w^0 = 1$ und damit $w^{(kN+n)} = w^n$. Zur Berechnung der DFT sind entsprechend (3-66) N^2 komplexe Multiplikationen und $N(N-1)$ Additionen erforderlich. Die Berechnung kann verkürzt werden, wenn die Matrizenmultiplikation nach (3-66) oder (3-68) in nacheinander auszuführende Matrizenprodukte, die insgesamt weniger Operationen erfordern, überführt wird. Die Berechnung erfolgt iterativ, wodurch redundante Rechenoperationen vermieden werden. Cooley und Tukey haben als erste eine solche Zerlegung der Matrix D entwickelt und in die Signalverarbeitung eingeführt. Seither sind verschiedene Ausführungen vorgeschlagen worden. Wir wenden uns beispielhaft dem Verfahren von Sandy-Tukey zu.

Wie erwähnt, beruht der schnelle Fourieralgorithmus auf einer Zerlegung der Transformationsmatrix $\underline{D}$ in ein Produkt von Teilmatrizen. Diese Zerlegung kann auf verschiedene Weise vorgenommen werden. Im Folgenden wird vorausgesetzt, dass die Länge der zu transformierenden Folgen eine Zweierpotenz $N = 2^r$ ist. Das Grundprinzip wird am Beispiel für $N = 8$ erläutert.

Die Summe $F(m) = \sum_{n=0}^{N-1} f(n) \cdot w^{nm}$, mit $m = 0 \ldots N - 1$, wird in zwei Teilsummen zerlegt:

$$F(m) = \sum_{n=0}^{\frac{N}{2}-1} f(n) \cdot w^{mn} + \sum_{n=0}^{\frac{N}{2}-1} f(n+\frac{N}{2}) \cdot w^{m(n+\frac{N}{2})} = \sum_{n=0}^{\frac{N}{2}-1} (f(n) + f(n+\frac{N}{2}) \cdot w^{m\frac{N}{2}}) w^{mn}.$$

Im nächsten Schritt fasst man nun die Werte für a) gerades m und b) ungerades m jeweils in einer Gruppe zusammen:

a) $\quad F(2m) = F_1^{(1)}(k) = \sum_{n=0}^{\frac{N}{2}-1} (f(n) + f(n+\frac{N}{2}) \cdot w^{2m\frac{N}{2}}) w^{2mn} = \sum_{n=0}^{\frac{N}{2}-1} (f(n) + f(n+\frac{N}{2})) w_1^{kn}$

mit

$$k = 0 \cdots \frac{N}{2} - 1 \quad \text{und} \quad w_1 = e^{-j\frac{2\pi}{(N/2)}} = w^2.$$

Dabei wurde berücksichtigt, dass $w^{mN} = e^{-j2\pi n} = 1$ ist.

b) $\quad F(2m+1) = F_2^{(1)}(k) = \sum_{n=0}^{\frac{N}{2}-1} (f(n) + f(n+\frac{N}{2}) \cdot w^{(2m+1)\frac{N}{2}}) w^{(2m+1)n}$

$$F_2^{(1)}(k) = \sum_{n=0}^{\frac{N}{2}-1} (f(n) - f(n+\frac{N}{2}) w^n) w_1^{kn}$$

wobei zu beachten ist, dass $w^{(N/2)} = e^{-j\pi} = -1$ gilt.

Man definiert:

$$f_1^{(1)}(n) = f(n) + f(n+\frac{N}{2}) \quad \text{und} \quad f_1^{(2)}(n) = (f(n) - f(n+\frac{N}{2})) \cdot w^n$$

und erhält als Zwischenergebnis:

3.6 Diskrete Fouriertransformation (DFT)

$$F_1^{(1)}(k) = \sum_{n=0}^{\frac{N}{2}-1} f_1^{(1)}(n) \cdot w_1^{kn} = \sum_{n=0}^{\frac{N}{2}-1} f_1^{(1)}(n) \cdot w^{2kn} \quad k = 0 \cdots \frac{N}{2}-1$$

$$F_2^{(1)}(k) = \sum_{n=0}^{\frac{N}{2}-1} f_1^{(2)}(n) \cdot w_1^{kn} = \sum_{n=0}^{\frac{N}{2}-1} f_1^{(2)}(n) \cdot w^{2kn} \quad k = 0 \cdots \frac{N}{2}-1$$

An die Stelle einer N-DFT sind zwei $N/2$-DFT getreten. Für $N = 8$ haben die angegebenen Beziehungen in Matrizenschreibweise folgende Form:

$$\underline{f}_1 = \begin{pmatrix} f_1^{(1)} \\ f_1^{(2)} \end{pmatrix} = \begin{pmatrix} 1 & 0 & 0 & 0 & 1 & 0 & 0 & 0 \\ 0 & 1 & 0 & 0 & 0 & 1 & 0 & 0 \\ 0 & 0 & 1 & 0 & 0 & 0 & 1 & 0 \\ 0 & 0 & 0 & 1 & 0 & 0 & 0 & 1 \\ 1 & 0 & 0 & 0 & -1 & 0 & 0 & 0 \\ 0 & w & 0 & 0 & 0 & -w & 0 & 0 \\ 0 & 0 & 0 & w^2 & 0 & 0 & -w^2 & 0 \\ 0 & 0 & 0 & 0 & w^3 & 0 & 0 & -w^3 \end{pmatrix} \cdot \underline{f} = \underline{D}_1 \cdot \underline{f}$$

und für den Bildbereich

$$\underline{F}^{(1)} = \begin{pmatrix} F_1^{(1)}(k) \\ F_2^{(1)}(k) \end{pmatrix} = \begin{pmatrix} 1 & 1 & 1 & 1 & 0 & 0 & 0 & 0 \\ 1 & w^2 & w^4 & w^6 & 0 & 0 & 0 & 0 \\ 1 & w^4 & w^8 & w^{12} & 0 & 0 & 0 & 0 \\ 1 & w^6 & w^{12} & w^{18} & 0 & 0 & 0 & 0 \\ 0 & 0 & 0 & 0 & 1 & 1 & 1 & 1 \\ 0 & 0 & 0 & 0 & 1 & w^2 & w^4 & w^6 \\ 0 & 0 & 0 & 0 & 1 & w^4 & w^8 & w^{12} \\ 0 & 0 & 0 & 0 & 1 & w^6 & w^{12} & w^{18} \end{pmatrix} \cdot \underline{f}_1$$

Auf die beiden Teilfolgen $F_1^{(1)}(k)$ und $F_2^{(1)}(k)$ der Länge $N/2$ wird nun jeweils die erläuterte Prozedur erneut angewendet. Dabei folgt mit den Bezeichnungen

$$f_2^{(1)}(n) = f_1^{(1)}(n) + f_1^{(1)}(n+\frac{N}{4})$$

$$f_2^{(2)}(n) = (f_1^{(1)}(n) - f_1^{(1)}(n+\frac{N}{4})) \cdot w_1^n = (f_1^{(1)}(n) - f_1^{(1)}(n+\frac{N}{4})) \cdot w^{2n}$$

$$f_2^{(3)}(n) = f_1^{(2)}(n) + f_1^{(2)}(n+\frac{N}{4})$$

$$f_2^{(4)}(n) = (f_1^{(2)}(n) - f_1^{(2)}(n+\frac{N}{4})) \cdot w_1^n = (f_1^{(2)}(n) - f_1^{(2)}(n+\frac{N}{4})) \cdot w^{2n}$$

für $N = 8$ das Zwischenergebnis:

$$\underline{f}_2 = \begin{pmatrix} \underline{f}_2^{(1)} \\ \underline{f}_2^{(2)} \\ \underline{f}_2^{(3)} \\ \underline{f}_2^{(4)} \end{pmatrix} = \begin{pmatrix} 1 & 0 & 1 & 0 & 0 & 0 & 0 & 0 \\ 0 & 1 & 0 & 1 & 0 & 0 & 0 & 0 \\ 1 & 0 & -1 & 0 & 0 & 0 & 0 & 0 \\ 0 & w^2 & 0 & -w^2 & 0 & 0 & 0 & 0 \\ 0 & 0 & 0 & 0 & 1 & 0 & 1 & 0 \\ 0 & 0 & 0 & 0 & 0 & 1 & 0 & 1 \\ 0 & 0 & 0 & 0 & 1 & 0 & -1 & 0 \\ 0 & 0 & 0 & 0 & 0 & w^2 & 0 & -w^2 \end{pmatrix} \cdot \underline{f}_1 = \underline{D}_2 \cdot \underline{f}_1$$

Somit sind 4 Teillösungen entstanden, für die

$$F_i^{(2)}(k) = \sum_{n=0}^{\frac{N}{4}-1} f_2^{(i)}(n) \cdot w_2^{kn} = \sum_{n=0}^{\frac{N}{4}-1} f_2^{(i)}(n) \cdot w^{4kn} \qquad k = 0 \cdots \frac{N}{4}-1$$

gilt. Darin ist $w_2 = e^{-j\frac{2\pi}{(N/4)}} = w^4$ das auf ein Viertel der ursprünglichen Länge N bezogene Basiselement. In Matrizenschreibweise lautet schließlich für $N = 8$ das Ergebnis Bildbereich:

$$\underline{F}^{(2)} = \begin{pmatrix} \underline{F}_1^{(2)} \\ \underline{F}_2^{(2)} \\ \underline{F}_3^{(2)} \\ \underline{F}_4^{(2)} \end{pmatrix} = \begin{pmatrix} 1 & 1 & 0 & 0 & 0 & 0 & 0 & 0 \\ 1 & w^4 & 0 & 0 & 0 & 0 & 0 & 0 \\ 0 & 0 & 1 & 1 & 0 & 0 & 0 & 0 \\ 0 & 0 & 1 & w^4 & 0 & 0 & 0 & 0 \\ 0 & 0 & 0 & 0 & 1 & 1 & 0 & 0 \\ 0 & 0 & 0 & 0 & 1 & w^4 & 0 & 0 \\ 0 & 0 & 0 & 0 & 0 & 0 & 1 & 1 \\ 0 & 0 & 0 & 0 & 0 & 0 & 1 & w^4 \end{pmatrix} \cdot \begin{pmatrix} \underline{f}_2^{(1)} \\ \underline{f}_2^{(2)} \\ \underline{f}_2^{(3)} \\ \underline{f}_2^{(4)} \end{pmatrix} = \underline{D}_3 \cdot \underline{f}_2$$

oder kurz:

$$\underline{F}_2 = \underline{D}_1 \cdot \underline{D}_2 \cdot \underline{D}_3 \cdot \underline{f}$$

Da die Teilvektoren $\underline{F}_i^{(2)}$ für $N = 8$ nur noch zwei Elemente enthalten, ist eine weitere Zerlegung nicht erforderlich und damit das Endergebnis gefunden. Für größere N ist die Prozedur entsprechend fortzuführen. Alle Teilmatrizen haben pro Zeile bzw. Spalte lediglich zwei Elemente. Jede einzelne Operation erfordert also nur zwei komplexe Multiplikationen und eine Addition, wodurch der Rechenaufwand insgesamt erheblich gesenkt wird. Erfordert die Berechnung nach (3-66) N^2 komplexe Multiplikationen, sind nun nur noch $1/2 \cdot N \cdot ld(N)$ Multiplikationen erforderlich.

Jeder Zerlegungsschritt ist mit einer Vertauschung von Zeilen verbunden. So ist die Reihenfolge im Ergebnis gegenüber der unmittelbaren Anwendung der Beziehung (3-66) verändert. Das erfordert bei der Programmierung eine entsprechende Umordnung. In unserem Fall mit $N = 8$ gilt:

3.6 Diskrete Fouriertransformation (DFT)

$$\underline{F}_2(k) = \begin{pmatrix} F(0) \\ F(4) \\ F(2) \\ F(6) \\ F(1) \\ F(5) \\ F(3) \\ F(7) \end{pmatrix}$$

Es ist interessant, dass die Umordnung in einfacher Weise erfolgen kann. Es ist lediglich erforderlich, die Nummerierung in k mit Binärzahlen vorzunehmen und diese dann rückwärts zu lesen:

$$\underline{F}_2(k) = \begin{pmatrix} F_2(000) \\ F_2(001) \\ F_2(010) \\ F_2(011) \\ F_2(100) \\ F_2(101) \\ F_2(110) \\ F_2(111) \end{pmatrix} \Rightarrow \underline{F}(m) = \begin{pmatrix} F(000) \\ F(100) \\ F(010) \\ F(110) \\ F(001) \\ F(101) \\ F(011) \\ F(111) \end{pmatrix}$$

Bei dem hier vorgestellten Verfahren kann die Umordnung auch bei der Originalfolge vorgenommen werden.

Mehr formal gelingt die Zerlegung der Matrix $\underline{D}$, wenn die Laufvariablen n und m als Binärzahlen dargestellt werden und die Summierung über die Koeffizienten dieser Zahlen vorgenommen wird. Sämtliche Summierungen sind so nur noch von 0 bis 1 zu nehmen. Die Teilmatrizen haben pro Zeile bzw. Spalte lediglich zwei Elemente. In der hier vorgestellten Art gelingt die Zerlegung nur, wenn $N = 2^r$ erfüllt ist. Es wurden aber auch für beliebige N Algorithmen entwickelt. Da zumindest die Originalfolgen in den meisten Anwendung reell sind kann die Effektivität der FFT weiter gesteigert werden. Zum tiefer gehenden Studium sollte Spezialliteratur z.B. [2] herangezogen werden.

4 Grundlagen der Laplacetransformation (LT)

4.1 Das Laplaceintegral

4.1.1 Definition des Laplaceintegrals

Die üblicher Weise in Physik und Technik angewendete Form der Laplacetransformation beschränkt sich auf Originalfunktionen, die für $t < 0$ verschwinden, d.h. auf sogenannte *kausale Funktionen*. Damit wird der Tatsache Rechnung getragen, dass alle physikalischen Vorgänge einen Startzeitpunkt t_0 besitzen. Dieser kann als Koordinatenursprung $t = 0$ festgesetzt werden. Die Laplacetransformation geht auf die von Heaviside eingeführte Methode zur Lösung von Differentialgleichungen zurück, bei der die Differentialgleichungen im Originalbereich in gewöhnliche algebraische Gleichungen im Bildbereich transformiert werden. Letztere können mit einfachen Mitteln gelöst werden. Die Rücktransformation in den Originalbereich liefert die gesuchte Lösung.

Der Bildbereich der Laplacetransformation hat sich insbesondere bei der spektralen Systemanalyse als leistungsfähiges Hilfsmittel bewährt. Obwohl die Laplacetransformierte $F(s)$ eine nichtmessbare Funktion ist, können aus ihr alle physikalisch interessanten Aussagen über das durch sie beschriebene technische System gewonnen werden. Darüber hinaus wurden mit Hilfe der Laplacetransformation leistungsfähige Methoden für die Approximation spektraler, technischer Forderungen durch realisierbare (kausale) Funktionen und die Systemsynthese entwickelt. Damit ist die Laplacetransformation zu einem wichtigen Werkzeug für die Analyse und Synthese technischer Systeme geworden.

Die *einseitige* Laplacetransformierte der reellen Funktion $f(t)$ mit $f(t) = 0$ für $t < 0$ ist durch das Integral

$$F(s) = \int_0^\infty f(t) \cdot e^{-st} dt \qquad (4\text{-}1)$$

definiert. Darin ist $s = \sigma + j\omega$ eine komplexe Variable mit der Dimension einer Kreisfrequenz $[rad/s]$. Gegenüber der Fouriertransformation, die über der imaginären $j\omega$-Achse erklärt ist, erfolgt eine Erweiterung auf die gesamte komplexe Ebene. In (4-1) ist die untere Integrationsgrenze als $+0$ zu verstehen, es ist also stets mit dem rechtsseitigen Grenzwert $\lim_{t \to +0} f(t) = f(+0)$ zu rechnen. Es wird auch hier vereinbart, die Laplacetransformierte einer Funktion $f(t)$ mit dem entsprechenden großen Buchstaben $F(s)$ zu bezeichnen. Da die Variable s heißt, ist eine Verwechslung mit der Fouriertransformierten nicht zu befürchten.

Anmerkung: Neben der hier definierten einseitigen LT wird gelegentlich auch eine zweiseitige Laplacetransformation mit den Integrationsgrenzen $-\infty$ und ∞ verwendet. Auf sie wird an dieser Stelle nicht eingegangen. Sie hat für die Systemanalyse kaum Bedeutung.

4.1.2 Laplacetransformation und Fouriertransformation

Schreiben wir (4-1) ausführlich ergibt sich:

$$F(s) = \int_0^\infty f(t) \cdot e^{-(\sigma + j\omega)t} dt = \int_0^\infty e^{-\sigma t} \cdot f(t) \cdot e^{-j2\pi ft} dt = \int_{-\infty}^\infty e^{-\sigma t} \cdot f(t) \cdot e^{-j2\pi ft} dt$$

Dabei wurde berücksichtigt, dass voraussetzungsgemäß $f(t) = 0$ für $t < 0$ und somit die Veränderung der unteren Integrationsgrenze auf $-\infty$ keine Bedeutung hat. Dann gilt für die Laplacetransformierte einer Funktion $f(t)$:

$$F(s) = FT\left\{ e^{-\sigma t} \cdot f(t) \right\} \qquad f(t) = 0 \quad t < 0 \tag{4-2}$$

Obiges Ergebnis lautet in Worten:

Die Laplacetransformierte $F(s)$ ist gleich der spektralen Amplitudendichte einer gedämpften kausalen Funktion $e^{-\sigma t} \cdot f(t)$.

Bei festem $\sigma = \sigma_0$ gibt sie die (komplexe) Amplitudendichte längst einer Parallelen zur $j\omega$-Achse in der komplexen $\sigma/j\omega$-Ebene an. Sie definiert so eine unendliche Menge spektraler Dichtefunktionen. Falls der Konvergenzbereich des Integrals (4-1) die $j\omega$-Achse mit $\sigma = 0$ einschließt, stimmt die Laplacetransformierte auf der $j\omega$-Achse mit der Fouriertransformierten der nach links für $t < 0$ mit Null ergänzten Funktion $f(t)$ überein. Die Fouriertransformierte ist dann mit $F(s)|_{\sigma=0}$ ($s = j\omega$) gegeben. Besitzt $F(s)$ auf der $j\omega$-Achse bei ω_i eine Singularität, ist die Funktion durch $\frac{1}{2}\delta(f - f_i)$ zu ergänzen [1].

4.1.3 Konvergenz des Laplaceintegrals

Bisher ist stillschweigend vorausgesetzt worden, dass das Laplaceintegral existiert. Es ist nun zu prüfen, für welche Funktionen $f(t)$ (4-1) konvergiert. Da $|e^{j\omega t}| = 1$, ist das offensichtlich der Fall, wenn $e^{-\sigma t} \cdot |f(t)|$ bei nach Unendlich strebendem t verschwindet und das Produkt wenigstens stückweise integrabel ist. Das bedeutet, dass der Betrag der Funktion $f(t)$ weniger schnell mit t ansteigt als $e^{-\sigma t}$ bei wachsendem t abnimmt. Gegenüber der Fouriertransformation wird die Menge der Funktionen, für die das Transformationsintegral (4-1) existiert, erweitert. Die genannte Bedingung ist erfüllt, wenn $f(t)$ eine Funktion exponentieller Ordnung ist oder wie man auch sagt, exponentiell beschränkt ist. Darunter versteht man: Es gibt eine reelle Zahl σ_0 und eine positive endliche Größe M, die der Bedingung

$$\lim_{t \to \infty} e^{-\sigma_0 t} \cdot |f(t)| < M \tag{4-3}$$

genügen. Um die Konvergenz des Laplaceintegrals zu untersuchen, unterstellen wir, dass die zu transformierende Funktion $f(t)$ von exponentieller Ordnung ist. Mit (4-3) gilt dann

$$\lim_{t \to \infty} e^{-\sigma t} \cdot |f(t)| < \lim_{t \to \infty} e^{-\sigma t} \cdot M \cdot e^{\sigma_0 t} = \lim_{t \to \infty} M \cdot e^{-(\sigma - \sigma_0)t} = 0 \quad \text{für} \quad \sigma > \sigma_0 \tag{4-4}$$

Mit diesen Überlegungen lautet die Konvergenzbedingung also:

$$\text{Re}\{s\} > \sigma_0 \tag{4-5}$$

Gibt es ein $\sigma = \sigma_0$ für das das Lapaceintegral konvergiert, konvergiert es für alle $\sigma > \sigma_0$. In der komplexen $\sigma/j\omega$-Ebene ist daher der Konvergenzbereich linksseitig durch die Parallele mit $\sigma = \sigma_0$ zur $j\omega$-Achse begrenzt, wie es im Bild 4.1 angedeutet ist. Bei der Berechnung der Laplacetransformierten ist σ_0 zur Kennzeichnung des Konvergenzbereiches anzugeben. Wichtig ist anzumerken, dass $F(s)$ im Konvergenzbereich analytisch ist, d.h. die Bildfunktion $F(s)$ ist nach s beliebig oft differenzierbar.

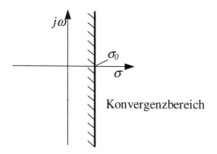

Bild 4.1: Konvergenzbereich der LT

Ist eine Funktion $F(s)$ eine Laplacetransformierte, so geht sie nach Null, wenn s im ersten Quadranten der komplexen Ebene nach ∞ strebt. Der Umkehrschluss ist nicht zulässig.

Anmerkung: Bei der zweiseitigen LT liegt der Konvergenzbereich außerhalb eines Streifens parallel zur $j\omega$-Achse.

4.2 Das Umkehrintegral

Wegen des mit (4-2) gegebenen Zusammenhangs mit der Fouriertransformierten kann zunächst die inverse Fouriertransformierte

$$e^{-\sigma t} \cdot f(t) = \int_{-\infty}^{\infty} F(\sigma + j\omega) \cdot e^{j2\pi f t} df \quad \text{oder} \quad f(t) = \int_{-\infty}^{\infty} F(\sigma + j\omega) \cdot e^{(\sigma + j\omega)t} df \quad (4\text{-}6)$$

berechnet werden. Wird in (4-6) die komplexe Variable $s = \sigma + j\omega$ eingeführt, erhalten wir mit $ds = j2\pi \cdot df$ das Laplaceumkehrintegral

$$f(t) = \frac{1}{j2\pi} \int_{\sigma - j\infty}^{\sigma + j\infty} F(s) \cdot e^{st} ds \quad (4\text{-}7)$$

Es lässt sich zeigen (z.B. [4.1]), dass (4-7) bis auf eventuelle Nullfunktionen eindeutig die Umkehrung der Laplacetransformation sicherstellt.

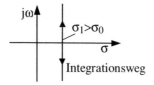

Bild 4.2: Zur Laplacerücktransformation

Die Integration erfolgt somit auf einer Parallelen zur $j\omega$-Achse mit $\sigma_1 > \sigma_0$ wie es Bild 4.2 andeutet.

4.3 Regeln zur Anwendung der Laplacetransformation

Die Integrale (4-1) und (4-7) sind Transformationsvorschriften, die wechselseitig eineindeutig, gegebenenfalls bis auf Nullfunktionen, eine Funktion der reellen Variablen t im Originalbereich und eine Funktion der komplexen Variablen $s = \sigma + j\omega$ im Bildbereich zuordnen. Wir vereinbaren die folgende Symbolik:

$$f(t) = LT^{-1}\{F(s)\} \qquad F(s) = LT\{f(t)\} \qquad \text{oder} \qquad (4\text{-}8a)$$

$$f(t) \xleftrightarrow{LT} F(s) \qquad (4\text{-}8b)$$

Es wird im Folgenden ohne besondere Erwähnung vorausgesetzt, dass $f(t)$ kausale Funktion ist, also $f(t) = 0$ für $t < 0$.

4.3.1 δ- und Sprungfunktion

Wie bei der Fouriertransformation kann die Anwendung der δ-Funktion auch für der Laplacetransformation sehr hilfreich sein. Wegen der geforderten Kausalität der Originalfunktionen ist jetzt aber von einer Funktionenenfolge, deren Trägerintervall auf der positiven t-Achse liegt, auszugehen. Eine Möglichkeit ist mit den Funktionen $f_\alpha(t) = \alpha \cdot e^{-\alpha t} \quad t \geq 0$ gegeben. Bild 4.3 deutet den Sachverhalt an.

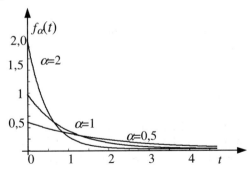

Bild 4.3: Zur δ-Funktion

Das Integral

$$\int_0^\infty f_\alpha(t)dt = \int_0^\infty \alpha e^{-\alpha t} dt = 1$$

ist gleich 1 unabhängig von α. Beim Grenzübergang $\alpha \to \infty$ entsteht, wie man Bild 4.3 entnehmen kann, die δ-Funktion mit den Eigenschaften (2-31) bis (2-34), wenn die veränderten Integrationsgrenzen Beachtung finden. Also gilt:

$$\lim_{\alpha \to \infty} f_\alpha(t) = \lim_{\alpha \to \infty} \alpha \cdot e^{-\alpha t} = \delta(t) \qquad t \geq 0 \qquad (4\text{-}9)$$

Ausgehend von (4-9) wird die Sprungfunktion definiert, die analog zu (2-39) über die Beziehung $\int_0^t \delta(t)dt = \varepsilon(t)$ mit der δ-Funktion verknüpft ist. Wir finden

$$\lim_{\alpha \to \infty} \int_0^t \alpha \cdot e^{-\alpha t} dt = \lim_{\alpha \to \infty} (1 - e^{-\alpha t}) = 1 \quad t \geq 0$$

$$= \varepsilon(t) \tag{4-10}$$

Die Laplacetransformationen von δ(t) und ε(t):

Mit (4-1) ist die Laplacetransformierte der δ-Funktion durch

$$LT\{\delta(t)\} = \lim_{\alpha \to \infty} \int_0^\infty \alpha \cdot e^{-\alpha t} \cdot e^{-st} dt = \lim_{\alpha \to \infty} \int_0^\infty \alpha \cdot e^{-(s+\alpha)t} dt = \lim_{\alpha \to \infty} \frac{\alpha}{s+\alpha} = 1 \quad \text{oder}$$

$$\delta(t) \xleftrightarrow{LT} 1 \quad \sigma > 0 \tag{4-11}$$

gegeben.

Entsprechend folgt für die Sprungfunktion:

$$LT\{\varepsilon(t)\} = \lim_{\alpha \to \infty} \int_0^\infty (1 - e^{-\alpha t}) \cdot e^{-st} dt = \lim_{\alpha \to \infty} \left. \left(-\frac{1}{s} e^{-st} + \frac{1}{s+\alpha} e^{-(s+\alpha)t}\right)\right|_0^\infty = \frac{1}{s}$$

oder

$$\varepsilon(t) \xleftrightarrow{LT} \frac{1}{s} \quad \sigma > 0 \tag{4-12}$$

Anmerkung: Hier finden wir eine Bestätigung der im Abschnitt 4.1.2 gemachten Aussagen zum Zusammenhang zwischen FT und LT. Wegen der Unstetigkeit von (4-12) bei $f = 0$ ist beim Übergang zur Fouriertransformierten eine δ-Funktion ($f_i = 0$) hinzuzufügen

$$FT\{\varepsilon(t)\} = LT\{\varepsilon(t)\}|_{\sigma=0} + \frac{1}{2}\delta(f) = \frac{1}{2}(\delta(f) + \frac{1}{j\pi f})$$

(vergl. (3-9)).

4.3.2 Rechenregeln

Die Anwendung der Laplacetransformation wird besonders effektiv, wenn wie bei der Fouriertransformation die Transformationsergebnisse einiger Grundfunktionen tabelliert und aus ihnen mit Hilfe von Rechenregeln für beliebige Funktionen die Ergebnisse abgeleitet werden, ohne das Laplaceintegral bzw. die Umkehrformel jedes Mal lösen zu müssen. Es folgt nun eine Zusammenstellung der wichtigsten Rechenregeln.

- Linearität:

Es ist offensichtlich, dass wegen (4-1) und (4-7) und

$$\text{mit} \quad f(t) \xleftrightarrow{LT} F(s) \quad \text{und} \quad g(t) \xleftrightarrow{LT} G(s)$$

4.3 Regeln zur Anwendung der Laplacetransformation

$$a \cdot f(t) + b \cdot g(t) \xleftrightarrow{LT} a \cdot F(s) + b \cdot G(s) \qquad (4\text{-}13)$$

gültig ist.

- Zeitverschiebung:

Es ist zwischen *Rechtsverschiebung*, d.h.

$$f(t) \Rightarrow f(t - t_0) \quad t_0 > 0$$

(Bild 4.4 a) und *Linksverschiebung*, d.h.

$$f(t) \Rightarrow f(t + t_0) \quad t_0 > 0$$

(Bild 4.4 b) zu unterscheiden. Da bei der einseitigen Laplacetransformation die Integration für

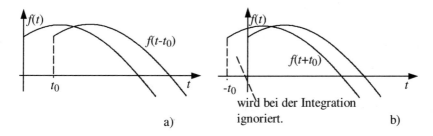

a)   b)

Bild 4.4: Zeitverschiebung

$0 \leq t \leq \infty$ erfolgt, geht bei der Linksverschiebung ein Teil der Funktion verloren (s. Bild 4.4b).

Rechtsverschiebung

$$f(t - t_0) \xleftrightarrow{LT} e^{-st_0} \cdot F(s) \qquad (4\text{-}14)$$

Beweis: Die LT ist durch

$$LT\{f(t - t_0)\} = \int_0^\infty f(t - t_0) \cdot e^{-st} dt = \int_{t_0}^\infty f(t - t_0) \cdot e^{-st} dt$$

gegeben. Mit der Substitution $\tau = t - t_0$ wird daraus

$$LT\{f(t - t_0)\} = \int_0^\infty f(\tau) \cdot e^{-s(\tau + t_0)} d\tau = e^{-st_0} \int_0^\infty f(\tau) \cdot e^{-s\tau} d\tau = e^{-st_0} \cdot F(s)$$

Womit (4-14) bestätigt ist.

Linksverschiebung

$$f(t + t_0) \xleftrightarrow{LT} e^{st_0} \cdot (F(s) - \int_0^{t_0} f(t) \cdot e^{-st} dt) \qquad (4\text{-}14a)$$

Beweis: Jetzt gilt mit der Substitution $\tau = t + t_0$

$$LT\{f(t + t_0)\} = \int_0^\infty f(t + t_0) \cdot e^{-st} dt = \int_{t_0}^\infty f(\tau) \cdot e^{-st} dt \cdot e^{st_0}$$

$$= (\int_0^\infty f(\tau) \cdot e^{-st} dt - \int_0^{t_0} f(\tau) \cdot e^{-st} dt) \cdot e^{st_0} = (F(s) - \int_0^{t_0} f(\tau) \cdot e^{-st} dt) \cdot e^{st_0}$$

- Dämpfungssatz:

Die Multiplikation der Funktion $f(t)$ mit e^{at}, a beliebig komplex, hat die Laplacetransformierte

$$e^{at} \cdot f(t) \xleftrightarrow{LT} F(s-a), \quad \text{Re}\{s\} > \sigma_0 + \text{Re}\{a\} \tag{4-15}$$

Beweis: Durch die Anwendung von (4-1) folgt (4-15) unmittelbar:

$$LT\{e^{at} \cdot f(t)\} = \int_0^\infty f(t) \cdot e^{-(s-a)t} dt = F(s-a)$$

- Skalierung:

$$LT\{f(at)\} \xleftrightarrow{LT} \frac{1}{a} \cdot F\left(\frac{s}{a}\right) \tag{4-16}$$

Beweis: Mit der Substitution $\tau = a \cdot t$ erhält man mit (4-1)

$$LT\{f(at)\} = \int_0^\infty f(at) \cdot e^{-st} dt = \frac{1}{a} \int_0^\infty f(\tau) \cdot e^{-\frac{s}{a}\tau} d\tau = \frac{1}{a} \cdot F\left(\frac{s}{a}\right)$$

- Differentiation im Originalbereich:

Voraussetzung: Die Funktion $f(t)$ besitzt außer möglicher Weise bei $t=0$ keine Diskontinuität, ist für alle t differenzierbar und die Ableitung $f'(t) = \frac{d}{dt} f(t)$ ist exponentiell beschränkt. Wie man zeigen kann [4-1], ist damit auch $f(t)$ exponentiell beschränkt. Dann gilt:

$$LT\{f'(t)\} \xleftrightarrow{LT} s \cdot F(s) - f(+0) \quad \text{Re}\{s\} > \sigma_0 \tag{4-17a}$$

Beweis: Das Laplaceintegal (4-1) wird durch partielle Integration $\int u \cdot v' dx = u \cdot v - \int u' \cdot v dx$ gelöst mit $u = f$ und $v' = e^{-st}$:

$$LT\{f(t)\} = \int_0^\infty f(t) \cdot e^{-st} dt = -\frac{1}{s} \cdot e^{-st} \cdot f(t) \Big|_0^\infty + \frac{1}{s} \int_0^\infty f'(t) \cdot e^{-st} dt = \frac{1}{s} \cdot f(+0) + \frac{1}{s} \cdot LT\{f'(t)\}$$

Nach einfacher Umstellung folgt (4-17a).

Existieren auch die weiteren Ableitungen von $f(t)$ und sind diese exponentiell beschränkt, gilt bei Anwendung von (4-17a) zunächst für die zweite Ableitung

$$LT\{f''(t)\} = s \cdot (s \cdot F(s) - f(+0)) - f'(+0) = s^2 \cdot F(s) - s \cdot f(+0) - f'(+0)$$

oder allgemein

$$LT\{f^{(n)}(t)\} = s^n \cdot F(s) - \sum_{k=1}^n s^{n-k} \cdot f^{(k-1)}(+0) \quad \text{Re}\{s\} > \sigma_0 \tag{4-17b}$$

4.3 Regeln zur Anwendung der Laplacetransformation

Funktionen mit endlich viel Diskontinuitäten:

Es werden nun Originalfunktionen betrachtet, die neben einer möglichen Unstetigkeit bei $t = 0$ endlich viele Unstetigkeiten für $t = t_i$ besitzen im übrigen aber beliebig oft differenzierbar sind. Links- und rechtsseitiger Grenzwert an der i-ten Unstetigkeit seinen $f(t_{i-})$ bzw. $f(t_{i+})$. Zur Vereinfachung der Rechnung betrachten wir nur eine Unstetigkeit und führen wie oben die partielle Integration aus:

$$F(s) = \int_0^{t_{i-}} f(t) \cdot e^{-st} dt + \int_{t_{i+}}^{\infty} f(t) \cdot e^{-st} dt$$

$$= -\frac{1}{s}(e^{-st_i} \cdot f(t_{i-}) - f(+0)) + \frac{1}{s}\int_0^{t_{i-}} f'(t) \cdot e^{-st} dt + \frac{1}{s} e^{-st_i} \cdot f(t_{i+}) + \frac{1}{s} \cdot \int_{t_{i+}}^{\infty} f'(t) \cdot e^{-st} dt$$

$$= \frac{1}{s} \cdot f(+0) + \frac{1}{s}(f(t_{i+}) - f(t_{i-})) \cdot e^{-st_i} + \frac{1}{s} LT\{f'(t)\}$$

oder mit der Abkürzung $\Delta_i = f(t_{i+}) - f(t_{i-})$

$$F(s) = \frac{1}{s}(LT\{f'(t)\} + f(+0) + \Delta_i \cdot e^{-st_i}) \tag{4-18}$$

Eine einfache Umformung ergibt

$$LT\{f'(t)\} = s \cdot F(s) - f(+0) - \Delta_i \cdot e^{-st_i} \tag{4-19a}$$

oder für beliebig viele Unstetigkeiten

$$LT\{f'(t)\} = s \cdot F(s) - f(+0) - \sum_i \Delta_i \cdot e^{-st_i} \tag{4-19b}$$

Gleichung (4-19) dehnt die Rechenregel (4-17) auf diskontinuierliche Originalfunktionen aus. Im Zusammenhang mit der Laplacetransformation sind nun aber für viele technische Anwendungen Funktionen wie sie Bild 4.5 zeigt von Interesse.

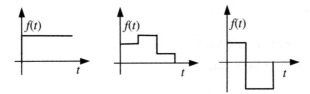

Bild 4.5: Diskontinuierliche Zeitfunktionen

Die gewöhnliche Ableitung existiert an Unstetigkeitsstellen nicht. Das hat zur Folge, dass alle im Bild 4.5 dargestellten Funktionen die Ableitung $f'(t) = 0$ besitzen. Gleichung (4-19) verliert dann völlig ihre Bedeutung. Um auch solche Funktionen mit der Laplacetransformation behandeln zu können wird der Begriff der Ableitung mit Hilfe der Distributionen erweitert. Hat eine Funktion an der Stelle $t = t_i$ eine Diskontinuität, kann man sich diese aus der Überlagerung einer kontinuierlichen Funktion $f(t)$ und einer Sprungfunktion mit der Höhe $\Delta_i = f(t_{i+}) - f(t_{i-})$, wie im Bild 4.6 gezeigt, entstanden denken: $f(t) = \tilde{f}(t) + \Delta_i \varepsilon(t)$

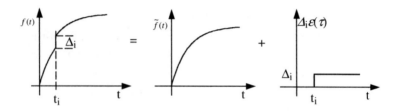

Bild 4.6 Funktion mit Unstetigkeit

Berücksicht man den aus Kapitel 2.3 bekannten Zusammenhang $\delta(t) = \varepsilon'(t)$, folgt als Verallgemeinerung der Ableitung

$$f_D'(t) = \tilde{f}'(t) + f(+0) \cdot \delta(t) + \Delta_i \cdot \delta(t - t_i) \qquad (4\text{-}20)$$

dabei kennzeichnet der Index D die verallgemeinerte Ableitung, die auch Derivierte genannt wird. Sie hat die Laplacetransformierte

$$LT\{f_D'(t)\} = LT\{\tilde{f}'(t)\} + f(+0) + \Delta_i \cdot e^{-st_i}$$

In Verbindung mit (4-19) ergibt sich schließlich der verallgemeinerte Differentiationssatz

$$LT\{f_D'(t)\} = s \cdot F(s) \qquad (4\text{-}21\text{a})$$

für Funktionen mit endlich vielen Diskontinuitäten.

Allgemein gilt, vorausgesetzt die Ableitungen von $\tilde{f}(t)$ bis zur Ordnung p existieren, :

$$LT\{f_D^{(p)}(t)\} = s^p \cdot F(s) \qquad (4\text{-}21\text{b})$$

- Differentiation im Bildbereich:

Im Konvergenzbereich von F(s) gilt

$$(-t)^n \cdot f(t) \xleftrightarrow{LT} \frac{d^n}{dt^n} F(s) \qquad \text{Re}\{s\} > \sigma_0 \qquad (4\text{-}22)$$

für beliebige Ableitungen im Bildbereich.

Beweis: Aus (4-1) folgt durch Differentiation:

$$\frac{d}{ds}F(s) = \frac{d}{ds}\int_0^\infty f(t) \cdot e^{-st} dt = \int_0^\infty f(t) \frac{d}{ds} e^{-st} dt = \int_0^\infty (-t) \cdot f(t) \cdot e^{-st} dt = LT\{-t \cdot f(t)\}$$

Da $F(s)$ analytisch ist, kann die Ableitung beliebig oft gebildet werden. Das führt auf (4-22).

Integration im Originalbereich:

$$\int_0^t f(\tau)d\tau \xleftrightarrow{LT} \frac{1}{s}F(s) \qquad \text{Re}\{s\} > \sigma_0 \qquad (4\text{-}23)$$

4.3 Regeln zur Anwendung der Laplacetransformation

Beweis: Es sei eine Funktion $g(t) = \int_0^t f(t)dt$, so dass $g'(t) = f(t)$ gilt. $f(t)$ sei exponentiell beschränkt. Dann findet man mit (4-17)

$$LT\{g'(t)\} = F(s) = s \cdot G(s) - g(+0) = s \cdot LT\{\int_0^t f(\tau)d\tau\}$$

Durch Umstellung folgt daraus (4-23).

- Faltungssatz (Originalbereich):

Das Faltungsintegral $f_1(t) * f_2(t) = \int_{-\infty}^{\infty} f_1(\tau) \cdot f_2(t-\tau)d\tau$ (2-36) erfährt für die Laplacetransformation eine Modifikation. Die beiden Funktionen sind für negative Argumente Null. Damit ist die untere Integrationsgrenze $\tau = 0$ während die obere Schranke des Integrationsbereiches durch die Bedingung $t - \tau > 0$ bestimmt ist. Somit gilt:

$$f_1(t) * f_2(t) = \int_0^t f_1(\tau) \cdot f_2(t-\tau)d\tau \tag{4-24}$$

Für das Faltungsintegral gilt die Korrespondenz

$$f_1(t) * f_2(t) \xleftrightarrow{LT} F_1(s) \cdot F_2(s) \tag{4-25}$$

wenn wenigstens eine der beiden Funktionen exponentiell beschränkt ist.

Beweis: Wegen $F_i(s) = \int_0^\infty f_i(t) \cdot e^{-st} dt$ gilt für das Produkt im Bildbereich

$$F_1(s) \cdot F_2(s) = \int_0^\infty f_1(\tau) \cdot e^{-s\tau} d\tau \cdot \int_0^\infty f_2(u) \cdot e^{-su} du$$

Wegen der absoluten Konvergenz der Integrale für $\sigma > \sigma_0$ kann

$$F_1(s) \cdot F_2(s) = \int_0^\infty \int_0^\infty f_1(\tau) \cdot f_2(u) \cdot e^{-s(u+\tau)} d\tau du$$

geschrieben werden. Mit der Substitution $t = u + \tau$ wird daraus:

$$F_1(s) \cdot F_2(s) = \int_0^\infty [\int_0^t f_1(\tau) \cdot f_2(t-\tau)d\tau] \cdot e^{-st} dt = LT\{f_1(t) * f_2(t)\}$$

Was zu beweisen war. Dabei sind die obigen Bemerkungen zur Faltung zu berücksichtigen.

- Faltungssatz (Bildbereich):

Ebenso lässt sich zeigen, dass für das Produkt zweier Originalfunktionen $f_1(t)$ und $f_2(t)$, die eine Laplacetransformierte besitzen, die Korrespondenz

$$f_1(t) \cdot f_2(t) \xleftrightarrow{LT} F_1(s) * F_2(s) \tag{4-26}$$

gültig ist. Das Faltungsintegral ist durch

$$F_1(s) * F_2(s) = \frac{1}{2\pi j} \int_{\sigma-j\infty}^{\sigma+j\infty} F_1(p) \cdot F_2(s-p) dp$$

gegeben. Für die Integration ist σ so zu wählen, dass die Konvergenz gesichert ist.

4.3.3 Grenzwertsätze

Es sei eine (kausale) Originalfunktion $f(t)$, die für alle $t > 0$ stetig ist und deren Ableitung eine Laplacetransformierte besitzt. Für sie gilt der

Anfangswertsatz:

$$\lim_{t \to 0} f(t) = \lim_{s \to \infty} s \cdot F(s) \tag{4-27}$$

Beweis: Auf $f(t)$ kann der Differentiationssatz (4-17a) angewendet werden, so dass für den Grenzwert $s \to \infty$

$$\lim_{s \to \infty} \int_0^\infty f'(u) \cdot e^{-su} du = 0 = \lim_{s \to \infty} sF(s) - f(0)$$

geschrieben werden kann. Daraus folgt (4-27).

$F(s)$ sei für $\text{Re}\{s\} \geq \sigma_0$ analytisch. Dann gilt der

Endwertsatz:

$$\lim_{t \to \infty} f(t) = \lim_{s \to 0} s \cdot F(s) \tag{4-28}$$

Beweis: Offensichtlich gilt

$$\lim_{s \to 0} \int_0^t f'(u) \cdot e^{-su} du = \int_0^t f'(u) du = f(t) - f(0) \quad \text{und}$$

$$\lim_{t \to \infty} \int_0^t f'(u) \cdot e^{-su} du = LT\{f'(u)\} = s \cdot F(s) - f(0)$$

Die Zusammenfassung beider Grenzübergänge führt zu der Gleichheit

$$\lim_{t \to \infty} f(t) - f(0) = \lim_{s \to 0} sF(s) - f(0)$$

Was mit der Aussage (4-28) identisch ist.

Bei der Anwendung dieser Grenzwertsätze sollte man Vorsicht walten lassen. Es ist notwendig, sich von der Existenz der Grenzwerte der Originalfunktion zu überzeugen, da Grenzwerte im Bildbereich existieren können, ohne dass es solche im Originalbereich gibt.

4.4 Laplacetransformation einfacher Funktionen

Im vorigen Abschnitt wurden bereits die Laplacetransformierten der δ-und der Sprungfunktion $\varepsilon(t)$ bestimmt. Im Folgenden soll an einfachen Beispielen der Umgang mit den angegebenen Rechenregeln der Laplacetransformation demonstriert werden. Aus diesem Grunde sind die gezeigten Lösungswege nicht in jedem Falle die kürzesten oder elegantesten.

a) $f(t) = e^{at}$, a = beliebig komplex.

$$F(s) = \int_0^\infty e^{at} \cdot e^{-st} dt = \int_0^\infty e^{-(s-a)t} dt = \frac{1}{s-a} \quad \text{Re}\{s\} > \text{Re}\{a\} \quad \text{also}$$

$$e^{at} \xleftrightarrow{LT} \frac{1}{s-a} \qquad \text{Re}\{s\} > \text{Re}\{a\} \tag{4-29}$$

b) $f(t) = \sin(t)$

$$F(s) = \int_0^\infty \sin(t) \cdot e^{-st} dt = \frac{1}{2j}\int_0^\infty (e^{jt} - e^{-jt}) \cdot e^{-st} dt$$

Hieraus folgt mit (4-29), $a = \pm j$ und (4-13) $F(s) = \frac{1}{2j} \cdot (\frac{1}{s-j} - \frac{1}{s+j}) = \frac{1}{s^2+1}$ also

$$\sin(t) \xleftrightarrow{LT} \frac{1}{s^2+1} \qquad \text{Re}\{s\} > \sigma_0 > 0 \, ! \tag{4-30}$$

Mit dem Satz (4-16) kann aus (4-30) die oft benötigte Laplacetransformierte der Funktion $f(t) = \sin(\omega_0 t)$ abgeleitet werden:

$$LT\{\sin(\omega_0 t)\} = \frac{1}{\omega_0} \cdot \frac{1}{\left(\frac{s}{\omega_0}\right)^2 + 1} = \frac{\omega_0}{s^2 + \omega_0^2} \qquad \text{Re}\{s\} > \sigma_0 \quad \text{oder}$$

$$\sin(\omega_0 t) \xleftrightarrow{LT} \frac{\omega_0}{s^2 + \omega_0^2} \qquad \text{Re}\{s\} > \sigma_0 \tag{4-30a}$$

c) $f(t) = \cos(\omega_0 t)$

Wegen $\cos(\alpha) = \frac{d}{dt}\sin(\alpha)$ liefert die Anwendung des Differentiationssatzes (4-17) für die Laplacetransformierte der gegebenen Funktion:

$$F(s) = \frac{1}{\omega_0}(s \cdot \frac{\omega_0}{s^2 + \omega_0^2} - 0) = \frac{s}{s^2 + \omega_0^2} \qquad \text{Re}\{s\} > \sigma_0$$

$$\cos(\omega_0 t) \xleftrightarrow{LT} \frac{s}{s^2 + \omega_0^2} \qquad \text{Re}\{s\} > \sigma_0 \tag{4-31}$$

d) $f(t) = t$

LT$\{t\}$ kann einfach mit Hilfe des Integrationssatzes berechnet werden. Es gilt $t = \int_0^t \varepsilon(t)dt$ und somit wegen (4-23) und der Korrespondenz (4-12)

$$\text{LT}\{t\} = \frac{1}{s} \cdot \frac{1}{s} = \frac{1}{s^2} \quad \text{bzw.}$$

$$t \xleftrightarrow{LT} \frac{1}{s^2} \tag{4-32}$$

Es gilt weiterhin $t^2 = 2\int_0^t t\,dt$ und damit auch LT$\{t^2\} = \frac{2}{s^3}$ oder allgemein

$$t^n \xleftrightarrow{LT} \frac{n!}{s^{n+1}} \quad n = \text{ganze Zahl} \tag{4-33}$$

e) $f(t) = \sinh(\alpha t)$

Wegen $\sinh(x) = \frac{1}{2} \cdot (e^x - e^{-x})$ folgt mit (4-29) und $a = \alpha$ ähnlich wie für $\sin(t)$ die Korrespondenz

$$\sinh(\alpha t) \xleftrightarrow{LT} \frac{\alpha}{s^2 - \alpha^2} \quad \text{Re}\{s\} > \alpha \tag{4-34}$$

f) $f(t) = \cosh(\alpha t)$

Wegen $\cosh(x) = (\sinh(x))'$ und mit dem Differentiationssatz gewinnt man aus (4-34)

$$\cosh(\alpha t) \xleftrightarrow{LT} \frac{s}{s^2 - \alpha^2} \quad \text{Re}\{s\} > \alpha \tag{4-35}$$

g) $f(t)$ = periodische Funktion mit der Periodendauer T.

Es sei $f_0(t)$ die erste Periode der gegebenen Funktion, die damit in der Form $f(t) = \sum_{n=0}^{\infty} f_0(t - nT)$ geschrieben werden kann. Weiterhin sei $F_0(s) = \text{LT}\{f_0(t)\}$ die zu $f_0(t)$ gehörige Bildfunktion. Mit dem Verschiebungssatz (4-14) folgt für die Laplacetransformierte LT$\{f(t)\}$

$$F(s) = \sum_{n=0}^{\infty} F_0(s) \cdot e^{-snT} = F_0(s) \sum_{n=0}^{\infty} e^{-snT} = \frac{F_0(s)}{1 - e^{-sT}}, \tag{4-36}$$

wenn die Beziehung $\sum_{k=0}^{\infty} x^k = \frac{1}{1-x}$ berücksichtigt wird. Mit diesem Ergebnis gewinnt man die Erkenntnis: Wird die Laplacetransformierte einer auf den Bereich $0 \leq t \leq T$ beschränkten Funktion $f(t)$ mit $\frac{1}{1-e^{-sT}}$ multipliziert, entspricht das im Originalbereich einer periodischen Fortsetzung.

h) $f(t) = \dfrac{\sin(t)}{t}$, Spaltfunktion

Die Spaltfunktion wird in eine Reihe entwickelt und gliedweise mit der Korrespondenz (4-32) transformiert:

$$\frac{\sin(t)}{t} = \sum_{n=0}^{\infty} (-1)^n \frac{t^{2n}}{(2n+1)!} \quad \Rightarrow \quad \sum \frac{(-1)^n}{2n+1} \cdot \frac{1}{s^{(2n+1)}} = a\tan(\frac{1}{s}) \qquad (4\text{-}37)$$

Anmerkung: Reihenentwicklungen können auch bei der Rücktransformation nützlich sein. Dabei ist Voraussetzung, dass die Laplaceintegrale der mit den Teilfunktionen korrespondierenden Zeitfunktionen absolut konvergent sind, d.h. $\int_0^{\infty} |f_i(t) \cdot e^{-st}| dt \leq M$ *und* die Summe der Integrale konvergiert.

4.5 Die inverse Laplacetransformation

4.5.1 Rücktransformation mit der Umkehrformel

Die Anwendung des Integrals (4-7) zur Rücktransformation in den Originalbereich ist im Allgemeinen mühselig und kompliziert. Die Grundlage für die Lösung des komplexen Integrals bilden einige Sätze der Funktionentheorie. Der wichtigste von ihnen in diesem Zusammenhang ist der Residuensatz. Er sagt aus, dass das Ringintegral über eine Funktion $P(s)$, die mit Ausnahme von endlich vielen singulären Punkten analytisch ist, durch

$$\oint_W P(s)ds = 2\pi j \sum_{n=1}^{N} \text{Res}_n \qquad (4\text{-}38)$$

gegeben ist, wenn der Integrationsweg sämtliche Singularitäten umschließt. Der Integrationsweg W ist so zu wählen, dass $P(s)$ auf ihm analytisch ist. Die Res_n heißen Residuen. Die Lösung des Integrals wird somit auf deren Berechnung zurückgeführt. Nehmen wir an $P(s)$ habe einen einfachen Pol bei $s = s_n$, dann gilt

$$\text{Res}_n = \lim_{s \to s_n} \{P(s) \cdot (s - s_n)\} \qquad (4\text{-}39)$$

Bei Mehrfachpolen $(s - s_n)^\alpha$ sind die Residuen durch

$$\text{Res}_n = \frac{1}{(\alpha-1)!} \lim_{s \to s_n} \left\{ \frac{d^{(\alpha-1)}}{ds^{(\alpha-1)}} (P(s) \cdot (s - s_n)^\alpha) \right\} \qquad (4\text{-}40)$$

gegeben. Soll der Residuensatz (4-38) für die Lösung des Umkehrintegrals (4-7) angewendet werden, ergibt sich zunächst die Schwierigkeit, dass er nur für Ringintegrale gültig ist, während der Integrationsweg beim inversen Laplaceintegral auf einer Parallelen zur imaginären Achse verläuft. Es zeigt sich aber, unter bestimmten einschränkenden Bedingungen, dass auch dann der Residuensatz angewendet werden kann [1]. Es sei $V(s)$ eine in einem bestimmten Gebiet analytische Funktion mit der Eigenschaft

$$|V(s)| < \frac{M}{|s|} \qquad (4\text{-}41)$$

für ausreichend großes s. Dann gilt:

$$\frac{1}{2\pi j} \int_{\sigma_x - j\infty}^{\sigma_x + j\infty} \frac{V(s)}{(s_n - s)} ds = V(s_n) = \text{Res}_n \qquad (4\text{-}42)$$

σ_x muss innerhalb des Konvergenzgebietes von $V(s)$ liegen, d.h. alle Singularitäten befinden sich links der durch σ_x definierten Geraden. Mit diesen Aussagen kann nun in vielen Fällen die Berechnung des Umkehrintegrals (4-7) vereinfacht werden. Wenn $F(s) \cdot e^{st}$ der Bedingung (4-41) genügt, folgt daher mit (4-38)

$$f(t) = \frac{1}{2\pi j} \int_{\sigma - j\infty}^{\sigma + j\infty} F(s) \cdot e^{st} ds = \sum_{n=1}^{N} \text{Res}_n \{F(s) \cdot e^{st}\} \qquad (4\text{-}43)$$

Sind die Pole von $F(s)$ einfach vereinfacht sich (4-43) zu

$$f(t) = \sum_{n=1}^{N} \text{Res}_n \{F(s)\} \cdot e^{s_n t} \qquad (4\text{-}43a)$$

da e^{st} überall analytisch ist.

Gebrochen rationale Funktionen:

Sehr häufig trifft man bei der Anwendung der Laplacetransformation auf gebrochen rationale Funktionen. Ihre Pole liegen sämtlich links von Konvergenzhalbebene. Ist die Funktion echt gebrochen, d.h. ist der Zählergrad < Nennergrad, ist die Bedingung (4-41) für alle $t > 0$ erfüllt, so dass der Residuensatz Anwendung finden kann.

Beispiel:

Gegeben: $F(s) = \dfrac{s}{(s+a)(s+b)}$

Gesucht: $f(t) = LT^{-1}\{F(s)\}$

Lösung: $F(s)$ ist eine echt gebrochene Funktion mit einfachen Polen bei $s_1 = -a$ und $s_2 = -b$. Mit (4-38) lauten die Residuen:

$$\text{Res}_a = \frac{s}{(s+a)(s+b)} \cdot (s+a)\bigg|_{s=-a} = \frac{-a}{b-a}$$

$$\text{Res}_b = \frac{s}{(s+a)(s+b)} \cdot (s+b)\bigg|_{s=-b} = \frac{b}{b-a}$$

und damit gilt nach (4-43a)

$$f(t) = \frac{1}{b-a}(b \cdot e^{-bt} - a \cdot e^{-at})$$

Ausführlicher wird auf die Anwendung bei der Lösung von Differentialgleichungen eingegangen.

4.5.2 Rücktransformation mit Tabellen und Rechenregeln

Die Rücktransformation mit dem inversen Laplaceintegral (4-7) kann wie wir gesehen haben sehr aufwendig werden. Es hat sich daher bewährt, einmal erhaltene Ergebnisse in Tabellen zusammenzustellen und dann die zu transformierenden Funktionen durch Umformung auf diese zurückzuführen. Zusammen mit der Anwendung der im Abschnitt 4.3.2 aufgeführten Rechenregeln können die meisten praktischen Probleme gelöst werden.

Beispiele:

1. Gegeben: $F(s) = \dfrac{s^2 + a}{s(s^2 + b)}$

Gesucht: $f(t) = LT^{-1}\{F(s)\}$

Lösung: Die gegebene Funktion wird als Summe zweier Teilbrüche geschrieben

$$F(s) = \frac{s}{s^2 + b} + a \cdot \frac{1}{s(s^2 + b)}$$

Einer Tabelle (s. Kap. 9 Tabelle 9.2) entnimmt man die Korrespondenzen:

$$\cos(\omega t) \xleftrightarrow{LT} \frac{s}{s^2 + \omega^2} \quad \text{und} \quad \frac{1}{\omega^2}(1 - \cos(\omega t)) \xleftrightarrow{LT} \frac{1}{s(s^2 + \omega^2)}$$

mit $\omega^2 = b$ folgt

$$f(t) = \cos(\sqrt{b}t) + \frac{a}{b}(1 - \cos(\sqrt{b}t)) = \frac{a}{b} + (1 - \frac{a}{b})\cos(\sqrt{b}t)$$

2. Gegeben: $F(s) = \dfrac{1}{1 + bs}$

Gesucht: $f(t) = LT^{-1}\{F(s)\}$

Lösung: In der Tabelle findet man $\dfrac{1}{s} \xleftrightarrow{LT} \varepsilon(t)$. Aus dem Dämpfungssatz (4-15) ergibt sich

$$\frac{1}{1 + bs} = \frac{1}{b} \cdot \frac{1}{s + \frac{1}{b}} \xleftrightarrow{LT} \frac{1}{b} \cdot e^{-\frac{t}{b}} \cdot \varepsilon(t)$$

3. Gegeben: $F(s) = \dfrac{1}{(s + a)^2}$

Gesucht: $f(t) = LT^{-1}\{F(s)\}$

Lösung: Man geht wieder von der Korrespondenz $1/s \xleftrightarrow{LT} \varepsilon(t)$ aus und berechnet zunächst die Rücktransformierte von $\dfrac{1}{s^2} = \dfrac{1}{s} \cdot (\dfrac{1}{s})$, die in einfacher Weise mit Hilfe des Integrationssatzes (4-23) gefunden wird. $\dfrac{1}{s^2} \xleftrightarrow{LT} \int_0^t du = t$. Wiederum die Anwendung des

Dämpfungssatzes liefert das gesuchte Ergebnis $\dfrac{1}{(s+a)^2} \xleftrightarrow{LT} t \cdot e^{-at}$.

4.6 Differentialgleichungen

Inhomogene Differentialgleichung 2. Ordnung

Ein wichtiges Anwendungsgebiet der Laplacetransformation ist die Lösung von Differentialgleichungen, die bei der Analyse technischer Systeme und der Lösung physikalischer Probleme auftreten. Am Beispiel einer Differentialgleichung 2. Ordnung soll das Prinzip erklärt werden. Zu lösen sei die inhomogene Differentialgleichung (4-44):

$$\frac{d^2 y(t)}{dt^2} + a_1 \cdot \frac{dy(t)}{dt} + a_0 \cdot y(t) = x(t) \qquad (4\text{-}44)$$

Sie wird der Laplacetransformation unterworfen. Unter Verwendung des Differentiationssatzes für den Originalbereich (4-17) folgt:

$$s^2 \cdot Y(s) - s \cdot y(0) - y'(0) + a_1 \cdot (s \cdot Y(s) - y(0)) + a_0 \cdot Y(s) = X(s)$$

Es ist eine algebraische Gleichung entstanden, die in einfacher Weise nach $Y(s)$ aufgelöst werden kann:

$$Y(s) = \frac{X(s)}{s^2 + a_1 s + a_0} + \frac{(s + a_1) \cdot y(0)}{s^2 + a_1 s + a_0} + \frac{y'(0)}{s^2 + a_1 s + a_0} \qquad (4\text{-}45)$$

Im Ergebnis (4-45) erscheinen drei Terme, die gleiche Nennerfunktionen $N(s) = s^2 + a_1 \cdot s + a_0$ haben. $N(s)$ heißt charakteristisches Polynom und ist wie wir sehen werden von wesentlicher Bedeutung für die Rücktransformation in den Originalbereich zur Bestimmung der gesuchten Funktion $y(t)$. (4-45) wird nun formal etwas umgeschrieben:

$$Y(s) = G(s) \cdot X(s) + G_0(s) \cdot y(0) + G(s) \cdot y'(0)$$

woraus mit den Rechenregeln der LT die Lösung

$$y(t) = g(t) * x(t) + g_0(t) \cdot y(0) + g(t) \cdot y'(0) \qquad (4\text{-}46)$$

im Zeitbereich folgt. Zur Bestimmung der endgültigen Lösung ist also noch eine Faltung auszuführen. Da dieses erheblichen Rechenaufwand bedeuten kann, ist es meist günstiger, $G(s) \cdot X(s)$ zusammenzufassen und als Ganzes zu transformieren. Für die Rücktransformation muss entweder das Umkehrintegral (4-7) gelöst werden, was wie wir gesehen haben möglicher Weise umfangreiche Rechnung erfordert oder man versucht, die gegebenen Funktionen in einfache Teilfunktionen zu zerlegen, für die die LT-Korrespondenzen bereits bekannt sind, arbeitet also mit Tabellen. In vielen Fällen allerdings ist $G(s) \cdot X(s)$ eine gebrochen rationale Funktion und es kann so der Residuensatz angewendet werden. Im obigen Beispiel seien $a_0 = 1$, $a_1 = 2{,}5$ und die "Erregerfunktion" oder Störung $x(t) = e^{-t}$ ein Exponentialimpuls.

4.6 Differentialgleichungen

Mit der Korrespondenz (4-29) und $a = -1$ gilt $x(t) = e^{-t} \xleftrightarrow{LT} \dfrac{1}{s+1}$. Die Anfangswerte $y(0)$ und $y'(0)$ seien Null.

Somit besteht die Aufgabe:

$$y(t) = LT^{-1}\left\{\frac{1}{(s+1)\cdot(s^2 + 2{,}5\cdot s + 1)}\right\}$$

zu berechnen. Es handelt sich um eine gebrochen rationale Funktion und damit kann der Residuensatz angewendet werden. Die Funktion hat Pole bei $s_1 = -1$, $s_2 = -0{,}5$ und $s_3 = -2$ mit den Residuen $\text{Res}_1 = -2$, $\text{Res}_2 = \dfrac{4}{3}$ und $\text{Res}_3 = \dfrac{2}{3}$. Mit (4-43a) lautet die gesuchte Originalfunktion

$$y(t) = -2 \cdot e^{-t} + \frac{4}{3} \cdot e^{-0{,}5t} + \frac{2}{3} e^{-2t}$$

Ein anderer häufig verwendeter Ansatz führt ebenso einfach zum Ziel. Die Algebra lehrt, dass die gegebene Funktion in eine Summe von Partialbrüchen zerlegt werden kann. Das Ergebnis lautet:

$$\frac{1}{(s+1)(s^2 + 2{,}5s + 1)} = \frac{-2}{s+1} + \frac{4}{3(s+0{,}5)} + \frac{2}{3(s+2)} = \frac{\text{Res}_1}{s-s_1} + \frac{\text{Res}_2}{s-s_2} + \frac{\text{Res}_3}{s-s_3}.$$

Mit der Korrespondenz (4-29) ergibt sich die gleiche Lösung.

Bei nicht verschwindenden Anfangswerten ist entsprechend zu verfahren. Es sei $y(0) = -1$ und $y'(0) = 0$. Der zusätzliche Term lautet

$$G_0(s) \cdot y(0) = -\frac{s + \overset{2{,}5}{1}}{s^2 + 2{,}5s + 1} \overset{\times 4}{} - \frac{\overset{\times 1}{1}}{3(s+0{,}5)} - \frac{1}{3(s+2)}$$

Die Rücktransformation ergibt zusammen mit dem ersten Ergebnis die neue Originalfunktion

$$y(t) = -2 \cdot e^{-t} + \frac{4}{\cdot 3} \cdot e^{-0{,}5t} + \frac{2}{3} e^{-2t} - \overset{4}{1} e^{-0{,}5t} + \overset{1}{\frac{2}{3}} \cdot e^{-2t} = e^{\overset{2}{-0{,}5t}} - 2 \cdot e^{-t}$$

Inhomogene Differentialgleichung n-ter Ordnung

Eine gewöhnliche, inhomogene Differentialgleichung n-ter Ordnung ist durch

$$\sum_{k=0}^{n} a_k \cdot y^{(k)}(t) = x(t) \tag{4-47}$$

gegeben. Die Anwendung des Differentiationssatzes (4-17) liefert die Bildfunktion

$$Y(s) \cdot \sum_{k=0}^{n} a_k \cdot s^k - \sum_{m=0}^{n-1} y^{(m)}(0) \sum_{k=m+1}^{n} a_k \cdot s^{k-m-1} = X(s) \tag{4-48}$$

Mit den Abkürzungen

$$G(s) = \sum_{k=0}^{n} a_k \cdot s^k \quad \text{und} \quad N_m(s) = \sum_{k=m+1}^{n} a_k \cdot s^{k-m-1}$$

wird (4-48) nach der gesuchten Funktion $Y(s)$ aufgelöst

$$Y(s) = \frac{X(s)}{G(s)} + \sum_{m=0}^{n-1} y^{(m)}(0) \cdot \frac{N_m(s)}{G(s)} \qquad (4\text{-}49)$$

$G(s)$ ist wieder das charakteristische Polynom. Die einzelnen Terme in (4-49) sind in aller Regel gebrochen rationale Funktionen mit reellen Koeffizienten. Der Grad des Zählerpolynome $N_m(s)$ ist immer kleiner als der des Nennerpolynoms $G(s)$. Für die Rücktransformation ist neben der Anwendung des Residuensatzes (4-43) die Partialbruchzerlegung der gegebenen Funktion ein effektiver Lösungsansatz, wie bereits im obigen Beispiel gezeigt. Dazu sind die n Nullstellen s_k des Nenners zu bestimmen. Das ist mit Hilfe der elektronischen Rechentechnik kein ernsthaftes Problem. Zur Vereinfachung der weiteren Ausführungen nehmen wir an, dass $Y(s)$ zu einem Ausdruck $N(s)/D(s)$ zusammengefasst wurde.

Einfache Nullstellen: $s_k \neq s_m$.

Im einfachsten Fall sind die Nullstellen von $D(s)$ alle von einander verschieden, also einfach. Diese Voraussetzung ermöglicht anstelle von (4-49) die Schreibweise

$$Y(s) = \frac{N(s)}{D(s)} = \frac{N(s)}{(s-s_1)(s-s_2)\cdots(s-s_n)} = \sum_{k=1}^{n} \frac{R_k}{s-s_k} \qquad s_k \neq s_m \qquad (4\text{-}50)$$

Die Partialbruchkoeffizienten R_k sind wie wir gesehen haben die Residuen und werden mit (4-51) bestimmt.

$$R_k = \lim_{s \to s_k} (s-s_k) \cdot Y(s) = \frac{N(s_k)}{D'(s_k)} \qquad (4\text{-}51)$$

Die Partialbruchzerlegung wird häufig auch mit Hilfe eines Koeffizientenvergleiches vorgenommen, was allerdings bei höhergradigen Funktionen aufwendig werden kann.

Da die Polynomkoeffizienten von $D(s)$ reell sind, sind die Nullstellen

1. s_k = reell   oder

2. $s_m = s_k^*$, d.h. zwei der Nullstellen s_k und s_m bilden ein konjugiert komplexes Paar.

Im ersten Fall wird für die Rücktransformation so verfahren, wie im obigen Beispiel beschrieben. Allgemein hat die Lösung mit (4-29) die Form

$$y(t) = \sum_{k=1}^{n} R_k \cdot e^{s_k t} \qquad (4\text{-}52)$$

Ist ein konjugiert komplexes Nullstellenpaar zu transformieren, wird dieses zweckmäßig zu einem Ausdruck zusammengefasst. Es ist offensichtlich, dass wenn $s_m = s_k^*$ auch $R_m = R_k^*$ zutrifft. Somit finden wir:

$$F_k(s) = \frac{R_k}{s-\sigma_k - j\omega_k} + \frac{R_k^*}{s-\sigma_k + j\omega_k} \xleftrightarrow{LT} R_k \cdot e^{(\sigma_k + j\omega_k)t} + R_k^* \cdot e^{(\sigma_k - j\omega_k)t} = f_k(t)$$

und weiter, da die Summe zweier konjugiert komplexer Zahlen $z + z^* = 2 \cdot \text{Re}\{z\}$:

$$f_k(t) = (R_k \cdot e^{j\omega_k t} + R_k^* \cdot e^{-j\omega_k t}) \cdot e^{\sigma_k t} = 2 \cdot \text{Re}\{R_k \cdot e^{j\omega_k t}\} \cdot e^{\sigma_k t}$$

4.6 Differentialgleichungen

$$= 2 \cdot (R_{kr} \cdot \cos(\omega_k t) - R_{ki} \cdot \sin(\omega_k t)) \cdot e^{\sigma_k t} \tag{4-53}$$

mit $R_{kr} = \text{Re}\{R_k\}$ und $R_{ki} = \text{Im}\{R_k\}$

Beispiel:

Gegeben: $F(s) = \dfrac{1}{s^3 + 2 \cdot s^2 + 2 \cdot s + 1}$

Gesucht: $f(t) = \text{LT}^{-1}\{F(s)\}$

Lösung: Die Nullstellen des Nennerpolynoms sind: $s_1 = -1;\ s_{2,3} = -\dfrac{1}{2} \pm j\dfrac{1}{2}\sqrt{3}$

Daraus ermittelt man mit oben angegebener Regel (4-51):

$$F(s) = \frac{1}{s+1} - \frac{\frac{1}{2} + j\frac{1}{6}\sqrt{3}}{s + \frac{1}{2} - j\frac{1}{2}\sqrt{3}} - \frac{\frac{1}{2} - j\frac{1}{6}\sqrt{3}}{s + \frac{1}{2} + j\frac{1}{2}\sqrt{3}} \ .$$

Die Rücktransformation mit (4-29) und (4-53) führt schließlich auf:

$$f(t) = e^{-t} - (\cos(\tfrac{1}{2}\sqrt{3}\,t) - \tfrac{1}{3}\sqrt{3} \cdot \sin(\tfrac{1}{2}\sqrt{3}\,t)) \cdot e^{-\tfrac{t}{2}}$$

Ist bei konstantem Zähler das charakteristische Polynom von zweiter Ordnung mit zwei komplexen Nullstellen $s_{1,2} = \sigma_x \pm j\omega_x$, ergibt sich das Residuum zu $R_1 = -j \cdot \dfrac{1}{2 \cdot \omega_x}$. Hiermit folgt aus (4-53) allgemein die Korrespondenz:

$$\frac{1}{(s - \sigma_x - j\omega_x)(s - \sigma_x + j\omega_x)} = \frac{1}{(s - \sigma_x)^2 + \omega_x^2} \overset{LT}{\longleftrightarrow} \frac{1}{\omega_x} \sin(\omega_x t) \cdot e^{\sigma_x t} \tag{4-54}$$

Mehrfachnullstellen des Nennerpolynoms:

Der Nenner $D(s)$ der zu transformierenden Funktion hat in diesem Fall allgemein die Form

$$D(s) = (s - s_1)^{\alpha_1} (s - s_2)^{\alpha_2} \ldots (s - s_n)^{\alpha_n} \tag{4-55}$$

Die zugehörige Partialbruchsumme ist durch

$$D(s) = \frac{R_{11}}{(s - s_1)^{\alpha_1}} + \frac{R_{12}}{(s - s_1)^{(\alpha_1 - 1)}} + \cdots + \frac{R_{1\alpha_1}}{(s - s_1)} + \frac{R_{21}}{(s - s_2)^{\alpha_2}} + \frac{R_{22}}{(s - s_2)^{(\alpha_2 - 1)}} + \cdots + \frac{R_{2\alpha_2}}{(s - s_2)}$$

$$+ \cdots + \frac{R_{n1}}{(s - s_n)^{\alpha_n}} + \frac{R_{n2}}{(s - s_n)^{(\alpha_n - 1)}} + \cdots + \frac{R_{n\alpha_n}}{(s - s_n)} \tag{4-56}$$

gegeben. Die Methode zur Bestimmung der Zählerkoeffizienten wird an einem einfachen Beispiel erläutert, dessen Ergebnis auf beliebige Fälle übertragen werden kann.

Es sei die Funktion

$$F(s) = \frac{N(s)}{D(s)} = \frac{N(s)}{(s - s_1)^3 (s - s_2)}$$

gegeben, deren Partialbruchzerlegung

$$F(s) = \frac{N(s)}{D(s)} = \frac{R_{11}}{(s-s_1)^3} + \frac{R_{12}}{(s-s_1)^2} + \frac{R_{13}}{(s-s_1)} + \frac{R_2}{(s-s_2)} \qquad (4\text{-}57)$$

gesucht ist. Wir multiplizieren $F(s)$ in (4-57) mit $(s-s_1)^3$ und finden für $s = s_1$:

$$\lim_{s \to s_1} \frac{N(s)}{(s-s_2)} = \lim_{s \to s_1} \frac{N(s)}{D(s)/(s-s_1)^3} = \lim_{s \to s_1} \frac{N(s)}{D_1(s)}$$

$$= \lim_{s \to s_1} (R_{11} + (s-s_1)^3 (\frac{R_{12}}{(s-s_1)^2} + \frac{R_{13}}{(s-s_1)} + \frac{R_2}{(s-s_2)})) = R_{11} \qquad (4\text{-}58)$$

Damit ist der erste Wert bestimmt. Zur Berechnung von R_{12} wird dieses Ergebnis verwendet. Mit der oben eingeführten Nennerfunktion $D_1(s) = \dfrac{D(s)}{(s-s_1)^3}$ und dem jetzt bekannten R_{11} gilt offensichtlich wegen (4-58)

$$(N(s) - R_{11} \cdot D_1(s))\big|_{s=s_1} = 0, \qquad (4\text{-}59)$$

das bedeutet aber, s_1 ist Nullstelle von $N(s) - R_{11} \cdot D_1(s)$. Im nächsten Schritt wird die Differenz

$$\frac{N(s)}{D(s)} - \frac{R_{11}}{(s-s_1)^3} = \frac{N(s)}{(s-s_1)^3 \cdot D_1(s)} - \frac{R_{11}}{(s-s_1)^3} = \frac{N(s) - R_{11} \cdot D_1(s)}{(s-s_1)^3 \cdot D_1(s)}$$

gebildet. Im Term auf der rechten Seite haben Zähler und Nenner jeweils eine Nullstelle für $s = s_1$, die gekürzt werden kann. Die Restfunktion nach dem Kürzen enthält somit nur noch einen Doppelpol bei s_1. Mit der Abkürzung

$$N_1(s) = \frac{N(s) - R_{11} \cdot D_1(s)}{s - s_1} \qquad (4\text{-}60)$$

und (4-57) entsteht die neue Partialbruchsumme

$$\frac{N_1(s)}{(s-s_1)^2 \cdot D_1(s)} = \frac{R_{12}}{(s-s_1)^2} + \frac{R_{13}}{(s-s_1)} + \frac{R_2}{(s-s_2)}. \qquad (4\text{-}61)$$

Die sinngemäße Wiederholung des obigen Rechenganges führt schließlich auf:

$$\lim_{s \to s_1} \frac{N_1(s)}{D_1(s)} = R_{12}$$

Die restliche Funktion enthält lediglich einfache Nullstellen und kann mit (4-51) weiter verarbeitet werden.

Beispiel:

Gegeben: $F(s) = \dfrac{s+1}{(s+2)^3 (s+0{,}5)}$

4.6 Differentialgleichungen

Gesucht: $f(t) = LT^{-1}\{F(s)\}$, a) Berechnung durch Partialbruchzerlegung, b) Mit Hilfe des Residuensatzes

Lösung:

a) Entsprechend der Beziehung (4-58) wird $F(s)$ mit $(s+2)^3$ multipliziert und der Grenzwert für $s = -2$ gebildet: $D_1(s) = \dfrac{(s+2)^3(s+0{,}5)}{(s+2)^3} = (s+0{,}5)$

$$R_{11} = \dfrac{N(s)}{D_1(s)}\bigg|_{s=s_1} = \dfrac{s+1}{s+0{,}5}\bigg|_{s=-2} = \dfrac{2}{3}$$

Aus (4-60) folgt

$$N_1(s) = \dfrac{(s+1) - (2/3)(s+0{,}5)}{s+2} = \dfrac{1}{3}$$

und weiter

$$R_{12} = \dfrac{N_1(s)}{D_1(s)}\bigg|_{s=-2} = \dfrac{1/3}{s+0{,}5}\bigg|_{s=-2} = -\dfrac{2}{9}.$$

Die neue Zählerfunktion folgt aus (4-61)

$$N_2(s) = \dfrac{N_1(s) - R_{12}(s+0{,}5)}{s+2} = \dfrac{2}{9}$$

Die verbleibende Restfunktion $\dfrac{2/9}{(s+2)(s+0{,}5)}$ hat nur noch Einfachpole mit den Residuen

$R_{13} = -\dfrac{4}{27}$ und $R_2 = \dfrac{4}{27}$. Damit ist die Partialbruchzerlegung bestimmt:

$$F(s) = \dfrac{2}{3}\dfrac{1}{(s+2)^3} - \dfrac{2}{9}\dfrac{1}{(s+2)^2} - \dfrac{4}{27}\dfrac{1}{s+2} + \dfrac{4}{27}\dfrac{1}{s+0{,}5}$$

Einer Tabelle entnehmen wir die Korrespondenz $\dfrac{t^{(n-1)}}{(n-1)!}e^{-at} \xleftrightarrow{LT} \dfrac{1}{(s+a)^n}$ und erhalten

$$f(t) = \dfrac{2}{3}\cdot\dfrac{1}{2}t^2 e^{-2t} - \dfrac{2}{9}te^{-2t} - \dfrac{4}{27}e^{-2t} + \dfrac{4}{27}e^{-0{,}5t} = \dfrac{1}{3}(t^2 - \dfrac{1}{3}t - \dfrac{4}{9})e^{-2t} + \dfrac{4}{27}e^{-0{,}5t}$$

b) Die Lösung kann ebenso auch mit Hilfe des Residuensatzes (4-37) gewonnen werden. Die Koeffizienten werden der Beziehung (4-39) bestimmt. Dabei ist $P(s) = F(s)\cdot e^{st}$.

Für obiges Beispiel erhalten wir im einzelnen

$$s_1 = -0{,}5: \quad \text{Res}_1 = \dfrac{s+1}{(s+2)^3}e^{st}\bigg|_{s=-0{,}5} = \dfrac{4}{27}e^{-0{,}5t},$$

$$s_2 = -2: \quad \text{Res}_2 = \dfrac{1}{2}\dfrac{d^2}{ds^2}\left(\dfrac{s+1}{s+0{,}5}e^{st}\right)\bigg|_{s=-2} = (\dfrac{1}{3}t^2 - \dfrac{2}{9}t - \dfrac{4}{27})\cdot e^{-2t}$$

und schließlich zusammengefaßt

$$f(t) = \frac{4}{27} e^{-0.5t} + (\frac{1}{3} t^2 - \frac{2}{9} t - \frac{4}{27}) \cdot e^{-2t}$$

womit das schon gefundene Ergebnis bestätigt wird.

Zustandsgleichungen:

In linearen dynamischen Systemen wirken im Allgemeinen mehrere zeitabhängige Größen. Dies sind z.B. in mechanischen Systemen an verschiedenen Stellen wirkende Kräfte oder in elektrischen Netzwerken die Knotenspannungen und Zweigströme. Diese Größen beeinflussen sich gegenseitig, genügen aber jede für sich einer Differentialgleichung. Die Systemanalyse führt dann zu Systemen simultaner Differentialgleichungen 1. Ordnung mit reellen, konstanten Koeffizienten. Man nennt diese Gleichungen Zustandsgleichungen. Die "inneren" zeitabhängigen Größen heißen Zustände und sollen mit $w(t)$ bezeichnet werden. Bei Kenntnis der Zustandsgrößen zu einem beliebigen Zeitpunkt t_0 können bei gegebener Erregung $x(t)$ alle Systemreaktionen für $t > t_0$ bestimmt werden. Beispielhaft gibt (4-62) ein Gleichungssystem mit drei Zustandsgrößen an.

$$w_1'(t) = a_{11} w_1(t) + a_{12} w_2(t) + a_{13} w_3(t) + b_{11} x_1(t) + b_{12} x_2(t)$$
$$w_2'(t) = a_{21} w_1(t) + a_{22} w_2(t) + a_{23} w_3(t) + b_{21} x_1(t) + b_{22} x_2(t) \quad (4\text{-}62)$$
$$w_3'(t) = a_{31} w_1(t) + a_{32} w_2(t) + a_{33} w_3(t) + b_{31} x_1(t) + b_{32} x_2(t)$$

Die gesuchten Funktionen seien $y_1(t)$ und $y_2(t)$. Sie sind Linearkombinationen der $w_i(t)$ und der Erregerfunktionen $x_i(t)$. Damit werden die Gleichungen (4-62) durch die sog. Ausgangsgleichungen (4-63) ergänzt.

$$y_1(t) = c_{11} w_1(t) + c_{12} w_2(t) + c_{13} w_3(t) + d_{11} x_1(t) + d_{12} x_2(t)$$
$$y_2(t) = c_{21} w_1(t) + c_{22} w_2(t) + c_{23} w_3(t) + d_{21} x_1(t) + d_{22} x_2(t) \quad (4\text{-}63)$$

Zur Lösung dieses Gleichungssystems ist es zweckmäßig, (4-62) und (4-63) als Matrizengleichungen zu schreiben. Wir definieren:

Zustandsvektor: $\quad \underline{w}'(t) = \begin{pmatrix} w_1'(t) & w_2'(t) & w_3'(t) \end{pmatrix}^T \quad$ *Eingangsvektor:* $\quad \underline{x}(t) = \begin{pmatrix} x_1(t) & x_2(t) \end{pmatrix}^T$

Ausgangsvektor: $\quad \underline{y}(t) = \begin{pmatrix} y_1(t) & y_2(t) \end{pmatrix}^T$

Systemmatrix: $\quad \underline{A} = \begin{pmatrix} a_{11} & a_{12} & a_{13} \\ a_{21} & a_{22} & a_{23} \\ a_{31} & a_{32} & a_{33} \end{pmatrix} \quad$ *Eingangsmatrix:* $\quad \underline{B} = \begin{pmatrix} b_{11} & b_{12} \\ b_{21} & b_{22} \\ b_{31} & b_{32} \end{pmatrix}$

Ausgangsmatrix: $\quad \underline{C} = \begin{pmatrix} c_{11} & c_{12} & c_{13} \\ c_{21} & c_{22} & c_{23} \end{pmatrix} \quad$ *Durchgangsmatrix:* $\quad \underline{D} = \begin{pmatrix} d_{11} & d_{12} \\ d_{21} & d_{22} \end{pmatrix}$

(4-64)

Es wurden die in der Systemtheorie üblichen Bezeichnungen gewählt. Die obigen Gleichungen nehmen mit diesen Definitionen die Formen

$$\underline{w}'(t) = \underline{A} \cdot \underline{w}(t) + \underline{B} \cdot \underline{x}(t) \quad (4\text{-}65)$$

4.6 Differentialgleichungen

$$\underline{y}(t) = \underline{C} \cdot \underline{w}(t) + \underline{D} \cdot \underline{x}(t) \tag{4-66}$$

an. Zur Lösung unterwerfen wir (4-65) und (4-66) unter Anwendung des Differentiationssatzes (4-17a) der Laplacetransformation:

$$s \cdot \underline{E} \cdot \underline{W}(s) - \underline{E} \cdot \underline{w}(0) = \underline{A} \cdot \underline{W}(s) + \underline{B} \cdot \underline{X}(s) \tag{4-67}$$

$$\underline{Y}(s) = \underline{C} \cdot \underline{W}(s) + \underline{D} \cdot \underline{X}(s) \tag{4-68}$$

In diesem Falle werden die Anfangswerte der Ableitungen nicht benötigt was bei der Anwendung von Vorteil ist. Die beiden Gleichungen im Bildbereich können sehr einfach nach den gesuchten Größen aufgelöst werden:

$$(s \cdot \underline{E} - \underline{A}) \cdot \underline{W}(s) = \underline{B} \cdot \underline{X}(s) + \underline{E} \cdot \underline{w}(0) \;\Rightarrow\; \underline{W}(s) = (s \cdot \underline{E} - \underline{A})^{-1} \cdot \underline{B} \cdot \underline{X}(s) + (s \cdot \underline{E} - \underline{A})^{-1} \cdot \underline{w}(0)$$

und weiter

$$\underline{Y}(s) = (\underline{C} \cdot (s \cdot \underline{E} - \underline{A})^{-1} \cdot \underline{B} + \underline{D}) \cdot \underline{X}(s) + \underline{C} \cdot (s \cdot \underline{E} - \underline{A})^{-1} \cdot \underline{w}(0) \tag{4-69}$$

$\underline{E}$ ist die Einheitsmatrix. Die Klammerausdrücke in (4-69) sind gebrochen rationale Funktionen in s, deren Nennerfunktionen das charakteristische Polynom der Matrix $\underline{A}$ sind. Die Rücktransformation in den Originalbereich ist daher wie oben gezeigt mit Hilfe der Partialbruchzerlegung und Tabellen oder durch Anwendung des Residuensatzes kein Problem. Der mathematische Aufwand ist durch die erforderliche Matrizeninversion bestimmt. Aber auch das kann mit moderner Rechentechnik sehr schnell bewältigt werden. Gängige Rechenprogramme wie z.B. MATLAB bieten entsprechende Prozeduren an.

Beispiel:

Gegeben:

Zustandsgleichungen

$$w_1'(t) = -\frac{4}{3} \cdot w_2(t) + \frac{4}{3} \cdot x(t)$$

$$w_2'(t) = \frac{3}{2} \cdot w_1(t) - \frac{3}{2} \cdot w_2(t) + \frac{3}{2} \cdot w_3(t)$$

$$w_3'(t) = \frac{1}{2} \cdot w_2'(t) - \frac{1}{2} w_3'(t)$$

Ausgangsgleichungen

$$y_1(t) = w_3(t)$$
$$y_2(t) = w_2(t) - w_3(t)$$

Alle Anfangswerte seien Null.

Gesucht: Die Ausgangsgrößen $y_1(t)$ und $y_2(t)$

Lösung:

Aus den gegebenen Gleichungen liest man ab:

$$\underline{A} = \begin{pmatrix} 0 & -\frac{4}{3} & 0 \\ \frac{3}{2} & -\frac{3}{2} & \frac{3}{2} \\ 0 & \frac{1}{2} & -\frac{1}{2} \end{pmatrix},\quad \underline{B} = \begin{pmatrix} 1 \\ 0 \\ 0 \end{pmatrix},\quad \underline{C} = \begin{pmatrix} 0 & 0 & 1 \\ 0 & 1 & -1 \end{pmatrix},\quad \underline{D} = 0$$

$$(s\underline{E}-\underline{A}) = \begin{pmatrix} s & 4/3 & 0 \\ -3/2 & s+3/2 & -3/2 \\ 0 & -1/2 & s+1/2 \end{pmatrix} = \underline{M}.$$

Die Lösung lautet mit (4-69) $\underline{Y}(s) = (\underline{C} \cdot (s \cdot \underline{E} - \underline{A})^{-1} \cdot \underline{B}) \cdot \underline{X}(s)$. Für die Inversion der Matrix $\underline{M}$ benötigen wir die Determinante: $\det M = s^3 + 2 \cdot s^2 + 2 \cdot s + 1$. Auf Grund der speziellen Struktur von $\underline{B}$ und $\underline{C}$ sind für die Lösung nur die Elemente (2,1) und (3,1) der invertierten Matrix $\underline{M}$ zu berechnen.

$$\underline{Y}(s) = \begin{pmatrix} 0 & 0 & 1 \\ 0 & 1 & -1 \end{pmatrix} \cdot \underline{M}^{-1} \cdot \begin{pmatrix} 1 \\ 0 \\ 0 \end{pmatrix} \cdot \underline{X}(s) = \frac{1}{s^3 + 2 \cdot s^2 + 2 \cdot s^2 + 1} \begin{pmatrix} \Delta_{31} \\ \Delta_{21} - \Delta_{31} \end{pmatrix} \cdot \underline{X}(s)$$

aus obiger Matrix liest man ab $\Delta_{21} = -\frac{3}{2}(s+\frac{1}{2})$ und $\Delta_{31} = (-\frac{3}{2}) \cdot (-\frac{1}{2}) = \frac{3}{4}$

oder $\quad Y_1(s) = \dfrac{\frac{3}{4}}{s^3 + 2 \cdot s^2 + 2 \cdot s + 1} \cdot X(s) = G_1(s) \cdot X(s) \quad$ bzw.

$$Y_2(s) = \frac{s}{s^3 + 2 \cdot s^2 + 2 \cdot s + 1} \cdot X(s) = G_2(s) \cdot X(s)$$

Die Rücktransformation von $G_1(s)$ und $G_2(s)$ erfolgt mit Hilfe der Partialbruchzerlegung. Die Nullstellen des Nennerpolynoms lauten: $s_1 = -1$, $s_{1,2} = -0{,}5 \pm j \cdot 0{,}5\sqrt{3}$. Bis auf den Faktor ¾ stimmt $G_1(s)$ mit der Funktion vom Beispiel auf Seite 64 überein. Das Ergebnis wird übernommen:

$$g_1(t) = \frac{3}{4}(e^{-t} - (\cos(\frac{1}{2}\sqrt{3}t) - \frac{1}{3}\sqrt{3} \cdot \sin(\frac{1}{2}\sqrt{3}t)) \cdot e^{-\frac{t}{2}}).$$

Für den zweiten Fall lauten die Residuen mit (4-38):

$$R_1 = \frac{s(s+1)}{s^3 + 2 \cdot s^2 + 2 \cdot s + 1}\bigg|_{s=-1} = \frac{s(s+1)}{(s^2 + s + 1) \cdot (s+1)}\bigg|_{s=-1} = -1$$

$$R_2 = \frac{s}{(s+0{,}5 - j0{,}5\sqrt{3}) \cdot (s+1)}\bigg|_{s=-0{,}5+j0{,}5\sqrt{3}} = \frac{1}{2} - j\frac{1}{6}\sqrt{3}$$

womit schließlich das Ergebnis

$$g_2(t) = -e^{-t} + (\cos(\frac{1}{2}\sqrt{3}t) + \frac{1}{3}\sqrt{3} \cdot \sin(\frac{1}{2}\sqrt{3}t)) \cdot e^{-\frac{t}{2}}$$

folgt. Zur Berechnung der gewünschten Ausgangsfunktionen müssen noch die Faltungsintegrale

$$y_1(t) = g_1(t) * x(t) \quad \text{und} \quad y_2(t) = g_2(t) * x(t)$$

gelöst werden.

5 Grundlagen der Z-Transformation

5.1 Herleitung aus der Laplacetransformation

Im Kapitel 4 wurden immer wenigstens stückweise kontinuierliche Funktionen zu Grunde gelegt. Im Zeitalter der Digitaltechnik sind aber zeitdiskrete Funktionen sowohl für die Signal- als auch für die Systemtheorie von besonderer Bedeutung. Diesem Sachverhalt trägt die Z-Transformation Rechnung. Sie ist ein an zeitdiskrete kausale Originalfunktionen angepasstes mathematisches Werkzeug.

Alle in diesem Kapitel betrachteten Funktionen im Originalbereich lassen sich (siehe Kapitel 3.5) mit Hilfe der δ-Funktion

$$f(t) = \sum_{n=0}^{\infty} f(nT) \cdot \delta(t - nT) \tag{5-1}$$

darstellen.

Wird (5-1) der Laplacetransformation unterworfen, erhalten wir mit der Korrespondenz $\delta(t) \xleftrightarrow{LT} 1$ und dem Verschiebungssatz (4-14) die Beziehung

$$F(s) = \sum_{n=0}^{\infty} f(nT) \cdot e^{-snT} = \sum_{n=0}^{\infty} f(nT) \cdot (e^{sT})^{-n} \tag{5-2}$$

Die Variable s ist ausschließlich in e^{sT} enthalten. Führt man an Stelle der Exponentialfunktion eine neue komplexe Variable

$$e^{sT} \Rightarrow z = x + jy \tag{5-3}$$

ein, geht (5-2) in

$$F(s) \Rightarrow F(z) = \sum_{n=0}^{\infty} f(nT) \cdot z^{-n} \tag{5-4}$$

über. (5-4) definiert die Z-Tranformation.

Anmerkung:

Wie bei der Laplacetransformation kann auch die Z-Transformation zweiseitig mit der unteren Summationsgrenze $n = -\infty$ definiert werden:

$$F(z) = \sum_{n=-\infty}^{\infty} f(nT) \cdot z^{-n} \tag{5-4a}$$

Gleichung (5-4a) stellt die Laurent-Reihenentwicklung der Funktion $F(z)$ für $z_0 = 0$, deren Koeffizienten die $f(-nT)$ sind, dar.

In Anlehnung an die Vereinbarungen bei der Fourier- und der Laplacetransformation werden auch hier eine verkürzte Schreibweise

$$F(z) = ZT\{f(nT)\} \tag{5-5a}$$

und die Symbolik

$$f(nT) \xleftrightarrow{ZT} F(z) \tag{5-5b}$$

eingeführt. Die $f(nT)$ sind reelle Wertefolgen im Zeitbereich. Ihre Elemente können eine Reihe von Messwerten aber auch Abtastwerte einer kontinuierlichen Funktion sein. Man findet daher häufig die Schreibweise $F(z) = ZT\{f(t)\}$. $f(t)$ ist darin aber stets als Folge der Abtastwerte mit der Abtastrate T zu verstehen. Bei Abtastfolgen ist zu berücksichtigen, dass das Abtasttheorem einzuhalten ist, d.h. T in $z = e^{sT}$ ist entsprechend zu wählen. Vor allem ist Bandbegrenzung der Zeitfunktionen zu fordern. Zusammenfassend stellen wir fest: Die Z-Transformation ist die an diskrete Funktionen angepasste Laplacetransformation.

5.2 Eigenschaften der Z-Transformierten

Konvergenz:

Die Z-Transformierte existiert nur, wenn die komplexe Reihe (5-4) konvergiert. Die Theorie der Potenzreihen sagt aus, dass dies für Reihen der Form (5-4) allgemein gegeben ist, wenn die reelle Reihe

$$\sum_{n=0}^{\infty} |f(nT) \cdot z^{-n}|$$

konvergiert. Man sagt dann (5-4) konvergiert absolut. Es kann gezeigt werden, dass dies, wenn überhaupt, außerhalb eines Kreises mit dem Radius

$$R = \lim_{n \to \infty} \sqrt[n]{|f(nT)|} \quad \text{also} \quad |z| > R \tag{5-6}$$

gegeben ist. Das heißt auch, alle eventuellen Singularitäten der Z-Transformierten $F(z)$ liegen innerhalb dieses Kreises. Diese Aussage wird durch die folgenden Betrachtungen verdeutlicht.

Die Z-Transformation ist eine Abbildung der komplexen Funktion $F(s)$ mit $s = \sigma + j\omega$ auf eine Funktion der komplexen Variablen $z = x + jy$, wobei die Abbildung durch die Zuordnung $z = e^{sT}$ erfolgt. Damit gilt der im Bild 5.1 wiedergegebene Zusammenhang. Man stellt fest, die durch $\sigma = \sigma_0$ bestimmte Grenzlinie des Konvergenzbereiches der Laplacetransformierten

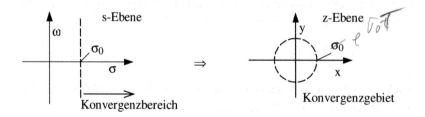

Bild 5.1: Zusammenhang der s- mit der z-Ebene

5.2 Eigenschaften der Z-Transformierten

$F(s)$ geht wegen $z = e^{(\sigma_0 + j\omega)T} = e^{\sigma_0 T} \cdot e^{j\omega T}$ in einen Kreis mit dem Radius $R = e^{\sigma_0 T}$ über. Außerhalb dieses Kreises, also für $|z| > e^{\sigma_0 T}$ ist die Konvergenz der Reihe (5-4) sicher gestellt. $F(z)$ ist in diesem Gebiet analytisch.

Periodizität:

Offenbar gilt bei festem $\sigma = \alpha$: $z = e^{(\alpha + j\omega)T} = e^{(\alpha + j(\omega + k\frac{2\pi}{T}))T}$, k = ganze Zahl, das heißt, dass z in der komplexen Ebene den Kreis mit dem Radius $e^{\alpha T}$ periodisch durchläuft, wenn ω von 0 nach ∞ geht. Ein Umlauf entspricht einem $2 \cdot \pi/T$ breiten Streifen parallel zur reellen Achse der komplexen s-Ebene. Oder anders ausgedrückt, Die Z-Transformierte ist mit $\omega_p = 2 \cdot \pi/T$ periodisch. Bild 5.2 deutet den Sachverhalt an. Die Periodizität ist natürlich nicht überraschend, da wir schon bei der Fouriertransformation diskreter Originalfunktionen periodische Bildfunktionen festgestellt haben.

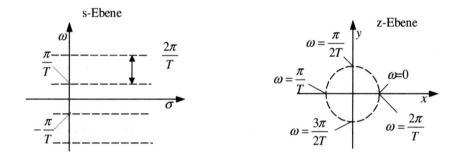

Bild 5.2: Zur Periodizität der Z-Transformierten

Anmerkung zur zweiseitigen Z-Transformation:

Die zweiseitige Z-Transformation nach (5-4a) kann in zwei Teilreihen zerlegt werden:

$$\sum_{n=-\infty}^{\infty} f(nT) \cdot z^{-n} = \sum_{n=-\infty}^{-1} f(nT) \cdot z^{-n} + \sum_{n=0}^{\infty} f(nT) \cdot z^{-n} \qquad (5-7)$$

Während der zweite Term auf der rechten Seite von (5-7) mit (5-4) übereinstimmt, stellt der erste eine Reihe dar, die, wenn überhaupt, innerhalb eines Kreises mit dem Radius R_n, also $|z| < R_n$, konvergiert. Der Konvergenzbereich der zweiseitigen Z-Transformation ist somit durch einen Kreisring gegeben, wie ihn Bild 5.3 zeigt. Die zweiseitige Z-Transformation existiert daher nur bei $R_n > R$. Es ist unabdingbar, den Konvergenzbereich der Z-Transformierten anzugeben, da sonst die Zuordnung zwischen Original- und Bildfunktion nicht eindeutig ist. Das zeigt folgendes einfache Beispiel.

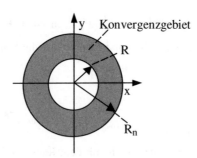

Bild 5.3: Konvergenzbereich bei zweiseitiger Z-Transformation

Beispiel:

Gegeben:

$$F(z) = \frac{1}{1 - a \cdot z^{-1}}$$

Gesucht:

Originalfolge $f(nT)$ für den Konvergenzbereich mit a) $|z| > a$, b) $|z| < a$

Lösung:

a) Die gegebene Funktion kann wegen $\sum_{n=0}^{\infty} x^n = \frac{1}{1-x}$ für $|x| < 1$ umgeschrieben werden:

$$F(z) = \frac{1}{1 - \frac{a}{z}} = \sum_{n=0}^{\infty} \left(\frac{a}{z}\right)^n = \sum_{n=0}^{\infty} a^n \cdot z^{-n} \qquad \left|\frac{a}{z}\right| < 1$$

woraus die Originalfolge

$$f(nT) = a^n \cdot \varepsilon(nT)$$

durch Vergleich mit (5-4) abgelesen werden kann.

b) Nach Erweiterung der gegebenen Funktion mit $a^{-1} \cdot z$ erhält man:

$$F(z) = -\frac{a^{-1} \cdot z}{1 - a^{-1} \cdot z} = -\frac{z}{a} \sum_{n=0}^{\infty} \left(\frac{z}{a}\right)^n = -\sum_{n=0}^{\infty} \left(\frac{z}{a}\right)^{(n+1)}$$

Mit der Substitution $m = -(n+1)$ wird daraus

$$F(z) = -\sum_{m=-\infty}^{-1} \left(\frac{z}{a}\right)^{-m} = -\sum_{m=-\infty}^{-1} a^m \cdot z^{-m}$$

und weiter mit $m \to n$

$$f(nT) = -a^n \cdot \varepsilon(-(n+1)T).$$

5.3 Das Umkehrintegral

Bild 5.4 stellt die beiden Ergebnisse gegenüber.

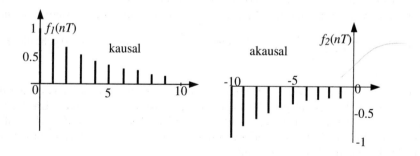

Bild 5.4: Zur Mehrdeutigkeit der zweiseitigen Z-Transformation

Einer gegebenen Funktion $F(z)$ kann somit jeweils eine kausale und eine akausale Originalfolge zugeordnet werden.

5.3 Das Umkehrintegral

Brauchbar ist eine solche Transformation nur, wenn sie auch eindeutig umkehrbar ist. Zur Ableitung des Umkehrintegrals kehren wir zu den Überlegungen im Abschnitt 5.2 und Bild 5.2 zurück. Wir erinnern uns, dass für die Rücktransformation in der s-Ebene mit dem Umkehrintegral (4-7) der Laplacetransformation, das eine bis auf eventuelle Nullfunktionen eindeutige Inversion sichert, der Integrationsweg eine Gerade parallel zur imaginären Achse ist. Alle Singularitäten befinden sich links dieser Geraden. Wie mit Bild 5.2 gezeigt wurde, geht beim Übergang zur Z-Transformation diese Gerade in einen Kreis über. Er schließt, alle Singularitäten der Funktion $F(z)$ ein. Wir wollen nun zunächst die Rücktransformation der Funktion $F(z) = F(e^{sT})$ als Laplacetransformierte vornehmen. Sie ist auf dem Integrationsweg mit $\omega_p = 2\pi/T$ periodisch und (5-2) ist ihre Fourierreihe mit den Koeffizienten $f(nT)$. Mit (2-13) und den Überlegungen, die zu (4-7) geführt haben, finden wir

$$f(nT)e^{-\sigma nT} = \frac{T}{2\pi}\int_{-\frac{\pi}{T}}^{\frac{\pi}{T}} F(e^{(\sigma+j\omega)nT})e^{j\omega nT}d\omega \quad \Rightarrow \quad f(nT) = \frac{T}{j2\pi}\int_{\sigma-j\frac{\pi}{T}}^{\sigma+j\frac{\pi}{T}} F(e^{sT}) \cdot e^{snT} ds \quad (5\text{-}8)$$

Mit der Substitution $s = \frac{1}{T}\ln(z)$ in (5-8) und $\frac{ds}{dz} = \frac{1}{T \cdot z}$ wird daraus wegen $e^{snT} = z^n$

$$f(nT) = \frac{1}{j2\pi}\oint F(z) \cdot z^{n-1}dz \quad (5\text{-}9)$$

Der Integrationsweg ist auf einem Kreis im mathematisch positiven Sinne mit einem Radius $r > e^{\sigma_0 T}$ zu wählen.

Anmerkung:

Wir hatten bereits festgestellt, dass die Z-Transformation als Laurent-Reihenentwicklung der Funktion F(z) mit den Koeffizienten $a_n = f(-nT)$ interpretiert werden kann. Für die a_n gilt: $a_n = \dfrac{1}{2\pi j}\oint \dfrac{F(z)}{(z-z_0)^{(n+1)}}dz$. Für $a_n = f(-nT)$ und mit $z_0 = 0$ geht dieses Integral in (5-9) über.

Für die Auswertung des Umkehrintegrals zur Berechnung der Originalfunktion gilt das Gleiche, was für das Umkehrintegral der Laplacetransformation gesagt wurde. Die Lösung kann meist mit Hilfe des Residuensatzes gefunden werden. Auch bei der Z-Rücktransformation gelingt es häufig, durch die Anwendung von Tabellen oder einfachen Transformationsregeln, die direkte Lösung des Integrals zu umgehen.

5.4 Rechenregeln und Beispiele für die Hintransformation

Für die Schreibweise wird vereinbart:

Wenn keine Verwechslung möglich ist, wird in der Schreibweise nicht zwischen der Wertefolge $f(nT)$ und dem einzelnen Element der Folge unterschieden.

5.4.1 Rechenregeln

- Linearität:

Mit $f_1(nT) \xleftrightarrow{ZT} F_1(z)$ und $f_2(nT) \xleftrightarrow{ZT} F_2(z)$ gilt:

$$ZT\{a\cdot f_1(nT) + b\cdot f_2(nT)\} \xleftrightarrow{ZT} a\cdot F_1(z) + b\cdot F_2(z) \qquad (5\text{-}10)$$

Beweis: Wenn sowohl $f_1(nT)$ als auch $f_2(nT)$ Z-Transformierte besitzen, gilt

$$ZT\{a\cdot f_1(nT) + b\cdot f_2(nT)\} = \sum_{n=0}^{\infty}(a\cdot f_1(nT) + b\cdot f_2(nT))\cdot z^{-n}$$

$$= a\cdot \sum_{n=0}^{\infty}f_1(nT)\cdot z^{-n} + b\cdot \sum_{n=0}^{\infty}f_2(nT)\cdot z^{-n} = a\cdot F_1(z) + b\cdot F_2(z)$$

- Verschiebungssatz (Originalbereich):

1. $\quad f((n-k)T) \xleftrightarrow{ZT} F(z)\cdot z^{-k} \qquad (k>0, \text{Rechtsverschiebung}) \qquad (5\text{-}11)$

Beweis:

Mit der Substitution $m = n - k$ und unter Beachtung, dass alle $f(nT)$ für $n < 0$ Null sind, gilt:

$$ZT\{f((n-k)T)\} = \sum_{n=k}^{\infty}f((n-k)T)\cdot z^{-n} = \sum_{m=0}^{\infty}f(mT)\cdot z^{-m}\cdot z^{-k} = F(z)\cdot z^{-k}$$

2. $\quad f((n+k)T) \xleftrightarrow{ZT} \left(F(z) - \sum_{n=0}^{k-1}f(nT)\cdot z^{-n}\right)\cdot z^{k} \qquad (k>0, \text{Linksverschiebung}) \quad (5\text{-}12)$

5.4 Rechenregeln und Beispiele für die Hintransformation

Beweis:

Bei einer Linksverschiebung gehen bei der einseitigen Z-Transformation die auf die negative Zeitachse verschobenen Funktionswerte verloren. Bei der Verschiebung um eine Taktperiode wird $f(0)$ nicht in die Transformation einbezogen, bei zwei Taktperioden $f(T)$ und $f(0)$ usw. (s. Bild 5.5)

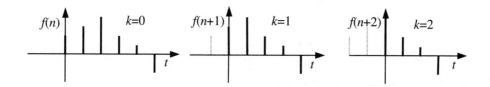

Bild 5.5: Zur Linksverschiebung

Die Wertefolge wird praktisch verändert. Bei der Verschiebung um k Takte haben wir:

$$\sum_{n=0}^{\infty} f((n+k)T) \cdot z^{-n} = (\sum_{m=k}^{\infty} f(mT) \cdot z^{-m}) z^{k} = (\sum_{m=0}^{\infty} f(mT) \cdot z^{-m} - \sum_{m=0}^{k-1} f(mT) \cdot z^{-m}) z^{k}$$

Daraus folgt (5-12).

- Dämpfungssatz:

$$a^{-n} \cdot f(nT) \xleftrightarrow{ZT} F(a \cdot z) \qquad (5\text{-}13)$$

Beweis:

$$ZT\{a^{-n} \cdot f(nT)\} = \sum_{n=0}^{\infty} a^{-n} \cdot f(nT) \cdot z^{-n} = \sum_{n=0}^{\infty} f(nT) \cdot (a \cdot z)^{-n} = F(a \cdot z)$$

Mit $e^{-\alpha nT} = (e^{\alpha T})^{-n}$ und $a = e^{\alpha T}$ geht (5-13) in die Korrespondenz

$$e^{-\alpha nT} \cdot f(nT) \xleftrightarrow{ZT} F(e^{\alpha T} \cdot z) \qquad (5\text{-}14)$$

über.

- Summenregel:

$$v(n) = \sum_{m=0}^{n} f(m) \xleftrightarrow{ZT} \frac{z}{z-1} F(z) \qquad (5\text{-}15)$$

Beweis:

Offenbar gilt:

$v(0) = f(0)$
$v(T) = f(0) + f(T)$
$v(2T) = f(0) + f(T) + f(2T) = v(T) + f(2T)$ oder $v(nT) = v((n-1)T) + f(nT)$

Die Transformation mit Hilfe des Verschiebungssatzes (5-12) führt auf

$$V(z) = V(z) \cdot z^{-1} + F(z)$$

Die Auflösung nach $V(z)$ liefert die Relation (5-15)

- Differentiationssatz (Bildbereich):

$$n \cdot f(nT) \xleftrightarrow{ZT} -z \cdot \frac{dF(z)}{dz} \qquad (5\text{-}16)$$

Beweis:

Aus $F(z) = \sum_{n=0}^{\infty} f(nT) \cdot z^{-n}$ folgt $\dfrac{d(F(z))}{dz} = -\sum_{n=0}^{\infty} n \cdot f(nT) \cdot z^{-(n+1)} = -z^{-1} \sum_{n=0}^{\infty} (n \cdot f(nT)) \cdot z^{-n}$.

Durch einfache Umstellung entsteht (5-16).

- Differenzensatz:

Bei diskreten Funktionen tritt an die Stelle des Differentialquotienten die Differenz benachbarter Funktionswerte. Für sie gilt:

$$\Delta(n) = f((n+1)T) - f(nT) \xleftrightarrow{ZT} (z-1) \cdot F(z) - z \cdot f(0) \qquad (5\text{-}17)$$

Beweis:

Mit dem Verschiebungssatz (5-12) ergibt sich:

$$ZT\{f((n+1)T) - f(nT)\} = z \cdot F(z) - z \cdot f(0) - F(z) = (z-1) \cdot F(z) - z \cdot f(0).$$

Die Differenz 2. Ordnung folgt aus

$$\Delta^{(2)}(n) = \Delta((n+1)T) - \Delta(nT) = \{[f((n+2)T) - f((n+1)T)] - [f((n+1)T) - f(nT)]\}$$
$$= f((n+2)T) - 2f((n+1)T) + f(nT)$$

Die Z-Transformation liefert:

$$ZT\{\Delta^{(2)}(n)\} = z^2 \cdot F(z) - z^2 \cdot f(0) - z \cdot f(1) - 2z \cdot F(z) + 2z \cdot f(0) - F(z)$$

Damit ist die Korrespondenz

$$\Delta^{(2)}(n) \xleftrightarrow{ZT} (z-1)^2 \cdot F(z) - z(z-1) \cdot f(0) - z(f(1) - f(0)) \qquad (5\text{-}17a)$$

gültig. Sinngemäß folgen die Differenzen höherer Ordnung.

- Faltungssatz (Originalbereich):

$$f_1(nT) * f_2(nT) \xleftrightarrow{ZT} F_1(z) \cdot F_2(z) \qquad (5\text{-}18)$$

Beweis:

In diskreter Form geht das Faltungsintegral der Laplacetransformation (4-24) in

$$f_1(nT) * f_2(nT) = \sum_{m=0}^{n} f_1(mT) \cdot f_2((n-m)T) \qquad (5\text{-}19)$$

über. Unter Voraussetzung der Existenz $ZT\{f_1(nT)\} = F_1(z)$ und $ZT\{f_2(nT)\} = F_2(z)$ unterziehen wir (5-19) der Z-Transformation, wobei wegen der Kausalität von $f_2(nT)$ m nur von 0 bis n zu zählen ist:

5.4 Rechenregeln und Beispiele für die Hintransformation

$$ZT\{f_1(nT) * f_2(nT)\} = \sum_{n=0}^{\infty}\sum_{m=0}^{n} f_1(mT) \cdot f_2((n-m)T) \cdot z^{-n} \text{ und weiter mit } k = n-m$$

$$= \sum_{k=-m}^{\infty}\sum_{m=0}^{k+m} f_1(mT) \cdot f_2(kT) \cdot z^{-(k+m)} = \sum_{k=-m}^{\infty} f_2(kT) \cdot z^{-k} \cdot \sum_{m=0}^{k+m} f_1(mT) \cdot z^{-m} = F_2(z) \cdot F_1(z)$$

dabei wurde wiederum die Kausalität der Folgen berücksichtigt.

Anmerkung: Auch im Bildbereich kann eine Faltungssumme erklärt werden, für den obiger Satz sinngemäß gültig ist.

- Grenzwertsätze:

Aus der Definitionsgleichung (5-4)

$$F(z) = f(0) + f(nT) \cdot z^{-1} + f(2T) \cdot z^{-2} \cdots$$

erhält man mit dem Grenzübergang $z \to \infty$ den

Anfangswertsatz: $\quad \lim_{z \to \infty} F(z) = f(0)$ (5-20)

Unter der Voraussetzung, dass alle Singularitäten von $F(z)$ mit einer Ausnahme bei $z_x = 1$ im Innern des Einheitskreises liegen, also $F(z)$ für $|z| > 1$ konvergiert, folgt mit dem Umkehrintegral (5-9) und dem Residuensatz (4-37) $f(nT) = \sum_i \text{Res}_i\{F(z) \cdot z^{n-1}\}$

$$\lim_{n \to \infty} f(nT) = \lim_{n \to \infty}[\lim_{z \to 1}(z-1) \cdot F(z) \cdot z^{n-1}] + \lim_{n \to \infty}\sum_i \text{Res}_i\{F(z) \cdot z^{n-1}\}\Big|_{|z_{xi}|<1}$$

Die Summanden im zweiten Term auf der rechten Seite werden sämtlich Null, wenn n nach ∞ strebt, da die Polbeträge $|z_{xi}|$ alle voraussetzungsgemäß < 1 sind und daher $\lim_{n \to \infty}(z_{xi})^n = 0$ gilt. Da $\lim_{n \to \infty}[\lim_{z \to 1} z^{n-1}] = 1$ folgt schließlich der

Endwertsatz: $\quad \lim_{n \to \infty} f(nT) = \lim_{z \to 1}(z-1)F(z)$ (5-21)

5.4.2 Beispiele der Hintransformation

δ-Impuls

Für diskrete Signale gilt $\delta(nT) = \begin{cases} 1 & n = 0 \\ 0 & n \neq 0 \end{cases}$

$ZT\{\delta(nT)\} = 1 \cdot z^0 = 1$

$\delta(nT) \xleftrightarrow{ZT} 1$ (5-22)

Sprungfolge

$\varepsilon(nT) = 1 \quad n \geq 0$

$$ZT\{\varepsilon(nT)\} = \sum_{n=0}^{\infty} z^{-n} = \frac{1}{1-z^{-1}} = \frac{z}{z-1} \qquad |z| > 1$$

$$\varepsilon(nT) \xleftrightarrow{ZT} \frac{z}{z-1} \tag{5-23}$$

Potenzfolge

$$f(nT) = a^n \cdot \varepsilon(nT)$$

Aus (5-23) folgt mit (5-13)

$$ZT\{a^n \cdot \varepsilon(nT)\} = \frac{a^{-1}z}{a^{-1}z - 1} = \frac{z}{z-a} \qquad \left|\frac{z}{a}\right| > 1$$

$$a^n \cdot \varepsilon(nT) \xleftrightarrow{ZT} \frac{z}{z-a} \tag{5-24}$$

Rechteckfolge

$$\text{rect}(\frac{nT}{N}) = \begin{cases} 1 & 0 \le n \le N-1 \\ 0 & \text{sonst} \end{cases}$$

$$ZT\left\{\text{rect}(\frac{nT}{N})\right\} = \sum_{n=0}^{N-1} z^{-n} = \frac{1-z^{-N}}{1-z^{-1}} = \frac{z^N - 1}{z^{(N-1)}(z-1)} \qquad |z| > 1$$

$$\text{rect}(\frac{nT}{N}) \xleftrightarrow{ZT} \frac{1-z^{-N}}{1-z^{-1}} \tag{5-25}$$

Exponentialfolge

$$f(nT) = e^{-a \cdot nT} \cdot \varepsilon(nT)$$

$$ZT\left\{e^{-anT} \cdot \varepsilon(nT)\right\} = \sum_{n=0}^{\infty} e^{-anT} \cdot z^{-n} = \sum_{n=0}^{\infty} (e^{aT} \cdot z)^{-n} = \frac{1}{1-e^{-aT}z^{-1}}$$

$$e^{-anT} \cdot \varepsilon(nT) \xleftrightarrow{ZT} \frac{z}{z-e^{-aT}} \qquad |z| > \left|e^{-aT}\right| \quad a \text{ beliebig komplex} \tag{5-26}$$

Harmonische Schwingung

$$f(nT) = e^{j\omega_0 nT} \varepsilon(nT)$$

Mit $a = -j\omega_0$ folgt die Lösung direkt aus (5-26)

$$e^{j\omega_0 nT} \varepsilon(nT) \xleftrightarrow{ZT} \frac{z}{z-e^{j\omega_0 T}} \qquad |z| > 1 \tag{5-27}$$

Wegen $\cos(\omega_0 t) = \frac{1}{2}(e^{j\omega_0 t} + e^{-j\omega_0 t})$ und wegen der Linearität der Z-Transformation folgt aus (5-27)

5.4 Rechenregeln und Beispiele für die Hintransformation

$$ZT\{\cos(\omega_0 nT)\} = \frac{1}{2}(\frac{z}{z-e^{j\omega_0 T}} + \frac{z}{z-e^{-j\omega_0 T}}) = \frac{z^2 - z \cdot \cos(\omega_0 T)}{z^2 - 2 \cdot z \cdot \cos(\omega_0 T) + 1}$$

und somit

$$\cos(\omega_0 nT) \xleftrightarrow{ZT} \frac{z^2 - z \cdot \cos(\omega_0 T)}{z^2 - 2 \cdot z \cdot \cos(\omega_0 T) + 1} \tag{5-28}$$

bzw. mit $\sin(\omega_0 t) = \frac{1}{2j}(e^{j\omega_0 t} - e^{-j\omega_0 t})$

$$ZT\{\sin(\omega_0 nT)\} = \frac{1}{2j}(\frac{z}{z-e^{j\omega_0 T}} - \frac{z}{z-e^{-j\omega_0 T}}) = \frac{z \cdot \sin(\omega_0 T)}{z^2 - 2 \cdot z \cdot \cos(\omega_0 T) + 1}$$

also

$$\sin(\omega_0 nT) \xleftrightarrow{ZT} \frac{z \cdot \sin(\omega_0 T)}{z^2 - 2 \cdot z \cdot \cos(\omega_0 T) + 1} \tag{5-29}$$

Rampenfolge

$$f(nT) = n \cdot T \cdot \varepsilon(nT)$$

Mit dem Differentiationssatz (5-16) kann die gesuchte Z-Transformierte aus der der Sprungfolge berechnet werden. Aus

$$\frac{d}{dz}(ZT\{\varepsilon(nT)\}) = \frac{d}{dz}\left(\frac{z}{z-1}\right) = \frac{-1}{(z-1)^2}$$

folgt unmittelbar

$$n \cdot T \cdot \varepsilon(nT) \xleftrightarrow{ZT} \frac{z \cdot T}{(z-1)^2} \tag{5-30}$$

Periodische Funktion

Es sei eine zeitlich begrenzte Originalfolge der Länge N gegeben:

$$\{f(nT)\} = \{f(0T), f(T) \cdots f((N-1)T)\}$$

Für sie existiert die Z-Transformierte

$$F_0(z) = \sum_{n=0}^{N-1} f(nT) \cdot z^{-n}$$

Bei einer periodischen Fortsetzung der gegebenen Folge, so dass $f(nT) = f((n+iN)T)$, $i = 0$ (1) ∞ erfüllt ist, ergibt die Anwendung des Verschiebungssatzes (5-12) für die Z-Transformierte dieser neuen Folge:

$$F(z) = F_0(z) \cdot (1 + z^{-N} + (z^{-N})^2 + (z^{-N})^3 \cdots) = F_0(z) \frac{1}{1-z^{-N}} \tag{5-31}$$

Soll die Fortsetzung nur M-mal vorgenommen werden findet man

$$F(z) = F_0(z) \sum_{n=0}^{M-1} (z^{-N})^n = F_0(z) \frac{1-z^{-M}}{1-z^{-N}} \qquad (5\text{-}31\text{a})$$

5.4.3 Differenzengleichungen

Die Analyse zeitdiskreter Systeme führt anstelle von Differentialgleichungen auf Differenzengleichungen. Ihre allgemeine Form ist mit

$$y(n+m) + a_{m-1} y(n+(m-1)) \cdots a_1 y(n+1) + a_0 y(n) = b_k x(n+k) + b_{k-1} x(n+(k-1)) \cdots$$

$$\sum_{l=0}^{m} a_l y(n+l) = \sum_{q=0}^{k} b_q x(n+q) \qquad a_m = 1 \qquad (5\text{-}32)$$

gegeben. Zur Schreibvereinfachung wurde T in (5-32) weggelassen. Vorausgesetzt, die Anfangswerte $y(0)$ bis $y(m-1)$ sind bekannt, lassen sich rekursiv bei $n = 0$ beginnend die Werte für alle n berechnen. Ist eine geschlossene Lösung erforderlich, bietet die Z-Transformation ähnlich wie die Laplacetransformation bei Differentialgleichungen eine effektive Möglichkeit, diese Gleichungen zu lösen.

Beispiel: Inhomogene Differenzengleichung 2. Ordnung

Gegeben sei die Differenzengleichung:

$$a_0 \cdot y(n) + a_1 \cdot y(n+1) + y(n+2) = b \cdot x(n)$$

Wird sie der Z-Transformation unterzogen, entsteht unter Berücksichtigung von Regel (5-12)

$$a_0 \cdot Y(z) + a_1(Y(z) - y(0)) \cdot z + (Y(z) - y(0) - z^{-1} \cdot y(1)) \cdot z^2 = b \cdot X(z)$$

Die Auflösung dieser Gleichung führt zu

$$Y(z) = \frac{b}{z^2 + a_1 \cdot z + a_0} \cdot X(z) - \frac{z(1+z)}{z^2 + a_1 \cdot z + a_0} \cdot y(0) - \frac{z}{z^2 + a_1 \cdot z + a_0} \cdot y(1)$$

Es entstehen ähnlich wie bei der Laplacetransformation gebrochen rationale Funktionen, die zur endgültigen Lösung in den Originalbereich zurück zu transformieren sind. Dabei werden die Anfangswerte gleich berücksichtigt.

Bei vielen Anwendungen sind die Anfangswerte Null. Durch die Z-Transformation geht dann (5-32) in (5-33) über.

$$Y(z) \cdot \sum_{l=0}^{m} a_l z^l = X(z) \cdot \sum_{q=0}^{k} b_q z^q \qquad (5\text{-}33)$$

Die Auflösung von (5-33) nach $Y(z)$ liefert:

$$Y(z) = \frac{\sum_{q=0}^{k} b_q z^q}{\sum_{l=0}^{m} a_l z^l} X(z) \qquad (5\text{-}34)$$

Damit gelten ganz ähnliche Zusammenhänge wie bei der Laplacetransformation.

5.5 Rücktransformation

Grundsätzlich ist für die Rücktransformation aus dem Bild- in den Originalbereich das Umkehrintegral (5-9) zu lösen. Die meisten praktischen Aufgaben führen auf gebrochen rationale Bildfunktionen. Dadurch gelingt es für die Rücktransformation Methoden zu entwickeln, die die Integration umgehen. Die wichtigsten Möglichkeiten zur Inversion der Z-Transformation werden im Folgenden beispiehaft vorgestellt.

5.5.1 Rücktransformation durch Ausdividieren

Die Rücktransformation einer gegebenen gebrochen rationalen Funktion $F(z)$ gelingt sehr einfach durch Ausdividieren.

Gegeben:

$$F(z) = \frac{2 \cdot z}{z^2 - 2 \cdot z + 1} \qquad |z| > 1$$

Gesucht: Zugehörige Originalfunktion

Lösung:

Die Division Zählerpolynom/Nennerpolynom führt auf:

$$(2 \cdot z^1) : (z^2 - 2 \cdot z + 1) = 2 \cdot z^{-1} + 4 \cdot z^{-2} + 6 \cdot z^{-3} \cdots = \sum_{n=1}^{\infty} 2n \cdot z^{-n}$$

Der Vergleich des Ergebnisses mit der Definitionsgleichung (5-4) ergibt die Originalfolge

$$f(nT) = 2n \cdot \varepsilon(nT).$$

Bei der Division sind Zähler- und Nennerpolynom nach abfallenden Exponenten von z zu ordnen. Ordnet man die Polynome nach aufsteigenden Exponenten, erhält man die zu $F(z)$ gehörige akausale Folge im Originalbereich. Im Beispielfall lautet diese

$$f_a(nT) = -2n \cdot \varepsilon(-(n+1)T).$$

Es ist bekannt, dass bei der Polynomdivision

$$(a_0 + a_1 z^{-1} + a_2 z^{-2} + a_3 z^{-3} \cdots) : (1 + b_1 z^{-1} + b_2 z^{-2} + b_3 z^{-3} \cdots) = c_0 + c_1 z^{-1} + c_2 z^{-2} + \cdots$$

die Ergebniskoeffizienten c_n mit der Beziehung

$$c_n = a_n - \sum_{m=0}^{n-1} c_m \cdot b_{n-m}, \quad c_0 = a_0 \qquad (5-35)$$

rekursiv ermittelt werden können.

In dem oben angegebenem einfachen Beispiel kann eine geschlossene Form im Originalbereich gefunden werden. Das ist bei dieser Methode sicher nur in wenigen Fällen möglich.

5.5.2 Rücktransformation mit Hilfe des Anfangswertsatzes

Eine weitere rekursive Methode zur Bestimmung der Originalfolge liefert die Anwendung des Anfangswertsatzes (5-20) [12]:

$$f(0) = \lim_{z \to \infty} F(z) = \lim_{z \to \infty} \left(f(0) + \sum_{m=1}^{\infty} f(nT) \cdot z^{-m} \right)$$

Im zweiten Schritt wird

$$f(T) = \lim_{z \to \infty} z \cdot (F(z) - f(0)) = \lim_{z \to \infty} \left(f(T) + \sum_{m=2}^{\infty} f(mT) \cdot z^{-(m-1)} \right)$$

berechnet. Die sinngemäße Fortsetzung führt zu der allgemeinen Regel

$$f(nT) = \lim_{z \to \infty} z^n \cdot \left(F(z) - \sum_{m=0}^{n-1} f(mT) \cdot z^{-m} \right) \tag{5-36}$$

Beispiel:

Gegeben:

$$F(z) = \frac{2 \cdot z}{z^2 - 2 \cdot z + 1}$$

Gesucht: Zugehörige Originalfunktion

Lösung:

Aus dem Anfangswertsatz folgt

$$f(0) = \lim_{z \to \infty} F(z) = 0$$

und weiter mit (5-36)

$$f(T) = \lim_{z \to \infty} (z(F(z)) = \lim_{z \to \infty} \frac{2 \cdot z^2}{z^2 - 2 \cdot z + 1} = 2$$

$$f(2T) = \lim_{z \to \infty} \left(z^2 \left(\frac{2 \cdot z}{z^2 - 2 \cdot z + 1} - 2 \cdot z^{-1} \right) \right) = \lim_{z \to \infty} \frac{4 \cdot z^2 - 2 \cdot z}{z^2 - 2 \cdot z + 1} = 4 \quad \text{usw.}$$

Auch diese Methode liefert in der Regel keine geschlossenen Lösungen.

5.5.3 Rücktransformation mit Tabellen

Geschlossene Lösungen im Originalbereich lassen sich, will man die Berechnung mit dem Umkehrintegral umgehen, wie bei der Laplacetransformation mit Hilfe der Rechenregeln von Kap. 5.4.1 und von Tabellen finden. Dabei ist das Hauptproblem, gegebene Funktionen so aufzubereiten, dass entsprechende Korrespondenzen in den Tabellen zu finden sind. Die wichtigste Methode ist auch hier die Partialbruchzerlegung. Da diese ausführlich im Kapitel 4 behandelt wurde, sollen hier nur die Spezifika der Z-Transformation angemerkt werden.

Wichtige Korrespondenzen für die Rücktransformation mit Tabellen sind (5-24)

$$a^n \cdot \varepsilon(nT) \xleftrightarrow{ZT} \frac{a^{-1}z}{a^{-1}z - 1} = \frac{z}{z - a} \quad |z| > |a|$$

5.5 Rücktransformation

und (5-26)

$$e^{-anT} \cdot \varepsilon(t) \xleftrightarrow{ZT} \frac{z}{z - e^{-aT}} \qquad |z| > |e^{-aT}|, \quad a \text{ beliebig komplex}$$

Reeller Pol:

Gegeben:

$$F(z) = \frac{b}{z-a}, \qquad a = \text{reell}.$$

Rücktransformation: Es bietet sich die Korrespondenz (5-24) zur Lösung an. Da im Zähler der Korrespondenzfunktion ein z steht ist die gegebene Funktion mit z zu erweitern:

$$F(z) = b \frac{z}{z-a} \cdot z^{-1}$$

woraus ohne weitere Rechnung unter Beachtung des Verschiebungssatzes die Originalfolge

$$f(nT) = b \cdot a^{(n-1)} \cdot \varepsilon\big((n-1)T\big) \xleftrightarrow{ZT} F(z) = \frac{b}{z-a} \qquad (5\text{-}37)$$

gewonnen wird.

Komplexes Polpaar:

Gegeben:

$$F(z) = \frac{N(z)}{z^2 + a_1 z + a_0} = \frac{N(z)}{(z - z_x)(z - z_x^*)}.$$

Rücktransformation: In (5-26) ist der Parameter a beliebig, so dass diese Korrespondenz als Ausgangspunkt für die Lösung geeignet ist. Dazu schreibt man zweckmäßiger Weise den Pol z_x in Polarkoordinatenform:

$$z_x = x_x + jy_x = e^{(\alpha + j\beta)} = e^{\alpha} \cdot \cos(\beta) + je^{\alpha} \cdot \sin(\beta)$$

Die gegebene Funktion nimmt dann die Form

$$F(z) = \frac{N(z)}{(z - e^{(\alpha + j\beta)})(z - e^{(\alpha - j\beta)})} = \frac{N(z)}{z^2 - 2 \cdot e^{\alpha} \cdot \cos(\beta) \cdot z + e^{2\alpha}}$$

an. Durch Partialbruchzerlegung gewinnt man

$$F(z) = \left(\frac{R}{z - e^{(\alpha + j\beta)}} + \frac{R^*}{z - e^{(\alpha - j\beta)}} \right) = \left(\frac{R \cdot z}{z - e^{(\alpha + j\beta)}} + \frac{R^* z}{z - e^{(\alpha - j\beta)}} \right) \cdot z^{-1}$$

Dabei ist R das zugehörige (komplexe) Residuum. Der rechte Term entsteht durch Erweiterung mit z und ist zur Anpassung an (5-26) erforderlich. Die Zählerfunktion hat allgemein die Form

$$N(z) = a \cdot z + b$$

Somit erhält man mit (4-38)

$$R = \frac{N(z_x)}{z_x - z_x^*} = \frac{a \cdot e^{(\alpha + j\omega)} + b}{e^{(\alpha + j\omega)} - e^{(\alpha - j\omega)}}$$

$$= \frac{a\cdot\cos(\beta)+b\cdot e^{-\alpha}+ja\cdot\sin(\beta)}{j2\sin(\beta)} = \frac{a}{2}\left(1-j\frac{\cos(\beta)+\frac{b}{a}\cdot e^{-\alpha}}{\sin(\beta)}\right) = R_r + jR_i$$

Die Rücktransformation mit der Korrespondenz (5-26) und dem Verschiebungssatz führt auf

$$f(nT) = \left(R\cdot e^{(\alpha+j\beta)(n-1)} + R^* e^{(\alpha-j\beta)(n-1)}\right)\cdot \varepsilon((n-1)T)$$

$$= e^{\alpha(n-1)}\left(R\cdot e^{j\beta(n-1)} + R^* e^{-j\beta(n-1)}\right)\cdot \varepsilon((n-1)T)$$

$$= 2\cdot \text{Re}\left\{R\cdot e^{j\beta(n-1)}\right\}\cdot e^{\alpha(n-1)}\cdot \varepsilon((n-1)T)$$

$$= 2\cdot \left(R_r \cdot \cos(\beta(n-1)) - R_i \cdot \sin(\beta(n-1))\right)\cdot e^{\alpha(n-1)}\cdot \varepsilon((n-1)T) \qquad (5\text{-}38)$$

Bei einem einzelnen Polpaar ist $a = 0$ und $b = 1$, d.h. $N(z) = 1$ und damit

$$R = -j\frac{e^{-\alpha}}{2\cdot \sin(\beta)}$$

so dass aus (5-38) die Korrespondenz (5-38) entsteht.

$$\frac{1}{z^2 - 2\cdot e^{\alpha}\cdot \cos(\beta)\cdot z + e^{2\alpha}} \quad \xleftrightarrow{ZT} \quad \frac{\sin((n-1)\beta)}{\sin(\beta)}\cdot e^{\alpha(n-2)}\cdot \varepsilon((n-1)T) \qquad (5\text{-}39)$$

Anwendungsbeispiel:

Gegeben:

$$F(z) = \frac{0{,}0476 z^3 + 0{,}1429 z^2 + 0{,}1429 z + 0{,}0476}{z^3 - 1{,}1905 z^2 + 0{,}7143 z - 0{,}1429}$$

Gesucht: Zugehörige Originalfunktion

Lösung:

Die gegebene Funktion wird durch Partialbruchzerlegung an bekannte Korrespondenzen angepasst. Da $F(z)$ nicht echt gebrochen ist, wird einmal dividiert mit dem Ergebnis:

$$F(z) = 0{,}0476\left(1 + \frac{4{,}1926 z^2 + 2{,}2878 z + 1{,}1429}{z^3 - 1{,}1905 z^2 + 0{,}7143 z - 0{,}1429}\right)$$

$F(z)$ hat eine 3-fache Nullstelle bei $z = -1$ und die Pole $z_1 = 0{,}4286 + j0{,}4949$; $z_2 = 0{,}4286 - j0{,}4949$ und $z_3 = 0{,}3335$. In Linearfaktorform lautet die zu transformierende Funktion:

$$F(z) = 0{,}04751\left(1 + \frac{4{,}1926 z^2 + 2{,}2878 z + 1{,}1429}{(z - 0{,}4286 - j0{,}4949)(z - 0{,}4286 + j0{,}4949)(z - 0{,}333)}\right)$$

Für die Partialbruchzerlegung benutzen wir die Beziehung (4-38) und erhalten:

$R_1 = -0{.}1226 - j0{.}3064$; $R_2 = -0{.}1226 + j0{.}3064$; $R_3 = 0{.}4447$

und nach Zusammenfassung des komplexen Polpaares R_1 und R_2 gewinnt man schließlich

5.5 Rücktransformation

$$F(z) = 0{,}0476 + \frac{0{,}4447}{z - 0{,}3335} + \frac{-0{,}2452z + 0{,}4082}{z^2 - 0{,}8571z + 0{,}4286}$$

Die so entstandenen drei Terme werden jetzt einzeln transformiert. Der erste Term korrespondiert wegen (5-21) mit $0{,}0476 \cdot \delta(nT)$. Der zweite Term geht mit (5-37) in

$$0{,}4447 \cdot 0{,}3335^{(n-1)} \cdot \varepsilon((n-1)T) \xleftrightarrow{ZT} \frac{0{,}4447}{z - 0{,}3335}$$

über. Die Korrespondenz für den dritten Term ist mit $R = R_1$ und $\alpha + j\beta = \ln(z_1) = -0{,}4236 + j0{,}8571$ durch (5-39) gegeben:

$$-2(0{,}1226 \cdot \cos(0{,}8571(n-1)) - 0{,}3064 \cdot \sin(0{,}8571(n-1))) \cdot e^{-0{,}4236(n-1)} \cdot \varepsilon((n-1)T).$$

Die Überlagerung der drei Anteile liefert das vollständige Ergebnis

$$f(nT) = 0{,}0476 \cdot \delta(nT) + \left(0{,}44 \cdot 0{,}33^{(n-1)} - 0{,}66 \cdot \cos(0{,}86(n-1) + 1{,}19) \cdot e^{-0{,}42(n-1)}\right) \cdot \varepsilon((n-1)T),$$

das grafisch in Bild 5.6 dargestellt ist.

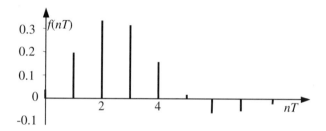

Bild 5.6: Originalfolge

5.5.4 Rücktransformation durch Partialbruchzerlegung

In obigem Beispiel wurde zur Anpassung der Funktion an gegebene Korrespondenzen die Partialbruchentwicklung verwendet. Da sehr häufig echt gebrochen rationale Funktionen in z mit Einfach- oder Mehrfachpolen zu transformieren sind, soll nun die Methode ausführlicher besprochen werden. Wegen der Mehrdeutigkeit der Z-Transformation muss bei der Zerlegung sichergestellt werden, dass die Folge im Originalbereich kausal ist. Dazu wird zweckmäßig $F(z)$ als gebrochen rationale Funktion in z^{-1} geschrieben und dann der Partialbruchentwicklung unterzogen. Das Ergebnis hat allgemein die Form:

$$F(z) = \sum_{i=1}^{m} \left[\sum_{r=1}^{\alpha_i} \frac{\text{Res}_{ir}}{(1 - z_{xi} z^{-1})^r} \right] \tag{5-40}$$

In (5-40) bedeuten z_{xi} i-ter Pol von $F(z)$, α_i dessen Ordnung und m die Anzahl unterschiedlicher Pole. Der Bruch in (5-40) kann in eine geometrische Reihe mit dem Ergebnis

$$\frac{\text{Res}_{ir}}{(1-z_{xi}z^{-1})^r} = \text{Res}_{ir} \sum_{n=0}^{\infty} \frac{(r-1+n)!}{(r-1)!n!} \cdot z_{xi}^n z^{-n} \qquad |z| > |z_{xi}| \tag{5-41}$$

entwickelt werden. Der angegebene Konvergenzbereich erstreckt sich offensichtlich auf das Gebiet außerhalb eines Kreises und signalisiert daher, dass die zugehörige Originalfolge kausal ist (s. (5-6)). Aus (5-41) lässt sich die Korrespondenz

$$\frac{(r-1+n)!}{(r-1)!n!} \cdot z_{xi}^n \cdot \varepsilon(nT) \quad \xleftrightarrow{ZT} \quad \frac{1}{(1-z_{xi}z^{-1})^r} \tag{5-42}$$

ablesen. Wegen der Linearität der Z-Transformation ist die Bestimmung der zu (5-42) gehörigen Originalfolge

$$f(nT) = \sum_{i=1}^{m} \left[\sum_{r=1}^{\alpha_i} \frac{(r-1+n)!}{(r-1)!n!} \cdot \text{Res}_{ir} \cdot z_{xi}^n \right] \cdot \varepsilon(nT) \tag{5-43}$$

nun kein Problem mehr. Speziell für Einfachpole, d.h. $\alpha_i = 1$, findet man

$$f(nT) = \sum_{i=1}^{m} \text{Res}_i \cdot z_{xi}^n \cdot \varepsilon(nT) \tag{5-44}$$

Wird $F(z)$ in analoger Weise als gebrochen rationale Funktion in z behandelt, erhält man die zugehörige akausale Folge.

6 Grundlagen weiterer Transformationen

In den Abschnitten 3 bis 5 sind Fourier-, Laplace- und Z-Transformation behandelt worden, die insofern von besonderer Bedeutung sind, da sie in direktem Zusammenhang mit der messtechnischen Signal- und Systemanalyse stehen. LT und ZT sind gleichzeitig auch der Schlüssel zur Systemsynthese. Obwohl alle praktischen Probleme prinzipiell mit den genannten Mitteln gelöst werden können, sind weitere Transformationen eingeführt worden. Der wichtigste Grund dafür ist, dass die Signalanalyse und -verarbeitung heute ausnahmslos mit dem Computer durchgeführt wird und angepasste Rechenverfahren erfordert. Die DFT bzw. FFT ist ein Beispiel dafür. Die jetzt zu besprechenden Transformationen wurden mit dem Ziel entwickelt, rechnerische Vereinfachungen zu erreichen. Im Bildbereich z.B. führen alle drei genannten Transformationen auf komplexe Funktionen obwohl die Originalfunktion reell ist. Das bedeutet erhöhten Speicher- und Rechenaufwand. Die Fouriertransformation erfordert außerdem meist eine große Anzahl von Stützstellen. Insbesondere bei Echtzeitanwendungen wird eine Minimierung der erforderlichen Stützstellenzahl angestrebt. Es sind Verfahren gefragt, bei denen sich die Signalenergie auf möglichst wenige Koeffizienten konzentriert. Letzteres führt schließlich bei der digitalen Signalübertragung auf Möglichkeiten der Datenkompression. Obwohl einige dieser Transformationen ursprünglich für kontinuierliche Funktionen definiert wurden, werden im Folgenden vor allem ihre diskreten Formen für endliche Funktionenfolgen beschrieben, da nur sie von praktischem Interesse sind. Wie im Kapitel 2 gezeigt, führt insbesondere die Anwendung orthogonaler Funktionensysteme auf geeignete Lösungen. Die Transformationen diskreter, endlicher Folgen können dann in einfacher Weise als Matrizenmultiplikation entsprechend

$$\underline{F}_T = \underline{D}_T \cdot \underline{f} \tag{6-1}$$

geschrieben werden. Dabei sind $\underline{F}_T = (F(0), F(1), \cdots, F(m), \cdots, F(N-1))^T$ die zum Vektor zusammengefasste Ergebnisfolge im Bildbereich, $\underline{f} = (f(0), f(1), \cdots, f(n), \cdots, f(N-1))^T$ der Vektor der Originalfolge und $\underline{D}_T$ die Transformationsmatrix. Die Zeilenvektoren $\underline{d}_T(m)$ von $\underline{D}_T$ bilden eine Familie orthogonaler Vektoren mit der Eigenschaft

$$\underline{d}_T(m) \cdot (\underline{d}_T^*(k))^T = \begin{cases} 0 & m \neq k \\ c_0^2 & m = k \end{cases} \tag{6-2}$$

Die Matrix

$$\underline{D}_T = \begin{pmatrix} \underline{d}_T(0) \\ \underline{d}_T(1) \\ \vdots \\ \underline{d}_T(N-1) \end{pmatrix} \tag{6-2a}$$

ist nichtsingulär und für ihre Inverse gilt

$$\underline{D}_T^{-1} = \frac{1}{c_0^2} (\underline{D}_T^*)^T \tag{6-3}$$

Mit der diskreten Fouriertransformation haben wir im Kapitel 3.6 bereits eine Vertreterin dieser Gruppe von Transformationen kennen gelernt. Neben den Orthogonaltransformationen, deren Basisvektoren aus harmonischen Schwingungen abgeleitet werden, gibt es solche, die diskrete, insbesondere binäre Folgen verwenden. Im Abschnitt 6.5 werden zwei Vertreter von ihnen vorgestellt. Sie sind in erster Linie wegen ihrer einfachen Ausführbarkeit entwickelt worden.

6.1 Hartleytransformation (HT)

6.1.1 Definition

Im Kapitel 2 haben wir gezeigt, dass für die Fourierreihe eine reelle Form (2.15a) und eine komplexe Beziehung (2-14) gleichwertig existieren. Ähnlich ist der Zusammenhang zwischen Fourier- und Hartleytransformation zu sehen. Letztere wurde von Hartley 1942 eingeführt:

Hartleytransformation

$$HT\{f(t)\} = H(f) = \int_{-\infty}^{\infty} f(t) cas(2\pi ft) dt \tag{6-4}$$

Inverse Hartleytransformation

$$HT^{-1}\{H(f)\} = f(t) = \int_{-\infty}^{\infty} H(f) cas(2\pi ft) df \tag{6-5}$$

mit der Definition

$$cas(x) = \cos(x) + \sin(x) = \sqrt{2} \sin\left(x + \frac{\pi}{4}\right) \tag{6-6}$$

Die Gegenüberstellung der Hartleytransformation (6-4) unter Verwendung von (6-6) und dem Fourierintegral

HT: $$H(f) = \int_{-\infty}^{\infty} \left(f(t) \cdot \cos(2\pi ft) + f(t) \cdot \sin(2\pi ft)\right) dt$$

FT: $$F(f) = \int_{-\infty}^{\infty} \left(f(t) \cdot \cos(2\pi ft) - jf(t) \cdot \sin(2\pi ft)\right) dt \tag{6-7}$$

lässt sofort die enge Verbindung der beiden Transformationen erkennen. Dabei werden reelle Zeitfunktionen vorausgesetzt. Die Hartleytransformierte ist die Summe von Real- und negativem Imaginärteil der Fouriertransformation.

$$H(f) = \text{Re}\{F(f)\} - \text{Im}\{F(f)\} \tag{6-8}$$

Der Gegenüberstellung (6-7) entnimmt man auch wie die beiden Transformationsergebnisse ohne Schwierigkeiten ineinander umgerechnet werden können. Der gerade Teil der Hartleytransformierten ist gleich dem Realteil der Fouriertransformation:

6.1 Hartleytransformation (HT)

$$\frac{1}{2}(H(f)+H(-f)) = \text{Re}\{F(f)\} = \int_{-\infty}^{\infty} f(t)\cos(2\pi ft)dt \qquad (6\text{-}9)$$

Der ungerade Teil der Hartleytransformierten stimmt mit dem negativen Imaginärteil der Fouriertransformation überein:

$$\frac{1}{2}(H(f)-H(-f)) = -\text{Im}\{F(f)\} = -\int_{-\infty}^{\infty} f(t)\sin(2\pi ft)dt \qquad (6\text{-}10)$$

Aus (6-9) und (6-10) kann ebenfalls die oft benötigte Signalenergie berechnet werden:

$$|F(f)|^2 = F(f) \cdot F(f)^* = \frac{1}{4}\left((H(f)+H(-f))^2 + (H(f)-H(-f))^2\right) = \frac{H(f)^2 + H(-f)^2}{2} \qquad (6\text{-}11)$$

Die Phase der Fouriertransformierten ist mit (6-9) und (6-10) durch

$$\Phi(f) = \tan^{-1}\left(\frac{H(-f)-H(f)}{H(-f)+H(f)}\right) \qquad (6\text{-}11a)$$

gegeben. Somit enthält die Hartleytransformierte die gleichen Informationen über die Signalfunktion wie die Fouriertransformierte. Der Vorteil der Hartleytransformation besteht einmal darin, dass sie auf reelle Funktionen führt und zum anderen dass Hin- und Rücktransformation mit genau dem gleichen Integral ausgeführt werden. Wegen dieser Zusammenhänge ist es möglich, wie bei der Fouriertransformation Rechenregeln wie z.B. Verschiebungs- oder Faltungssatz aufzustellen. Wie in den Beziehungen (6-6) bis (6-8) erkennbar, ist für die physikalische Interpretation der Hartleytransformierten immer auch ihre Spiegelung an der Frequenzachse erforderlich. Das gilt auch für die Anwendung der Rechenregeln. Die Vorteile der HT liegen in der rechnergestützten Anwendung. Wir wenden daher die Aufmerksamkeit nun der diskreten Form der Hartleytransformation zu.

6.1.2 Diskrete Hartleytransformation (DHT)

Aus der Definition (6-6) folgt für die Elemente der Basisvektoren der Länge N der diskreten Hartleytransformation entsprechend (6-2a)

$$d_T(m,n) = cas\left(\frac{2\pi}{N}nm\right) = \cos\left(\frac{2\pi}{N}nm\right) + \sin\left(\frac{2\pi}{N}nm\right) = \sqrt{2}\sin\left(\frac{2\pi}{N}nm + \frac{\pi}{4}\right) \qquad (6\text{-}12)$$

Von der Diskussion im Kapitel 2 über die Fourierreihe zeitdiskreter, periodischer Folgen ist bekannt, dass Vektoren mit durch (6-12) beschriebenen Elementen orthogonal sind. Mit ihnen können die diskrete Hartleytransformation

$$H(m) = \sum_{n=0}^{N-1} f(n) \cdot cas\left(\frac{2\pi}{N}nm\right) = \sum_{n=0}^{N-1} f(n) \cdot d_T(m,n) \qquad m = 0 \,....\, N\text{-}1 \qquad (6\text{-}13)$$

und ihre Inverse

$$f(n) = \frac{1}{N}\sum_{m=0}^{N-1} H(m) \cdot cas\left(\frac{2\pi}{N}nm\right) = \sum_{m=0}^{N-1} H(m) \cdot d_T(n,m) \qquad n = 0 \,....\, N\text{-}1 \qquad (6\text{-}14)$$

angegeben werden. Dabei wurde die Abkürzung

$$d_T(m,n) = \text{cas}(\frac{2\pi}{N}mn)$$

eingeführt. Durch (6-15) und (6-16) wird der Bezug zur diskreten Fouriertransformation hergestellt.

$$H(m) = \text{Re}\{F(m)\} - \text{Im}\{F(m)\} \tag{6-15}$$

$$\text{Re}\{F(m)\} = \frac{1}{2}(H(m) + H(-m)) \quad \text{Im}\{F(m)\} = -\frac{1}{2}(H(m) - H(-m)) \tag{6-16}$$

Bildet man aus den Elementen $d_T(m,n)$ Zeilenvektoren, kann die Hartleytransformation auch entsprechend (6-1) in Matrizenschreibweise angegeben werden.

Wie bei der diskreten Fouriertransformation sind sowohl Original- als auch Bildfunktion periodisch. (6-13) beschreibt die Grundperiode. Somit gilt natürlich $H(-m) = H(N-m)$.

6.1.3 Ausgewählte Rechenregeln

Im Folgenden soll auf eine Beweisführung verzichtet werden, da formal die gleichen Überlegungen wie bei der FT zum Ziele führen, wenn die Beziehungen

$$\text{cas}(a \pm b) = \cos(a) \cdot \text{cas}(\pm b) + \sin(a) \cdot \text{cas}(\mp b) \tag{6-17}$$

und

$$H(-m) = H(N-m) = \sum_{n=0}^{N-1} f(n) \text{cas}\left(-\frac{2\pi}{N}mn\right) \tag{6-18}$$

Beachtung finden.

- Spiegelung:

$$HT\{f(-m)\} = H(N-m) \tag{6-19}$$

- Verschiebung:

$$HT\{f(n-k)\} = \cos\left(\frac{2\pi}{N}mk\right) \cdot H(m) + \sin\left(\frac{2\pi}{N}mk\right) \cdot H(N-m) \tag{6-20}$$

- Zyklische Faltung:

$$HT\left\{\sum_{k=0}^{N-1} f_1(k) \cdot f_2(n-k)\right\} =$$

$$= \frac{1}{2}(H_1(m)H_2(m) - H_1(N-m)H_2(N-m) + H_1(m)H_2(N-m) + H_1(N-m)H_2(m)) \tag{6-21}$$

Jeweils zwei Summanden in (6-21) gehen durch Spiegelung auseinander hervor, der erste und der zweite bzw. der dritte und der vierte, so dass tatsächlich nur zwei der Produkte gebildet werden müssen. Besonders einfach ist (6-21), wenn eine der beiden Funktionen gerade oder ungerade ist. Dann gilt

$$HT\{f_1(n) * f_2(n)\} = H_{1g}(m) \cdot H_2(m) \quad \text{oder} \quad H_{1u}(m) \cdot H_2(-m) \tag{6-21a}$$

Die Existenz des Faltungstheorems für die Hartleytransformation ermöglicht Filteroperationen im Bildbereich auszuführen.

6.2 Kosinustransformation (CT)

An dieser kleinen Auswahl von Rechenregeln ist erkennbar, dass ihre Anwendung nur in Ausnahmefällen, z.B. gerade oder ungerade Wertefolgen, Erleichterungen bringen. Für die rechnergestützte Berechnung der Hartleytransformierten sind schnelle Algorithmen entwickelt worden [2], [3] . Es zeigt sich, dass die Anzahl der Operationen etwa der der FFT entspricht. Da alle Zwischenergebnisse reell sind, wird in der Regel weniger Speicherplatz benötigt.

6.1.4 Anwendungsbeispiel

Als einfaches Anwendungsbeispiel sind die FFT und die Hartleytransformation für die Dreieckfolge nach Bild 6.1 im Bild 6.2 dargestellt. Man erkennt leicht, dass sich die Hartleytransformierte als Differenz von Realteil und Imaginärteil der FFT ergibt.

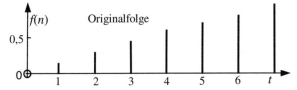

Bild 6.1 Originalfolge

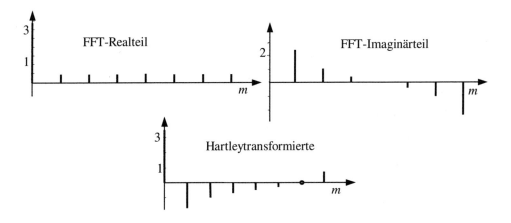

Bild 6.2 : FFT und Hartleytransformation zu Bild 6.1

6.2 Kosinustransformation (CT)

6.2.1 Definition

Die kontinuierliche Kosinustransformation (CCT) wird durch

$$CCT\{f(t)\} = F_C(f) = 2\int_0^\infty f(t) \cdot \cos(2\pi ft) dt \qquad (6\text{-}22)$$

definiert. Wie man sich schnell überzeugt, stimmt (6-22) mit der Fouriertransformierten überein, wenn $f(t)$ eine gerade Funktion ist. In der allgemeinen Form (6-22) ist die Kosinustransformation nur auf Funktionen für die $f(t) = 0$ für $t < 0$ gilt, auf die sogenannten kausalen Funktionen, anwendbar. Für sie ist in einfacher Weise der Zusammenhang mit der Fouriertransformation herstellbar:

$$F_C(f) = 2\int_0^\infty f(t) \cdot \cos(2\pi f t) dt = \int_0^\infty f(t) \cdot \left(e^{j2\pi f t} + e^{-j2\pi f t} \right) dt$$

und unter Verwendung der Substitution $t \Rightarrow -t$ im zweiten Term

$$F_C(f) = \int_0^\infty f(t) \cdot e^{j2\pi f t} dt - \int_0^{-\infty} f(-t) \cdot e^{j2\pi f t} dt = \int_{-\infty}^\infty (f(t) + f(-t)) \cdot e^{-j2\pi f t} dt = FT\{2 f_g(t)\}$$

Damit ist $F_C(f)$ eine gerade reelle Funktion und für die Rücktransformation gilt

$$CCT^{-1}\{F_C(f)\} = f(t) = 2\int_0^\infty F_C(f) \cdot \cos(2\pi f t) df \qquad (6\text{-}23)$$

Sinngemäß gelten wegen der gezeigten Beziehungen die Regeln für die Anwendung der Fouriertransformation auch für die Kosinustransformation. Hauptsächlich findet die Kosinustransformation bei der digitalen Signalverarbeitung vor allem bei der Bildverarbeitung Anwendung, so dass insbesondere ihre diskrete Form von Interesse ist.

6.2.2 Diskrete Kosinustransformation (DCT)

Mit den Übergängen $t \to nT$ und $f \to m\Delta f$ in (6-22) und (6-23) gelangt man zur zeit- und frequenzdiskreten Darstellung der Kosinustransformation. Die N Stützstellen müssen so gewählt werden, dass der Wert $\pi/2$ für das Argument der Kosinusfunktion ausgeschlossen wird, da der zugehörige Folgenwert unberücksichtigt bliebe. Um das zu erreichen gibt es verschiedene Möglichkeiten, die zu unterschiedlichen Definitionen führen [2]. Die gewöhnlich verwendete Form der DCT ist:

$$F_C(m) = \sum_{n=0}^{N-1} f(n) \cdot a(m) \cdot \cos\left(\frac{\pi(2n+1)m}{2N} \right) \qquad (6\text{-}24)$$

mit $a(0) = \dfrac{1}{\sqrt{N}}$, $a(m) = \sqrt{\dfrac{2}{N}}$, $m = 1\,(1)\,N\text{-}1$

Die Koeffizienten $a(m)$ dienen der Normierung.

Die Basisvektoren entsprechend (6-2) sind durch die Elemente

$$d_C(m,n) = a(m) \cdot \cos\left(\frac{\pi}{2N} m(2n+1) \right) \qquad (6\text{-}25)$$

gegeben. Die mit ihnen gebildete Transformationsmatrix $\underline{D}_C$ ist orthonormal. Die Rücktransformation in den Originalbereich erfolgt so in einfacher Weise durch

$$\underline{f}(n) = \underline{D}_C^T \cdot \underline{F}_C(m) \qquad (6\text{-}26)$$

6.2 Kosinustransformation (CT)

Den Bezug zur diskreten Fouriertransformation findet man wie folgt. Wir gehen von (6-25) aus und schreiben für die Kosinusfunktion

$$\cos\left(\frac{\pi(2n+1)m}{2N}\right) = \text{Re}\left\{ e^{-j\frac{2\pi}{2N}nm} \cdot e^{-j\frac{\pi}{2N}m} \right\}$$

Dies wird in (6-24) eingesetzt

$$F_C(m) = \sum_{n=0}^{N-1} f(n) \cdot a(m) \cdot \text{Re}\left\{ e^{-j\frac{2\pi}{2N}nm} \cdot e^{-j\frac{\pi}{2N}m} \right\} \qquad (6\text{-}27)$$

Ohne Einfluss auf das Ergebnis kann die Originalfolge $f(n)$ durch Nullen auf die Länge $2N$ aufgefüllt werden. Dann geht (6-27) in

$$F_C(m) = a(m) \cdot \text{Re}\left\{ e^{-j\frac{\pi}{2N}m} \cdot \sum_{n=0}^{2N-1} f(n) \cdot e^{-j\frac{2\pi}{2N}nm} \right\}$$

oder bei Beachtung der Beziehung (5-53) für die DFT

$$DCT_N\{f(n)\} = a(m) \cdot \text{Re}\left\{ DFT_{2N}\{f(n)\} \cdot e^{-j\frac{\pi}{2N}m} \right\} \qquad (6\text{-}28)$$

über. Die Indizes bei DCT und DFT in (6-28) geben die jeweilige Stützstellenzahl an. Wir stellen fest, dass die N-Punkte DCT gleich dem Realteil der 2N-Punkte DFT der zu transformierenden Folge, multipliziert mit

$$a(m) \cdot e^{-j\frac{\pi}{2N}m},$$

ist. Die DCT kann also aus der DFT der durch N Nullen ergänzten Originalfolge berechnet werden. Es liegt auf der Hand, dass diese Berechnungsmethode nicht effektiv ist. Wir zeigen nun, dass die DCT auch auf eine N-Punkte DFT zurückgeführt werden kann [2]. Die zu transformierende Folge sei $f(n)$, $n = 0\,(1)\,N\text{-}1$. Aus ihr bilden wir eine neue Folge $x(n)$, indem sie um ihre Spiegelung ergänzt wird. Bild 6.3 deutet diesen Sachverhalt an. Diese neue Folge hat die Länge $2N$ und ist gerade bezüglich $(2N\text{-}1)/2$. Die Folge $x(n)$ wird der DFT unterzogen.

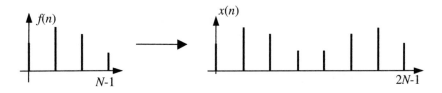

Bild 6.3: Diskrete Folge $f(n)$ und ihre gerade Ergänzung $x(n)$

Da offenbar

$$\{x(n)\} = \{f(n) \quad f(2N-1-n)\} \qquad (6\text{-}29)$$

gilt, hat die Transformierte die Form

$$DFT\{x(n)\} = X(m) = \sum_{n=0}^{N-1} f(n) \cdot e^{-j\frac{2\pi}{2N}mn} + \sum_{n=N}^{2N-1} f(2N-1-n) \cdot e^{-j\frac{2\pi}{2N}mn}$$

Mit der Substitution $n' = 2N - 1 - n$ und anschließender Umbenennung $n' \to n$ wird daraus

$$X(m) = \sum_{n=0}^{N-1} f(n) \cdot e^{-j\frac{2\pi}{2N}mn} + \sum_{n=0}^{N-1} f(n) \cdot e^{-j\frac{2\pi}{2N}m(2N-1-n)}$$

Wegen $e^{-j2\pi m} = 1$ folgt

$$X(m) = \sum_{n=0}^{N-1} f(n) \cdot e^{-j\frac{2\pi}{2N}mn} + \sum_{n=0}^{N-1} f(n) \cdot e^{j\frac{2\pi}{2N}mn} \cdot e^{j\frac{2\pi}{2N}m}$$

$$X(m) = \sum_{n=0}^{N-1} f(n) \cdot (e^{-j\frac{2\pi}{2N}mn} \cdot e^{-j\frac{\pi}{2N}m} + e^{j\frac{2\pi}{2N}mn} \cdot e^{j\frac{\pi}{2N}m}) \cdot e^{j\frac{\pi}{2N}m} \qquad (6\text{-}30)$$

Der Vergleich von (6-30) mit (6-27) zeigt die Gültigkeit von

$$F_C(m) = \frac{1}{2}a(m) \cdot e^{-j\frac{\pi}{2N}m} \cdot X(m)$$

oder allgemeiner

$$DCT\{f(n)\} = \frac{1}{2}a(m) \cdot e^{-j\frac{\pi}{2N}m} \cdot DFT\{x(n)\} \qquad (6\text{-}31)$$

Wird nun aber die Folge (6-29) in zwei Teilfolgen $x_1(n) = x(2n)$, das sind die gerade indizierten Elemente von $x(n)$ und $x_2(n) = x(2n+1)$, das sind die ungerade indizierten Elemente, zerlegt, wie im Bild 6.4 dargestellt,

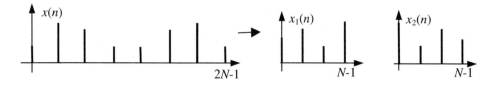

Bild 6.4 : Zerlegung in Teilfolgen

kann die $DFT\{x(n)\}$ auch wie folgt berechnet werden

$$X(m) = \sum_{n=0}^{N-1} x_1(n) \cdot e^{-j\frac{2\pi}{2N}2nm} + \sum_{n=0}^{N-1} x_2(n) \cdot e^{-j\frac{2\pi}{2N}(2n+1)m}$$

$$X(m) = \sum_{n=0}^{N-1} x_1(n) \cdot e^{-j\frac{2\pi}{N}nm} + \sum_{n=0}^{N-1} x_2(n) \cdot e^{-j\frac{2\pi}{N}nm} \cdot e^{-j\frac{\pi}{N}m} \qquad (6\text{-}32)$$

6.2 Kosinustransformation (CT)

Die Folge $x(n)$ ist die um ihr Spiegelbild verlängerte Folge $f(n)$. Somit gilt der Zusammenhang:

$$x_2(n) = x_1(N-1-n) \tag{6-33}$$

Wird dies in (6-32) eingesetzt, erhält man mit

$$X(m) = \sum_{n=0}^{N-1} x_1(n) \cdot e^{-j\frac{2\pi}{N}nm} + \sum_{n=0}^{N-1} x_1(n) \cdot e^{-j\frac{2\pi}{N}(N-1-n)m} \cdot e^{-j\frac{\pi}{N}m}$$

eine Darstellung der DFT$\{x(n)\}$, die nur $x_1(n)$ enthält und noch etwas umgeformt werden kann

$$X(m) = \sum_{n=0}^{N-1} \left(x_1(n) \cdot e^{-j\frac{2\pi}{N}nm} + x_1(n) \cdot e^{j\frac{2\pi}{N}nm} \cdot e^{j\frac{\pi}{N}m} \right)$$

$$X(m) = \sum_{n=0}^{N-1} (x_1(n) \cdot \left(e^{-j\frac{2\pi}{N}nm} \cdot e^{-j\frac{\pi}{2N}m} + e^{j\frac{2\pi}{N}nm} \cdot e^{j\frac{\pi}{2N}m} \right) \cdot e^{j\frac{\pi}{2N}m}$$

und schließlich findet man mit (6-31) die gesuchte DCT$\{f(n)\}$

$$F_C(m) = a(m) \cdot \operatorname{Re}\left\{ e^{-j\frac{\pi}{2N}m} \cdot \sum_{n=0}^{N-1} x_1(n) \cdot e^{-j\frac{2\pi}{N}nm} \right\} = a(m) \cdot \operatorname{Re}\left\{ e^{-j\frac{\pi}{2N}m} \cdot DFT_N\{x_1(n)\} \right\}$$

oder auch

$$F_C(m) = a(m) \cdot \sum_{n=0}^{N-1} x_1(n) \cdot \cos\left(\frac{\pi(4n+1)m}{2N} \right) \tag{6-34}$$

Hierin entsteht $x_1(n)$ aus den gerade indizierten Elementen von $f(n)$ gefolgt von den ungerade indizierten in gespiegelter Reihenfolge (Bild 6.5).

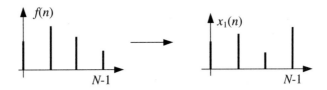

Bild 6.5: Umordnung der gegebenen Folge

Damit ist die DCT auf eine N-Punkte DFT zurückgeführt, der eine Umordnung der zu transformierenden Wertefolge vorangestellt werden muss. Wegen (6-31) ist die schnelle Berechnung mittels einer FFT möglich.

An einem kleinen Beispiel soll demonstriert werden, dass sich die DCT in besonderer Weise zur Datenkompression eignet. Wir gehen von der Originalfolge

$$f(n) = \frac{n}{8} \quad n = 0 \cdots 7$$

aus und berechnen die zugehörigen Bildfunktionen $F(m) = DFT\{f(n)\}$ und $F_C(m) = DCT\{f(n)\}$.

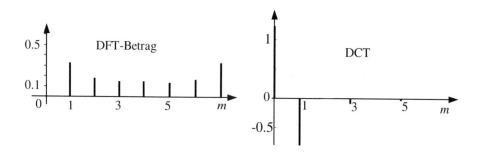

Bild 6.6: DFT und DCT der Folge $n/8$

Die Ergebnisse sind im Bild 6.6 gegenübergestellt. Man erkennt deutlich, dass lediglich 4 Koeffizienten für $n = 0, 1, 3$ und 5 zur Darstellung der DCT erforderlich sind und sie damit für die weitere Verarbeitung oder Übertragung vorteilhaft ist.

6.3 Sinustransformation (ST)

6.3.1 Definition

Die kontinuierliche Sinustransformation (CST) ist durch das Integral (6-35) definiert.

$$F_S(f) = 2\int_0^\infty f(t)\sin(2\pi ft)dt \tag{6-35}$$

Wie bei der CCT werden auch hier nur kausale Funktionen vollständig erfasst. Man kann einfach zeigen, dass der Zusammenhang

$$F_S(f) = -\text{Im}\{FT\{2f_u(t)\}\} \tag{6-36}$$

gilt. $F_S(f)$ ist eine ungerade Funktion. Für die inverse Sinustransformation lässt sich daher die Beziehung

$$f(t) = CST^{-1}\{F_S(f)\} = 2\int_0^\infty F_S(f) \cdot \sin(2\pi ft)dt \quad t \geq 0 \tag{6-37}$$

herleiten.

6.3.2 Diskrete Sinustransformation (DST)

Zur Ableitung der diskreten Form von (6-35) muss beachtet werden, dass die Kernfunktion für $t = 0$ verschwindet. Hat die zu transformierende Folge $f(n)$ einen von Null verschiedenen Wert $f(0)$ geht dieser bei der Transformation verloren. Daher ist eine Rechtsverschiebung der Folge erforderlich. Dies zeigt Bild 6.7. Der Folge wird praktisch eine Null vorangestellt und die Summierung erfolgt über $N+1$ Elemente.

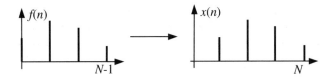

Bild 6.7: Rechtsverschiebung der diskreten Folge

Mit diesen Überlegungen finden wir eine orthogonale (diskrete) Sinustransformation mit der Basisfunktion

$$d_S(m,n) = \sin\left(\frac{\pi mn}{N+1}\right) \qquad (6\text{-}38)$$

oder nach Normierung

$$F_S(m) = DST\{f(n)\} = \sqrt{\frac{2}{N+1}} \cdot \sum_{n=1}^{N} f(n) \cdot \sin\left(\frac{\pi mn}{N+1}\right) \qquad (6\text{-}39)$$

Weitere Definitionen sind denkbar. Die Berechnung kann mittels einer $2(N+1)$-Punkte FFT erfolgen, wenn der Folge eine Null vorangestellt und N Nullen angefügt werden. Es gilt dann

$$F_S(m) = -IM\left\{FFT\{\tilde{f}(n)\}\right\} \qquad m = 1\,(1)\,N \qquad (6\text{-}40)$$

dabei ist $\tilde{f}(n)$ die wie beschrieben mit Nullen aufgefüllte Folge $f(n)$.

6.4 Wavelet-Transformation (WT)

Das erste Wavelet wurde 1910 von Haar konstruiert. Aber erst in den 80iger Jahren begann man, einzelne, in Mathematik und Ingenieurwissenschaften erarbeitete, Konzepte zur Wavelet-Theory zusammenzuführen.

Zur Signalanalyse wurde die Wavelet-Transformation erstmals 1982 vorgeschlagen, damals zur Auswertung seismischer Messdaten [25]. Wegen ihrer an Frequenz- und Zeitanforderungen angepassten Auflösung stellt sie insbesondere bei der *Analyse nichtstationärer Signale* eine interessante Alternative zu Spektrogrammen dar. Wichtige Anwendungsgebiete sind neben der Geophysik beispielsweise auch die Sprachanalyse und die Mustererkennung.

Vom Blickpunkt der Signalverarbeitung her entspricht die Wavelet-Transformation einer Bandpassfilterung. Wird sie für dyadisch angeordnete Parameterwerte durchgeführt, so entspricht dies einer Oktav-Band-Filterung mit nachfolgender Abtastung an den entsprechenden

Nyquist-Frequenzen. Somit liefern höhere Oktaven Details bzw. eine höhere Auflösung des Signals.

Ein wichtiges Einsatzgebiet der Wavelet-Transformation ist die *Signalkompression*. Dabei wird die WT eingesetzt, um die Signalinformation der einzelnen Frequenzbänder zu trennen. Frequenzbänder, die vom Menschen weniger gut wahrgenommen werden oder die wenig oder keine Information zur Lösung der gestellten Aufgabe liefern, können dann entsprechend stärker quantisiert und komprimiert werden als andere. Da dadurch bei gleicher Kompressionsrate deutlich bessere Ergebnisse erzielbar sind, wird die Wavelet-Transformation heute insbesondere in der Audio- und Bildkodierung JPEG2000[22], MPEG-4[26] verwendet. Zur Verarbeitung zeitkontinuierlicher Funktionen bzw. Signale werden - je nach interessierendem Parameterbereich und nach Realisierungsmöglichkeit - die Integrale WT, die Semidiskrete (dyadische) WT oder Wavelet-Reihen eingesetzt, bei zeitdiskreten Funktionen bzw. Signalen die Diskrete WT.

6.4.1 Definition und Eigenschaften

Kontinuierliche Wavelet-Transformation (CWT)

Die kontinuierliche Wavelet-Transformation einer Funktion $f(t)$ ist definiert als

$$WT\{f(t),b,a\} = |a|^{-\frac{1}{2}} \int_{-\infty}^{\infty} f(t) \cdot \psi^*\left(\frac{t-b}{a}\right) dt . \qquad (6\text{-}41)$$

Dabei ist $\psi(t)$ ein Wavelet, welches die Zulässigkeitsbedingung

$$C_\psi = \int_{-\infty}^{\infty} \frac{|\Psi(\omega)|^2}{\omega} d\omega < \infty \qquad \text{(mit } \Psi(\omega) = FT\{\psi(t)\}\text{)} \qquad (6\text{-}42)$$

erfüllen muss.

Damit (6-42) erfüllt ist, muss $FT\{\psi(t)\}$ der Übertragungsfunktion eines Bandpasses entsprechen. Folglich kann der Graph der Funktion $\psi(t)$ nur eine kleine Welle – ein Wavelet – sein.

Der Vorfaktor $|a|^{-1/2}$ sorgt dafür, dass alle Funktionen $|a|^{-1/2} \cdot \Psi^*(t/a)$, $a \in \Re$, die gleiche Energie besitzen.

Die Form des Transformationskerns bleibt sowohl bei einer Zeitverschiebung b als auch bei einer Skalierung mit a unverändert.

Die Wavelet-Transformation liefert Informationen über die Funktion $f(t)$ in einem bestimmten Zeit-Frequenz-Fenster, dessen Fläche unabhängig von den Parametern a und b ist und die nur von dem verwendeten Wavelet bestimmt wird. Das Zeitfenster wird schmal, wenn a klein wird und breit wenn a groß wird. Umgekehrt wird das Frequenzfenster breit wenn a klein wird und schmal wenn a groß wird (Bild 6.8).

6.4 Wavelet-Transformation (WT)

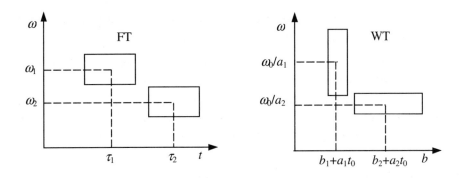

Bild 6.8: Zeit-Frequenz-Auflösung der Kurzzeit-FT und der WT

Da der Skalierungsfaktor a die Mittenfrequenz des Analysebandpasses ändert, spricht man auch von einer Zeit-Skalen-Analyse. Eine hohe Analysefrequenz ergibt eine gute Zeit- und eine schlechte Frequenzauflösung. Umgekehrt ergibt eine niedrige Analysefrequenz eine gute Frequenz- und eine schlechte Zeitauflösung.

Die ursprüngliche Zeitfunktion $f(t)$ ergibt sich aus der Wavelet-Transformierten über die kontinuierliche Rücktransformation

$$f(t) = \frac{1}{C_\psi} \int_{-\infty}^{\infty} \int_{-\infty}^{\infty} WT\{f(t), b, a\} \cdot |a|^{-\frac{1}{2}} \cdot \psi\left(\frac{t-b}{a}\right) \frac{da\,db}{a^2}. \tag{6-43}$$

Zusammenhang mit der Fouriertransformation

Die Wavelet-Transformierte lässt sich über eine inverse FT aus dem gefensterten Spektrum $F(\omega) \cdot \Psi^*(a\omega)$ berechnen. Unter Ausnutzung des Verschiebungs- und des Modulationssatzes der FT

$$\psi_{b;a}(t) = |a|^{-\frac{1}{2}} \cdot \psi\left(\frac{t-b}{a}\right) \xleftrightarrow{FT} \Psi_{b;a}(\omega) = |a|^{\frac{1}{2}} \cdot e^{-j\omega b} \cdot \Psi(a\omega) \tag{6-44}$$

sowie des Parsevalschen Theorems (s. Kap. 8) erhält man

$$WT\{f(t), b, a\} = |a|^{\frac{1}{2}} \cdot \frac{1}{2\pi} \int_{-\infty}^{\infty} F(\omega) \cdot \Psi^*(a\omega) \cdot e^{j\omega b} d\omega. \tag{6-45}$$

Im Gegensatz zur FT, die für die Analyse harmonischer Signale konzipiert ist, und dadurch abrupte Signaländerungen nur bedingt darstellen kann, ermöglicht die WT durch geeignete Wahl des Skalierungsfaktors a einen Kompromiss zwischen zeitlicher und spektraler Auflösung.

Eigenschaften der CWT:

- Die CWT ist affin-invariant, d.h. eine Skalierung der Funktion $f(t) \to f\left(\frac{t}{a}\right)$ führt nur zu einer Skalierung der Wavelet-Transformierten, aber zu keiner weiteren Veränderung.

- Die CWT ist translationsinvariant, d.h. eine Verschiebung der Funktion $f(t) \to f(t-t_0)$ führt zu einer Verschiebung der Wavelet-Transformierten um t_0.
- Durch die Wahl eines an die zu analysierende Funktion $f(t)$ angepassten Wavelets lassen sich bestimmte Charakteristika der Funktion besonders gut darstellen.

Eine Wavelet-Analyse mit kontinuierlichen Parameterbereichen für a und b ist sehr redundant. Deshalb wird die WT oft nur für diskrete Werte von a (Semidiskrete WT) bzw. nur für diskrete Werte von a und b (Wavelet-Reihen, Diskrete WT) durchgeführt.

Semidiskrete (dyadische) Wavelet-Transformation

Bei der semidiskreten WT wird die Wavelet-Transformierte nur entlang diskreter Parameterlinien für a berechnet. I.A. sind die Parameterwerte

$$a_m = 2^m, \quad m \in Z, \tag{6-46}$$

dabei dyadisch gestaffelt und man spricht von einer semidiskreten, dyadischen WT:

$$WT\{f(t), b, 2^m\} = 2^{-\frac{m}{2}} \int_{-\infty}^{\infty} f(t) \cdot \psi^*\left(2^{-m}(t-b)\right) dt. \tag{6-47}$$

Diese entspricht einer Oktav-Analyse von $f(t)$ mit analogen Bandpässen konstanter Güte und den Mittenfrequenzen $\omega_m = \dfrac{\omega_0}{a_m} = 2^{-m} \cdot \omega_0$, $m \in Z$.

Existiert ein duales Wavelet $\tilde{\psi}(t)$ zu $\psi(t)$, für das die Bedingung

$$\tilde{\Psi}(\omega) = \frac{\Psi(t)}{\sum_{m=-\infty}^{\infty} \left|\Psi(2^m \omega)\right|^2} \tag{6-48}$$

erfüllt ist, so lässt sich jede Funktion $f(t) \in L_2(\Re)$ aus den semidiskreten Werten $WT\{f(t), b, a_m\}$ rekonstruieren:

$$f(t) = \sum_{m=-\infty}^{\infty} 2^{-\frac{3}{2}m} \int_{-\infty}^{\infty} WT\{f(t), b, 2^m\} \cdot \tilde{\psi}\left(2^{-m}(t-b)\right) db. \tag{6-49}$$

Wavelet-Reihen

Eine Rekonstruktion der Funktion $f(t)$ aus diskreten Werten der Transformierten ist auch bei der Wavelet-Transformation möglich. Für viele Applikationen von besonderem Interesse sind dabei Abtastpunkte auf einem dyadischen Gitter (Bild 6.9), d.h. für

$$a_m = 2^m \text{ und } b_{mk} = k \cdot 2^m \cdot T, \quad k, m \in Z, \tag{6-50}$$

wobei T das Grund-Abtastintervall repräsentiert.

6.4 Wavelet-Transformation (WT)

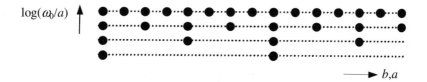

Bild 6.9: Dyadische Abtastwerte der Wavelet-Transformierten

Die Wavelet-Koeffizienten

$$d_m(k) = WT\{f(t), k \cdot 2^m \cdot T, 2^m\} = 2^{-\frac{m}{2}} \sum_{k=-\infty}^{\infty} f(t) \cdot \psi^*\left(2^{-m}t - k \cdot T\right), \quad m, k \in Z, \quad (6\text{-}51)$$

können wie bei jeder Reihendarstellung als Repräsentation der Funktion $f(t)$ aufgefasst werden. Existiert ein zu

$$\psi_{mk}(t) = |a_m|^{-\frac{1}{2}} \cdot \psi\left(\frac{t - b_{mk}}{a_m}\right) = 2^{-\frac{m}{2}} \cdot \psi\left(2^{-m}t - kT\right) \quad (6\text{-}52)$$

duales Funktionensystem

$$\tilde{\psi}_{mk}(t) = |a_m|^{-\frac{1}{2}} \cdot \tilde{\psi}\left(\frac{t - b_{mk}}{a_m}\right) = 2^{-\frac{m}{2}} \cdot \tilde{\psi}\left(2^{-m}t - kT\right), \quad (6\text{-}53)$$

dann kann die Rekonstruktion in der Form

$$f(t) = \sum_{m=-\infty}^{\infty} \sum_{k=-\infty}^{\infty} \langle f, \psi_{mk} \rangle \, \tilde{\psi}_{mk}(t) \quad (6\text{-}54)$$

erfolgen. Spannen $\psi_{mk}(t)$ und $\tilde{\psi}k(t)$, $m, k \in Z$, den gleichen Raum auf, so kann die Rekonstruktion auch über

$$f(t) = \sum_{m=-\infty}^{\infty} \sum_{k=-\infty}^{\infty} \langle f, \tilde{\psi}_{mk} \rangle \, \psi_{mk}(t) = \sum_{m=-\infty}^{\infty} \sum_{k=-\infty}^{\infty} d_m(k) \cdot \psi_{mk}(t) \quad (6\text{-}55)$$

erfolgen. Spannen beide den Raum $L_2(\Re)$ auf, so sind alle Funktionen $f(t) \in L_2(\Re)$ exakt rekonstruierbar.

Bilden die Wavelets $\psi_{mk}(t)$ eine orthonormale Basis von $L_2(\Re)$, dann wird der Raum $L_2(\Re)$ in eine orthogonale Summe von Unterräumen zerlegt. Damit wird es möglich, das zu analysierende Signal auf einem diskreten Set von Basisfunktionen redundanzfrei zu repräsentieren.

6.4.2 Diskrete Wavelet-Transformation (DWT)

In ähnlicher Weise wie die DFT wird die DWT zur Analyse diskreter Zeitfunktionen $f(n)$, $n \in Z$, eingesetzt.

Für das Grund-Abtastintervall $T = 1$ sowie die diskreten, dyadisch gestaffelten Parameterwerte

$$a_m = 2^m \text{ und } b_{mk} = k \cdot 2^m, \quad k, m \in Z, m > 0 \tag{6-56}$$

erhält man die Wavelet-Koeffizienten

$$DWT\{f(n), k \cdot 2^m, 2^m\} = 2^{-\frac{m}{2}} \sum_{n=-\infty}^{\infty} f(n) \cdot \psi^*(n \cdot 2^{-m} - k). \tag{6-57}$$

Dabei entsprechen die Werte $\psi(2^{-m} \cdot k - n)$ den Abtastwerten des Wavelets $\psi(t)$ zu den Zeitpunkten $t = 2^{-m} \cdot k - n$.

Zur recheneffizienten Auswertung von (6-55) wurden zuerst der À-Trous-Algorithmus [21,20] und der Mallat-Algorithmus [23] entwickelt, später das heute i.A. eingesetzte Lifting Schema [27].

Eigenschaft der DWT:

- Im Gegensatz zur WT kontinuierlicher Funktionen ist die DWT nicht translationsinvariant. Verzögerte Werte $f(k-l) = f(i)$ der Zeitfunktion führen zu

$$DWT\{f(n), 2^m \cdot (k - l \cdot 2^{-m}), 2^m\} = 2^{-\frac{m}{2}} \sum_{n=-\infty}^{\infty} f(i) \cdot \psi^*(i \cdot 2^{-m} - (k - l \cdot 2^{-m})).$$

Damit ergibt sich nur eine ganzzahlige Verschiebung, wenn l ein Vielfaches von 2^m ist.

6.4.3 Anwendungsbeispiele

Multiresolutionsanalyse

Wenn die dualen Funktionensysteme $\psi_{mk}(t)$ und $\tilde{\psi}_{mk}(t)$ $m, k \in Z$, Basissysteme des Raumes $L_2(\Re)$ sind und beide aus Wavelets gebildet werden, dann kann jedes Signal $f(t) \in L_2(\Re)$ als dyadische Wavelet-Reihe dargestellt werden:

$$f(t) = \sum_{m=-\infty}^{\infty} \sum_{k=-\infty}^{\infty} d_m(k) \cdot \psi_{mk}(t) \tag{6-58}$$

Zur Vereinfachung der Schreibweise sei für das Grundintervall $T = 1$ gewählt.

Da die Basis aus linear unabhängigen Funktionen besteht, lässt sich der Signalraum $L_2(\Re)$ in die direkte Summe von Unterräumen $W_m = \text{span}\{\psi(2^{-m} \cdot t - k), m \in Z\}$ zerlegen. Die in den Unterräumen W_m liegenden Teilsignale

$$y_m(t) = \sum_{k=-\infty}^{\infty} d_m(k) \cdot \psi_{mk}(t), \quad y_m(t) \in W_m \tag{6-59}$$

repräsentieren jeweils ein Frequenzband von $f(t)$ und jedes Signal $f(t) \in L_2(\Re)$ lässt sich in eindeutiger Weise als

6.4 Wavelet-Transformation (WT)

$$f(t) = \sum_{m=-\infty}^{\infty} y_m(t), \quad y_m(t) \in W_m \tag{6-60}$$

darstellen.

Darauf beruht das Konzept der *Multiresolutionsanalyse* [23], dass zur Analyse von Signaleigenschaften in mehreren (i.A. logarithmisch abgestuften) Frequenzbändern dient.

Dazu definiert man Unterräume V_m als direkte Summe der Unterräume V_{m+1} und W_{m+1}: $V_m = V_{m+1} \oplus W_{m+1}$. Man kann sich vorstellen, dass die Unterräume V_m Tiefpasssignale enthalten und dass sich die Grenzfrequenz der in V_m enthaltenen Signale mit wachsendem m verringert (Bild 6.10). Während der Durchschnitt der Unterräume W_m leer ist, besitzen die Unterräume V_m die Eigenschaft $\ldots \subset V_{m+1} \subset V_m \subset V_{m-1} \subset \ldots$.

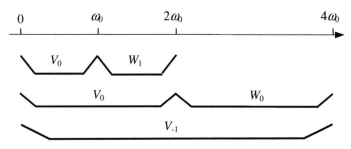

Bild 6.10: Aufteilung des Signalraumes im Falle idealer Tief- und Bandpässe

Es zeigt sich, dass eine (zeitliche) Skalierung des Signals $f(t)$ um den Faktor zwei dazu führt, dass das skalierte Signal $f(2t)$ ein Element des übergeordneten Unterraumes ist und umgekehrt:

$$f(t) \in V_m \Leftrightarrow f(2t) \in V_{m-1} \tag{6-61}$$

Bildet man eine Folge von Signale $f_m(t)$ durch Projektion von $f(t) \in L_2(\Re)$ auf die Unterräume V_m, so konvergiert diese Folge gegen $f(t)$.

Deswegen kann davon ausgegangen werden, dass die Unterräume V_m - ähnlich wie die Unterräume W_m - durch skalierte und zeitverschobene Versionen einer einzigen Funktion $\phi(t)$ in der Form $V_m = \text{span}\{\phi(2^{-m}t - k), k \in Z\}$ aufgespannt werden. Die Funktion $\phi(t)$ bezeichnet man dabei als *Skalierungsfunktion*.

Die Signale $f_m(t) \in V_m$ lassen sich als

$$f_m(t) = \sum_{k=-\infty}^{\infty} c_m(k) \phi_{mk}(t), \quad \phi_{mk}(t) = 2^{-\frac{m}{2}} \cdot \phi(2^{-m}t - k) \tag{6-62}$$

darstellen und repräsentieren jeweils die Komponenten von $f(t)$ in dem zu V_m gehörigen Frequenzband.

Eingesetzt wird die Multiresolutionsanalyse beispielsweise in modernen Bildkompressionsverfahren (JPEG2000, MPEG-4). Ein Beispiel dazu enthält Kapitel 11.

Das Haar-Wavelet

Ein klassisches Beispiel für ein orthonormales Wavelet ist das Haar-Wavelet

$$\psi(t) = \begin{cases} 1 & 0 \leq t < \frac{1}{2} \\ -1 & \frac{1}{2} \leq t < 1 \\ 0 & \text{sonst} \end{cases}. \tag{6-63}$$

Es wurde von Haar 1910 konstruiert. Die zugehörige Skalierungsfunktion ist ein einfacher Rechteckimpuls $\phi(t) = \begin{cases} 1 & 0 \leq t < 1 \\ 0 & \text{sonst} \end{cases}$.

Die zugehörige Haar-Basis wird zwar nicht von kontinuierlichen Funktionen gebildet, ist aber wegen ihrer Einfachheit interessant und zur Darstellung von Treppensignalen gut geeignet.

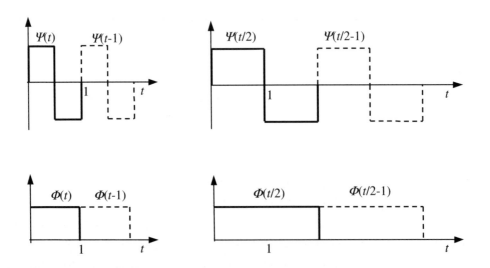

Bild 6.11: Haar Wavelet und Skalierungsfunktionen

Bild 6.11 zeigt das Haar-Wavelet und die zugehörigen Skalierungsfunktionen. Die Funktionen $\psi(t-k)$, $k \in Z$, spannen den Unterraum W_0 auf, die Funktionen $\psi\left(\frac{1}{2}t-k\right)$, $k \in Z$, den Unterraum W_1 usw. In identischer Weise spannen die Funktionen $\phi(t-k)$, $k \in Z$, den Unterraum V_0 auf, die Funktionen $\phi\left(\frac{1}{2}t-k\right)$, $k \in Z$, den Unterraum V_1 usw..

Die Orthogonalität der Basisfunktionen $\psi(2^{-m}t-k)$, $m,k \in Z$, untereinander sowie zu den Funktionen $\phi(2^{-j}t-k)$, $j \geq m$, ist leicht zu erkennen.

Kontinuierliche Basisfunktionen werden bspw. in [19] konstruiert.

6.5 Transformationen mit rechteckförmigen Basisfunktionen

Abgesehen von der Wavelet-Transformation basieren die bisher vorgestellten Transformationen auf trigonometrischen Funktionen. Es lassen sich aber auch orthogonale Funktionensysteme mit rechteckförmigem Verlauf entwickeln. Besonders einfach werden mit ihnen ausgeführte Transformationen, wenn die Basisfunktionen nur die Werte 1 und -1 annehmen, da dann die Multiplikationen praktisch entfallen. Wegen dieses Umstandes sind sie vor allem bei der Bildbearbeitung angewendet worden wo große Datenmengen zu bewältigen sind. Die spektrale Signalverarbeitung durch Filterung ist im Allgemeinen nicht möglich, da keine wechselseitige Zuordnung zwischen Faltung und Multiplikation existiert. Obwohl diese Orthogonaltransformationen durch die Leistungsfähigkeit der heutigen Rechentechnik an Bedeutung verloren haben, sollen im Folgenden ihre wichtigsten Vertreter besprochen werden.

6.5.1 Walshfunktionen

Die Walsh-Hadamard-Transformation verwendet die Walshfunktionen $\text{wal}(k,t)$, $k = 0,1...$ als Basisfunktionen. Es sind mit T_0 periodische, orthogonale Funktionen, die nur Werte von 1 und -1 annehmen. Sie sind im Intervall $<0, T_0>$ wie folgt erklärt.

$$\text{wal}(0,t) = 1 \qquad 0 \leq t \leq T_0$$

$$\text{wal}(2n-1,t) = \begin{cases} \text{wal}(n-1,2t) & 0 \leq t \leq \dfrac{T_0}{2} \\ (-1)^n \text{wal}(n-1,2t-T_0) & \dfrac{T_0}{2} \leq t \leq T_0 \end{cases} \quad n = 1,2,...$$

$$\text{wal}(2n,t) = \begin{cases} \text{wal}(n,2t) & 0 \leq t \leq \dfrac{T_0}{2} \\ (-1)^n \text{wal}(n,2t-T_0) & \dfrac{T_0}{2} \leq t \leq T_0 \end{cases} \quad n = 1,2,... \qquad (6\text{-}64)$$

Für $k=0$ bis 7 zeigt Bild 6.12 den Verlauf der Funktionen. Man überzeugt sich schnell, dass sie orthogonal sind. Der Begriff der Frequenz ist für diese Funktionen nicht relevant. An ihre Stelle wird die Sequenz gesetzt. Sie entspricht der Zahl n in der obigen Definition oder der Anzahl der +/- Übergänge innerhalb der Grundperiode.

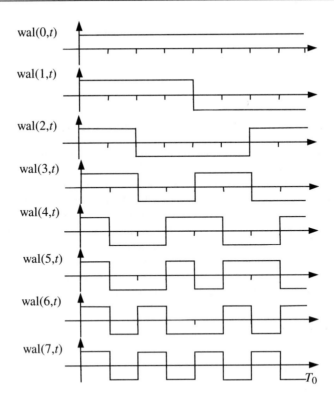

Bild 6.12: Walshfunktionen bis k = 7

6.5.2 Diskrete Walsh-Hadamard-Transformation

Eine diskrete N-Punkte Transformation auf der Grundlage der kontinuierlichen Walshfunktionen nach Bild 6.12 wird durch Abtastung der Funktionen mit $k = 0$ bis N-1 gewonnen. N ist dabei 2^r zu wählen. Die dadurch entstehende Transformationsmatrix für $N = 8$, d.h. $r = 3$, gibt (6-65) an.

$$\underline{D}_W = \begin{pmatrix} 1 & 1 & 1 & 1 & 1 & 1 & 1 & 1 \\ 1 & 1 & 1 & 1 & -1 & -1 & -1 & -1 \\ 1 & 1 & -1 & -1 & -1 & -1 & 1 & 1 \\ 1 & 1 & -1 & -1 & 1 & 1 & -1 & -1 \\ 1 & -1 & -1 & 1 & 1 & -1 & -1 & 1 \\ 1 & -1 & -1 & 1 & -1 & 1 & 1 & -1 \\ 1 & -1 & 1 & -1 & -1 & 1 & -1 & 1 \\ 1 & -1 & 1 & -1 & 1 & -1 & 1 & -1 \end{pmatrix} \qquad (6\text{-}65)$$

Auf der Basis dieser Matrix sind verschiedene Transformationen entwickelt worden, die sich lediglich durch unterschiedliche Reihenfolge der Basisfolgen unterscheiden:

6.5 Transformationen mit rechteckförmigen Basisfunktionen

- *Cal-Sal-Ordnung*: Im Bild 6.12 lassen sich zwei Gruppen von Walshfunktionen unterscheiden, eine mit k = ungerade, die bezüglich $T_0/2$ ungerade und eine mit k = gerade, die bezüglich $T_0/2$ gerade ist. Die erste Gruppe bildet die sal(k,t)-, die zweite cal(k,t)-Funktionen. Man findet also die Zuordnungen:

$$\begin{aligned} \text{sal}(k,n) &\quad \text{wal}(2k+1,n) &\quad k,n=0,1,\cdots N-1 \\ \text{cal}(k,n) &\quad \text{wal}(2k,n) &\quad k,n=0,1,\cdots N-1 \end{aligned} \tag{6-66}$$

In [2] wird gezeigt, dass mit Hilfe der sal/cal-Koeffizienten auch die FT-Koeffizienten berechnet werden können.

- *Nach Paley geordnete Walshfunktionen*: Diese Umordnung entsteht, wenn der Parameter k als Binärzahl im Dualkode $k = d_{r-1}\cdots d_v \cdots d_0 \quad d_i \in \{0,1\}$ geschrieben und anschließend eine Umkodierung mit der Vorschrift:

$$\text{wal}(k,n) \Rightarrow \text{wal}_P(m,n)$$

$$k = d_{r-1}\cdots d_v\cdots d_0 \Rightarrow m = m_{r-1}\cdots m_v\cdots m_0$$

$$\text{mit} \quad m_v = d_v \oplus d_{v+1} \oplus \cdots \oplus d_{r-1} \tag{6-67}$$

vorgenommen wird. Als Beispiel ist für $r = 3$ die Transformationsmatrix durch (6-68) gegeben.

$$\underline{D}_P = \begin{pmatrix} 1 & 1 & 1 & 1 & 1 & 1 & 1 & 1 \\ 1 & 1 & 1 & 1 & -1 & -1 & -1 & -1 \\ 1 & 1 & -1 & -1 & 1 & 1 & -1 & -1 \\ 1 & 1 & -1 & -1 & -1 & -1 & 1 & 1 \\ 1 & -1 & 1 & -1 & 1 & -1 & 1 & -1 \\ 1 & -1 & 1 & -1 & -1 & 1 & -1 & 1 \\ 1 & -1 & -1 & 1 & 1 & -1 & -1 & 1 \\ 1 & -1 & -1 & 1 & -1 & 1 & 1 & -1 \end{pmatrix} \tag{6-68}$$

- *Nach Hadamard geordnete Walshfunktionen*: Auch für diese Umordnung geht man von dem als Dualzahl dargestellten Parameter k aus. Der Umkodierung nach der Vorschrift (6-67) wird aber eine Bitumkehr vorangestellt. Zusammengefasst lautet nun die Regel:

$$\text{wal}(k,n) \Rightarrow \text{wal}_H(m,n)$$

binär: $\quad k = d_{r-1}\cdots d_v\cdots d_0 \Rightarrow m = m_{r-1}\cdots m_v\cdots m_0$

$$\text{mit} \quad m_v = d_{r-1-v} \oplus d_{r-2-v} \oplus \cdots \oplus d_0 \tag{6-69}$$

Ein ähnlicher Zusammenhang kann mit der Paley-Ordnung hergestellt werden. [2]. Wieder als Beispiel sei die entsprechende Matrix für r = 3 angegeben:

$$\underline{D}_H = \begin{pmatrix} 1 & 1 & 1 & 1 & 1 & 1 & 1 & 1 \\ 1 & -1 & 1 & -1 & 1 & -1 & 1 & -1 \\ 1 & 1 & -1 & -1 & 1 & 1 & -1 & -1 \\ 1 & -1 & -1 & 1 & 1 & -1 & -1 & 1 \\ 1 & 1 & 1 & 1 & -1 & -1 & -1 & -1 \\ 1 & -1 & 1 & -1 & -1 & 1 & -1 & 1 \\ 1 & 1 & -1 & -1 & -1 & -1 & 1 & 1 \\ 1 & -1 & -1 & 1 & -1 & 1 & 1 & -1 \end{pmatrix} \qquad (6\text{-}70)$$

Die Matrix (6-70) zeichnet sich durch eine spezielle Eigenschaft aus. Beginnend mit der Matrix $\underline{D}_H(0) = 1$ kann die zu $N = 2^r$ gehörige Matrix rekursiv entsprechend (6-71) bestimmt werden.

$$\underline{D}_H(q) = \begin{pmatrix} \underline{D}_H(q-1) & \underline{D}_H(q-1) \\ \underline{D}_H(q-1) & -\underline{D}_H(q-1) \end{pmatrix} \qquad q = 1\,(1)\,r \qquad (6\text{-}71)$$

Alle hier angegebenen Transformationsmatrizen sind orthogonal und symmetrisch. Damit ergeben sich in jedem Falle die Transformationsbeziehungen (6-72).

$$\underline{F}(m) = \underline{D} \cdot \underline{f}(n) \quad \Rightarrow \quad \underline{f}(n) = \underline{D} \cdot \underline{F}(m) \qquad (6\text{-}72\mathrm{a})$$

oder

$$F(m) = \sum_{n=0}^{N-1} d(m,n) \cdot f(n) \quad \Rightarrow \quad f(n) = \frac{1}{N} \sum_{m=0}^{N-1} d(m,n) \cdot F(m) \qquad (6\text{-}72\mathrm{b})$$

6.5.3 Slanttransformation

Eine weitere für die Anwendung interessante orthonormale diskrete Transformation ist die Slanttransformation. Sie lässt sich auf der Basis der normierten Hadamardmatrix

$$\underline{D}_{Hn}(1) = \underline{D}_S(1) = \frac{1}{\sqrt{2}} \begin{pmatrix} 1 & 1 \\ 1 & -1 \end{pmatrix} \qquad (6\text{-}73)$$

rekursiv in folgender Weise berechnen [2].

$$\underline{D}_S(q+1) = \frac{1}{\sqrt{2}} \begin{pmatrix} \underline{E}(q-1) & & & & & \\ & d_1 & & d_2 & & \\ & & \underline{E}(q-2) & & & \\ & d_2 & & -d_1 & & \\ & & & & \underline{E}(q-2) & \\ & & & & & \underline{E}(q-1) \end{pmatrix} \qquad (6\text{-}74)$$

$$\bullet \begin{pmatrix} \underline{D}_S(q) & \underline{D}_S(q) \\ \underline{D}_S(q) & -\underline{D}_S(q) \end{pmatrix}$$

6.5 Transformationen mit rechteckförmigen Basisfunktionen

mit $d_1 = \sqrt{\dfrac{q^2-1}{4q^2-1}}$ $\qquad d_2 = \sqrt{\dfrac{3q^2}{4q^2-1}} \qquad \underline{E}(k) = (k \times k) -$ Einheitsmatrix

Die nicht eingetragenen Matrixelemente sind 0.

Für $q = 3$ ergibt die Berechnung nach der oben beschriebenen Vorschrift die Transformationsmatrix

$$\underline{D}_s(4) = \begin{pmatrix} 0{,}3536 & 0{,}3536 & 0{,}3536 & 0{,}3536 & 0{,}3536 & 0{,}3536 & 0{,}3536 & 0{,}3536 \\ 0{,}4743 & 0{,}1581 & -0{,}1581 & -0{,}4743 & 0{,}4743 & 0{,}1581 & -0{,}1581 & -0{,}4743 \\ 0{,}3858 & 0{,}0772 & 0{,}5401 & 0{,}2315 & -0{,}2315 & -0{,}5401 & -0{,}0772 & -0{,}3858 \\ 0{,}3536 & -0{,}3536 & -0{,}3536 & 0{,}3536 & 0{,}3536 & -0{,}3536 & -0{,}3536 & 0{,}3536 \\ -0{,}0345 & -0{,}5866 & 0{,}2415 & -0{,}3105 & 0{,}3105 & -0{,}2415 & 0{,}5866 & 0{,}0345 \\ 0{,}4743 & 0{,}1581 & -0{,}1581 & -0{,}4743 & -0{,}4743 & -0{,}1581 & 0{,}1581 & 0{,}4743 \\ 0{,}1581 & -0{,}4743 & 0{,}4743 & -0{,}1581 & -0{,}1581 & 0{,}4743 & -0{,}4743 & 0{,}1581 \\ 0{,}3536 & -0{,}3536 & -0{,}3536 & 0{,}3536 & -0{,}3536 & 0{,}3536 & 0{,}3536 & -0{,}3536 \end{pmatrix}$$

Die Basisvektoren sind mehrstufig. Die maximale Stufenzahl haben mit $N = 2^q = 8$ die Vektoren $\underline{d}(2)$ und $\underline{d}(4)$. Der Vorteil der einfachen Multiplikation bei den auf den Walshfunktionen beruhenden diskreten Transformationen ist somit bei der Slanttransformation verloren gegangen.

6.5.4 Haartransformation (HaT)

Als letztes Beispiel diskreter, orthogonaler Transformationen auf der Grundlage rechteckförmigen Basisfunktionen wird die diskrete Haar-Transformation (DHaT) in kurzer Zusammenfassung dargestellt. Durch Haar wurde ein orthogonales Funktionensystem entwickelt, dessen Anwendung im Zusammenhang mit der Wavelet-Transformation (Kap 6.4) bereits erwähnt wurde.

Die Länge der Basisvektoren $\underline{d}(m)$ sei $N = 2^r$. Dann gilt

$$d(0,n) = 1 \qquad 0 \leq n \leq N-1$$

Zur Berechnung der anderen Vektoren wird der Zeilenindex m in der Form

$$m = 2^k + q \quad \text{mit } 1 \leq m \leq N-1 \, , \, 0 \leq k \leq r-1 \, , \, 0 \leq q \leq 2^k -1 \, , \, r,k,q \in \mathbb{N}$$

geschrieben. Als Beispiel ist die Zuordnung der Parameter für $N = 8$, also $r = 3$, in Tabelle 6.1 aufgeführt. Die Elemente der Basisvektoren sind dann durch

$$d(m,n) = \begin{cases} \sqrt{2}^k & q\dfrac{N}{2^k} \leq n < \dfrac{2q+1}{2} \cdot \dfrac{N}{2^k} \\ -\sqrt{2}^k & \dfrac{2q+1}{2} \cdot \dfrac{N}{2^k} \leq n < (q+1)\dfrac{N}{2^q} \\ 0 & n = \text{sonst} \end{cases} \qquad (6\text{-}75)$$

gegeben.

Tabelle 6.1: Parameter der DHaT, $N=8$

m	k	q	m	k	q
0	-	-	4	2	0
1	0	0	5	2	1
2	1	0	6	2	2
3	1	1	7	2	3

Zur Veranschaulichung dienen die Matrix und die graphische Darstellung der Vektoren für $N = 8$.

$$\underline{D}_{Ha}(8) = \begin{pmatrix} 1 & 1 & 1 & 1 & 1 & 1 & 1 & 1 \\ 1 & 1 & 1 & 1 & -1 & -1 & -1 & -1 \\ \sqrt{2} & \sqrt{2} & -\sqrt{2} & -\sqrt{2} & 0 & 0 & 0 & 0 \\ 0 & 0 & 0 & 0 & \sqrt{2} & \sqrt{2} & -\sqrt{2} & -\sqrt{2} \\ 2 & -2 & 0 & 0 & 0 & 0 & 0 & 0 \\ 0 & 0 & 2 & -2 & 0 & 0 & 0 & 0 \\ 0 & 0 & 0 & 0 & 2 & -2 & 0 & 0 \\ 0 & 0 & 0 & 0 & 0 & 0 & 2 & -2 \end{pmatrix}$$

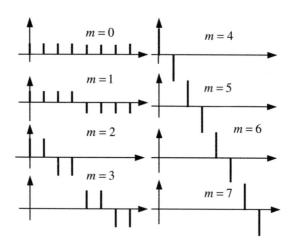

Bild 6.13: Vektoren der Haar-Transformation

Aus dem Bild 6.13 ist deutlich die Eigenschaft der Transformationsvektoren zu erkennen, die bei der Wavelettransformation genutzt wird. Die einzelnen Vektoren gehen jeweils durch Skalierung und Verschiebung aus einander hervor.

Teil 2: Anwendung der Transformationen

7 Transformationen im Überblick

Die hier zu behandelnden Transformationen können in zwei Gruppen unterteilt werden:
- *Transformationen mit kontinuierlichem Transformationskern* (kontinuierliche Transformationen)

$$F(\Omega) = \int_{-\infty}^{\infty} f(x) \cdot K(\Omega, x) dx \qquad -\infty \leq \Omega \leq \infty \qquad (7\text{-}1)$$

wobei die Funktionen $f(x)$ im Originalbereich kontinuierlich oder diskret sein können. Der Definitionsbereich der Originalfunktion kann auch auf $0 \leq x \leq \infty$ eingeschränkt sein.
- *Transformationen mit diskretem Transformationskern endlicher Länge* (diskrete Transformationen)

$$F(m) = \sum_{n=0}^{N-1} f(n) \cdot d(m,n) \qquad m = 0 \ (1) \ N\text{-}1 \qquad (7\text{-}2)$$

An die Stelle der kontinuierlichen Originalfunktionen $f(x)$ treten Wertefolgen $f(n)$ der Länge N, denen Wertefolgen $F(m)$ gleicher Länge im Bildbereich zugeordnet werden. Werden die N Elemente $d(m,n)$ zu Zeilenvektoren $\underline{d}(m)$ zusammengefasst, kann (7-2) auch in der Form

$$\underline{F}(m) = \big(\underline{d}(0) \quad \cdots \quad \underline{d}(i) \quad \cdots \quad \underline{d}(N-1)\big)^T \cdot \underline{f}(n) = \underline{D} \cdot \underline{f}(n) \qquad (7\text{-}3)$$

geschrieben werden. $\underline{F}(m)$ und $\underline{f}(n)$ sind die zum Spaltenvektor zusammengefassten Wertefolgen im Bild- bzw Originalbereich. Die $\underline{d}(m)$ bilden in aller Regel ein System orthogonaler Vektoren: $\underline{d}(m) \cdot (\underline{d}(m)^*)^T = 0$

Häufig haben die Transformationen der Gruppe nach (7-1) eine Entsprechung der Form (7-3) mit engen verwandtschaftschaftlichen Bezügen.

Bezüglich der Kernfunktionen sind ebenfalls zwei Gruppen unterscheidbar:
- *Kernfunktionen bzw. -vektoren basierend auf trigonometrischen Funktionen*
- *Kernfunktionen bzw. -vektoren basierend auf rechteckförmigen Funktionen.*

Eine Ausnahme bildet die Wavelettransformation, deren Kernfunktionen auf kurzen, wellenförmigen Funktionen $\psi(t)$ basieren, die die Bedingung $\int_{-\infty}^{\infty} (|\Psi(\omega)|/\omega) \cdot d\omega < \infty$ erfüllen müssen, die aber mit der auf trigonometrischen Funktionen beruhenden Fouriertransformation in enger Beziehung steht.

Tabelle 7.1 stellt in einer Übersicht die hier behandelten Transformationen mit kontinuierlichen Transformationskernen zusammen, während Tabelle 7.2 die Zusammenfassung der diskreten Transformationen liefert.

Tabelle 7.1: Transformationen mit kontinuierlichen Kernfunktionen

Transformation	Transformationskern	Bemerkungen
Fouriertransformation (FT)	$K(f,t) = e^{-j2\pi ft}$	$-\infty \leq f \leq \infty$ $\quad -\infty \leq t \leq \infty$
Laplacetransformation (LT) (einseitig)	$K(s,t) = e^{-st} \qquad s = \sigma + j\omega$	$-\infty \leq \omega \leq \infty \quad 0 \leq t \leq \infty$
Z-Transformation (ZT) (einseitig)	$K(z,t) = e^{-snT} = z^{-n} \qquad s = \sigma + j\omega$	$-\infty \leq \omega \leq \infty \quad t = nT \quad n = 0 \text{ (1) } N-1$
Hartleytransformation (HT)	$K(f,t) = cas(2\pi ft) = \cos(2\pi ft) + \sin(2\pi ft)$ $= \sqrt{2}\sin\left(2\pi ft + \dfrac{\pi}{4}\right)$	$-\infty \leq f \leq \infty \quad -\infty \leq t \leq \infty$
Kosinustransformation (CCT)	$K(f,t) = 2\cos(2\pi ft)$	$-\infty \leq \omega \leq \infty \quad 0 \leq t \leq \infty$
Sinustransformation (CST)	$K(f,t) = 2\sin(2\pi ft)$	$-\infty \leq \omega \leq \infty \quad 0 \leq t \leq \infty$
Wavelettransformation	$K(t,a,b) = \|a\|^{-\frac{1}{2}} \cdot \psi^*\left(\dfrac{t-b}{a}\right)$	für $\psi(t)$ gilt: $\int_{-\infty}^{\infty} \dfrac{\|\Psi(\omega)\|}{\omega} d\omega < \infty$, $-\infty \leq t \leq \infty$, Skalierung $a \in \Re$

Tabelle 7.2: Diskrete Transformationen

Transformation	Basisvektoren	Bemerkungen	
Diskrete Fouriertransformation (DFT)	$\underline{d}(m) = e^{-j\frac{2\pi}{N}mn}$	$0 \leq m \leq N-1$	$0 \leq n \leq N-1$
Diskrete Hartleytransformation (DHT)	$\underline{d}(m) = cas\left(\frac{2\pi}{N}mn\right)$	$0 \leq m \leq N-1$	$0 \leq n \leq N-1$
Diskrete Kosinustransformation (DCT)	$\underline{d}(m) = a(m) \cdot \cos\left(\frac{\pi m(2n-1)}{2N}\right)$	$0 \leq m \leq N-1$ $a(0) = \frac{1}{\sqrt{N}}$, $a(m) = \sqrt{\frac{2}{N}}$, $m=1(1)N\text{-}1$	$0 \leq n \leq N-1$
Diskrete Sinustransformation (DST)	$\underline{d}(m) = \sqrt{\frac{2}{N+1}} \sin\left(\frac{\pi mn}{N+1}\right)$	$0 \leq m \leq N-1$	$0 \leq n \leq N-1$
Diskrete Wavelettransformation	$\underline{d}\left(m, 2^n, k \cdot 2^n\right) = 2^{-\frac{n}{2}} \cdot \psi^*\left(m \cdot 2^n - k\right)$	$\int_{-\infty}^{\infty} \frac{|\Psi(\omega)|}{\omega} d\omega < \infty$, $k, m, n \in Z$, $n > 0$,	
Diskrete Walsh-Hadamard-Transformation (DWHT)	$\underline{d}(m) = wal(k,n)$ (Die Zuordnung m→k erfolgt in unterschiedlicher Weise)	$0 \leq m \leq N-1$	$0 \leq n \leq N-1$
Slanttransformation (DSLT)	$\underline{D}$ wird iterativ aus $\frac{1}{\sqrt{2}}\begin{pmatrix}1 & 1 \\ 1 & -1\end{pmatrix}$ bestimmt		

8 Fouriertransformation (FT)

8.1 Eigenschaften und Rechenregeln in Tabellen

Die Fouriertransformation ordnet mit (8-1) und (8-2) einer Funktion $f(t)$ im Originalbereich eindeutig umkehrbar eine Funktion $F(f)$ im Bildbereich zu:

$$f(t) \quad \Rightarrow \quad F(f) = \int_{-\infty}^{\infty} f(t) \cdot e^{-j2\pi ft} dt \qquad (8\text{-}1)$$

$$F(f) \quad \Rightarrow \quad f(t) = \int_{-\infty}^{\infty} F(f) \cdot e^{j2\pi ft} df \qquad (8\text{-}2)$$

Diese Transformation ist durch die in der Tabelle 8.1 zusammengestellten Eigenschaften gekennzeichnet.

Tabelle 8.1: Allgemeine Eigenschaften der Fouriertransformation; die Indizes bedeuten: r = Realteil, i = Imaginärteil, g = gerade Funktion ($f(x) = f(-x)$), u = ungerade Funktion ($f(x) = -f(-x)$)

	$f(t)$	$F(f)$	
Beliebig	$f(t) = f_r(t) + jf_i(t)$	$F(f) = F_r(f) + jF_i(f)$	(8-3)
	$f(-t)$	$F(-f)$	(8-4)
	$f^*(t)$	$F^*(-f)$	(8-5)
	$f^*(-t)$	$F^*(f)$	(8-6)
Reell	$f(t) = f_r(t)$	$F(f) = F_g(f) + jF_u(f)$	(8-7)
	$f_g(t)$	$F_g(f)$	(8-8)
	$f_u(t)$	$j \cdot F_u(f)$	(8-9)
Imaginär	$f(t) = jf_i(t)$	$F(f) = F_u(f) + jF_g(f)$	(8-10)
	$jf_g(t)$	$jF_g(f)$	(8-11)
	$jf_u(t)$	$F_u(f)$	(8-12)
Komplex	$f_g(t) + jf_u(t)$	$F_r(f)$	(8-13)
	$f_u(t) + jf_g(t)$	$jF_i(f)$	(8-14)

8.1 Eigenschaften und Rechenregeln in Tabellen

Für reelle Zeitfunktionen $f(t)$ folgt wegen $f(-t) = f^*(-t)$ aus den Eigenschaften (8-4) und (8-6) zusätzlich die Aussage:

$$F(-f) = F^*(f) \qquad \text{falls} \quad f(t) \text{ reell}$$

Neben den grundsätzlichen Eigenschaften der Tabelle 8.1 existieren wechselweise feste Zuordnungen bestimmter mathematischer Operationen zwischen Original- und Bildbereich. Der Umgang mit der Fouriertransformation wird daher erheblich vereinfacht, wenn die in der Tabelle 8.2 zusammengestellten Rechenregeln Beachtung finden.

Tabelle 8.2: Ausgewählte Rechenregeln der Fouriertransformation

Zeitbereich	Bildbereich	
$f(t) = FT^{-1}\{F(f)\}$	$F(f) = FT\{f(t)\}$	Symbol
$f(t) = \int_{-\infty}^{\infty} F(f)e^{j2\pi ft}df$	$F(f) = \int_{-\infty}^{\infty} f(t)e^{-j2\pi ft}dt$	Transformationsvorschrift (8-15)
$\sum_v a_v f_v(t)$	$\sum_v a_v F_v(f)$	Additionssatz (8-16)
$f(at)$	$\dfrac{1}{\|a\|}F(\dfrac{f}{a})$	Ähnlichkeitssatz (8-17)
$f(t - t_0)$	$F(f) \cdot e^{-j2\pi ft_0}$	(8-18) Verschiebungssatz
$f(t) \cdot e^{j2\pi f_0 t}$	$F(f - f_0)$	(8-19)
$\dfrac{d^{(n)} f(t)}{dt^n}$	$(j2\pi f)^n \cdot F(f)$	(8-20) Differentiationssatz
$(-j2\pi t)^n f(t)$	$\dfrac{d^{(n)} F(f)}{df^n}$	(8-21)
$\int_{-\infty}^{t} f(t)dt$	$\dfrac{1}{2}(F(0) \cdot \delta(f) + \dfrac{F(f)}{j\pi f})$	(8-22) Integrationssatz
$\dfrac{1}{2}(f(0) \cdot \delta(t) - \dfrac{f(t)}{j\pi t})$	$\int_{-\infty}^{f} F(f)df$	(8-23)
$f_1(t) * f_2(t)$ $= \int_{-\infty}^{\infty} f_1(\tau) f_2(t - \tau) d\tau$	$F_1(f) \cdot F_2(f)$	(8-24) Faltungssatz
$f_1(t) \cdot f_2(t)$	$F_1(f) * F_2(f)$	(8-25)

Außerdem ist die Kenntnis des Zusammenhangs:

wenn

$$f(t) \xleftrightarrow{FT} F(f)$$

gilt, ist auch

$$F(-t) \xleftrightarrow{FT} f(f) \quad \text{bzw.} \quad F(t) \xleftrightarrow{FT} f(-f) \tag{8-26}$$

gültig, sehr nützlich. Eine effektive Arbeit mit der Fouriertransformation sowohl bei der Hintransformation, d.h. Transformation in den Bildbereich, als auch bei der Rücktransformation in den Originalbereich gelingt dann, wenn die Eigenschaften und Rechenregeln der Tabellen 8.1 und 8.2 gemeinsam mit den in der Korrespondenztabelle 8.3 zusammengestellten allgemein bekannten Lösungen sinnvoll genutzt werden.

8.2 Korrespondenzen

In der folgenden Tabelle 8.3 sind für häufig benötigte Grundfunktionen Originalbereich und Fouriertransformierte zusammengefasst.

Tabelle 8.3: Fourierkorrespondenzen

	Originalbereich		Bildbereich	
	Graf. Darst.	Zeitfunktion	Frequenzfunktion	Graf. Darst.
1	$\delta(t)$	$\delta(t)=0, \ |t|>0$ $\int_{-\infty}^{\infty} \delta(t)dt = 1$	1	$F(f)$
2	$\varepsilon(t)$, 1	$\varepsilon(t) = \begin{cases} 1 & t \geq 0 \\ 0 & t < 0 \end{cases}$	$\frac{1}{2}(\delta(t) - j\frac{1}{\pi f})$ $\text{Im}\{F(0)\} = 0$	$F(f)$, 0,5, im. Teil
3	$\text{rect}(\frac{t}{\tau})$, $\frac{1}{\tau}$, $-\frac{\tau}{2}, \frac{\tau}{2}$	$\text{rect}(\frac{t}{\tau}) = \frac{1}{\tau}$, $|t| \leq \frac{\tau}{2}$	$\text{sinc}(\pi f \tau)$ $= \frac{\sin(\pi f \tau)}{\pi f \tau}$	$F(f)$, $-\frac{1}{\tau}, \frac{1}{\tau}$
4	$f(t)$, $-\frac{1}{f_0}, \frac{1}{f_0}$	$\text{sinc}(\pi f_0 t)$ $= \frac{\sin(\pi f_0 t)}{\pi f_0 t}$	$\text{rect}(\frac{f}{f_0}) = \frac{1}{f_0}$, $|f| \leq \frac{f_0}{2}$	$\text{rect}(\frac{f}{f_0})$, $\frac{1}{f_0}$, $-\frac{f_0}{2}, \frac{f_0}{2}$

8.2 Korrespondenzen

	Originalbereich		Bildbereich	
	Graf. Darst.	Zeitfunktion	Frequenzfunktion	Graf. Darst.
5		$\operatorname{sgn}(t) = \begin{cases} 1 & t > 0 \\ 0 & t = 0 \\ -1 & t < 0 \end{cases}$	$-j\dfrac{1}{\pi f}$ $F(0)=0$	
6		$\operatorname{dr}(\dfrac{t}{\tau}) = 1 - \dfrac{\|t\|}{\tau}$, $\|t\| \leq \tau$ $0, \quad \|t\| > \tau$	$\tau \cdot \operatorname{sinc}^2(\pi f \tau)$	
7		$\cos(\dfrac{\pi}{2} \cdot \dfrac{t}{\tau})$, $\|t\| \leq \tau$ $0, \quad \|t\| > \tau$	$\dfrac{2\tau}{\pi} \dfrac{\cos(2\pi f \tau)}{1 - (4f\tau)^2}$	
8		$\dfrac{1}{T} \dfrac{\operatorname{sinc}(2\pi \dfrac{t}{T})}{(1 - (\dfrac{2t}{T})^2)}$	$\cos^2(\dfrac{\pi}{2}Tf)$ $\|f\| \leq 1/T$ $0, \quad \|f\| > 1/T$	
9		$e^{-\pi t^2}$	$e^{-\pi f^2}$	
10		$\sin(2\pi f_0 t)$	$-j\dfrac{1}{2}(\delta(f-f_0) - \delta(f+f_0))$	
11		$\cos(2\pi f_0 t)$	$\dfrac{1}{2}(\delta(f-f_0) + \delta(f+f_0))$	

	Originalbereich		Bildbereich	
	Graf. Darst.	Zeitfunktion	Frequenzfunktion	Graf. Darst.
12		$\text{rect}(\frac{t}{\tau}) \cdot \sin(2\pi f_0 t)$	$\frac{1}{2j}(\text{sinc}(\pi(f-f_0)\tau) - \text{sinc}(\pi(f+f_0)\tau)$	
13		$\text{rect}(\frac{t}{\tau}) \cdot \cos(2\pi f_0 t)$	$\frac{1}{2}(\text{sinc}(\pi(f-f_0)\tau) + \text{sinc}(\pi(f+f_0)\tau)$	

8.3 Anwendungen der Fouriertransformation

In den folgenden Anwendungsbeispielen werden, wo es sich anbietet, mehrere Lösungsvarianten aufgezeigt, um dem Leser die vielfältigen Möglichkeiten deutlich zu machen und ihn in die Lage zu versetzen, den einer gegebenen Aufgabe angepassten Lösungsweg zu wählen. Die Anwendungen betreffen einerseits Basisfunktionen, die in der Korrespondenztabelle 8.3 wieder zu finden sind und andererseits die Bearbeitung technischer Probleme.

8.3.1 Die Signum-Funktion

Gegeben: Signumfunktion

$$f(t) = \text{sgn}(t) = \begin{cases} 1 & \text{für } t > 0 \\ 0 & \text{für } t = 0 \\ -1 & \text{für } t < 0 \end{cases} \quad (8\text{-}27)$$

Ihre graphische Darstellung zeigt Bild 8.1

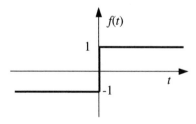

Bild 8.1: Signumfunktion

Gesucht: Die Fouriertransformierte $F(f) = FT\{\text{sgn}(t)\}$.

8.3 Anwendungen der Fouriertransformation

Lösung: Mit Hilfe der Sprungfunktion kann $\text{sgn}(t)$ durch die Beziehungen

a) $\text{sgn}(t) = \varepsilon(t) - \varepsilon(-t) = 2 \cdot f_u(\varepsilon(t))$ oder   (8-28a)

b) $\text{sgn}(t) = 2 \cdot (\varepsilon(t) - 0{,}5)$ (8-28b)

beschrieben werden

Aus der Korrespondenztabelle 8.4 entnehmen wir die Zuordnung 2

$$\varepsilon(t) \xleftrightarrow{FT} \frac{1}{2}\left(\delta(f) + \frac{1}{j\pi f}\right)$$

Mit diesen Angaben bieten sich für die Lösung verschiedene Wege an:

1. Wegen (8-4) $f(-t) \xleftrightarrow{FT} F(-f)$ folgt mit obiger Korrespondenz aus (8-28a):

$$F(f) = \frac{1}{2}\delta(f) + \frac{1}{j2\pi f} - \left(\frac{1}{2}\delta(f) - \frac{1}{j2\pi f}\right) = \frac{1}{j\pi f}$$

Dabei wurde berücksichtigt, dass $\delta(f)$ eine gerade Funktion ist.

2. Da aber nach (8-28a) $\text{sgn}(t) = 2 \cdot f_u(\varepsilon(t))$ ist, findet man mit der Korrespondenz (8-9)

$$f_u(t) \xleftrightarrow{FT} j \cdot \text{Im}\{F(f)\} \text{ aus Tabelle 8.2}$$

$$FT\{\text{sgn}(t)\} = 2 \cdot j \cdot \text{Im}\left\{\frac{1}{2}\delta(f) - j\frac{1}{2\pi f}\right\} = 2 \cdot j \cdot \frac{-1}{2\pi f} = \frac{1}{j\pi f}$$

3. Bei Beachtung des Zusammenhanges $0{,}5 \xleftrightarrow{FT} 0{,}5 \cdot \delta(f)$ gilt mit (8-28b)

$$F(f) = 2 \cdot \left(\frac{1}{2}\delta(f) + \frac{1}{j2\pi f} - \frac{1}{2}\delta(f)\right) = \frac{1}{j\pi f}$$

Somit ist die Korrespondenz

$$\text{sgn}(t) \xleftrightarrow{FT} \frac{1}{j\pi f} \qquad (8\text{-}29)$$

gefunden. Betrag und Phase der Spektralfunktion sind im Bild 8.2 dargestellt.

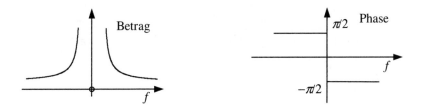

Bild 8.2: Betrag und Phase von $FT\{\text{sgn}(t)\}$

8.3.2 Dreieckimpuls

Gegeben: Dreieckimpuls

$$dr(\frac{t}{T}) = \begin{cases} 1 - \frac{|t|}{T} & -T \leq t \leq T \\ 0 & \text{sonst} \end{cases}$$

wie im Bild 8.3 skizziert.

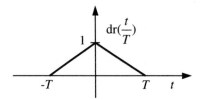

Bild 8.3: Dreiecksimpuls

Gesucht: Fouriertransformierte $F(f) = FT\{dr(\frac{t}{T})\}$

Lösung: Aus Bild 8.3 liest man für die Zeitfunktion

$$f(t) = dr(\frac{t}{T}) = \begin{cases} \frac{1}{T}(t+T) & -T \leq t \leq 0 \\ \frac{1}{T}(T-t) & 0 \leq t \leq T \\ 0 & \text{sonst} \end{cases}$$

ab. Zur Lösung der Aufgabe bieten sich unter Nutzung der verschiedenen Rechenregeln wiederum mehrere Möglichkeiten an.

1. *Anwendung des Fourierintegrals*:

$$F(f) = \frac{1}{T}\int_{-T}^{0}(t+T) \cdot e^{-j2\pi ft} dt + \frac{1}{T}\int_{0}^{T}(T-t) \cdot e^{-j2\pi ft} dt$$

Einer Integraltabelle entnehmen wir $\int x \cdot e^{ax} dx = \frac{e^{ax}}{a^2}(ax-1)$ und finden nach kurzer Rechnung

und unter Beachtung der Beziehung $2 \cdot \sin^2(\alpha/2) = 1 - \cos(\alpha)$

$$F(f) = -\frac{1}{j2\pi f}\left\{1 + \frac{1-e^{j2\pi fT}}{j2\pi fT}\right\} + \frac{1}{j2\pi f}\left\{1 - \frac{1-e^{-j2\pi fT}}{j2\pi fT}\right\} = \frac{T}{2}\frac{1-\cos(2\pi fT)}{(\pi fT)^2}$$

$$= T\frac{\sin^2(\pi fT)}{(\pi fT)^2} = T \cdot \text{sinc}^2(\pi fT)$$

2. *Anwendung des Differentiationssatzes (8-20)*:

Einmalige Differentiation der gegebenen Funktion führt auf den Doppelimpuls im Bild 8.4a

8.3 Anwendungen der Fouriertransformation

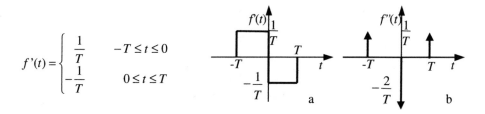

$$f'(t) = \begin{cases} \dfrac{1}{T} & -T \le t \le 0 \\ -\dfrac{1}{T} & 0 \le t \le T \end{cases}$$

Bild 8.4: Differentiation des Dreieckimpulses

Mit der Definition der Rechteckfunktion (3-7) erhalten wir für die Ableitung

$$f'(t) = \mathrm{rect}\left(\frac{t+(T/2)}{T}\right) - \mathrm{rect}\left(\frac{t-(T/2)}{T}\right).$$

Die Anwendung der Korrespondenz 3 aus Tabelle 8.4 $\mathrm{rect}\left(\dfrac{t}{\tau}\right) \xleftrightarrow{FT} \mathrm{sinc}(\pi f \tau)$ und des Verschiebungssatzes (8-18) führt zu dem Zwischenergebnis

$$FT\{f'(t)\} = \mathrm{sinc}(\pi f T) \cdot e^{j2\pi f \frac{T}{2}} - \mathrm{sinc}(\pi f T) \cdot e^{-j2\pi f \frac{T}{2}}$$

$$= \mathrm{sinc}(\pi f T) \cdot (e^{j\pi f T} - e^{-j\pi f T}) = \mathrm{sinc}(\pi f T) \cdot j2\sin(\pi f T)$$

Mit dem Differentiationssatz (8-20) heißt das

$$j2\pi f \cdot F(f) = j2\sin(\pi f T) \cdot \mathrm{sinc}(\pi f T)$$

woraus sich bei Erweiterung mit T und einfacher Umformung schließlich

$$F(f) = T\frac{\sin(\pi f T)}{\pi f T} \cdot \mathrm{sinc}(\pi f T) = T \cdot \mathrm{sinc}^2(\pi f T)$$

ergibt.

Bei zweimaliger Differentiation der gegebenen Funktion entsteht Bild 8.4b. Die Korrespondenz (3-10) $e^{j2\pi f_0 t} \xleftrightarrow{FT} \delta(f - f_0)$ liefert in Verbindung mit dem Differentiationssatz die Lösung:

$$f''(t) = \frac{1}{T}(\delta(t+T) - 2\delta(t) + \delta(t-T)) \xleftrightarrow{FT} \frac{1}{T}\left(e^{j2\pi f T} - 2 + e^{-j2\pi f T}\right)$$

das heißt
$$-\frac{1}{T}2(1-\cos(2\pi f T)) = (j2\pi f)^2 F(f)$$

Damit lautet das gesuchte Resultat

$$F(f) = T\frac{-4\sin^2(\pi f T)}{-4(\pi f T)^2} = T \cdot \mathrm{sinc}^2(\pi f T)$$

Den Verlauf der Spektralfunktion zeigt Bild 8.5

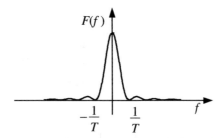

Bild 8.5: Spektrum des Dreiecksimpulses

Zusammenfassend gilt:

$$\mathrm{dr}\left(\frac{t}{T}\right) \xleftrightarrow{FT} T \cdot \mathrm{sinc}^2(\pi f T) \tag{8-30}$$

8.3.3 Der Gauß-Impuls

Gegeben: Originalfunktion

$$f(t) = e^{-\pi t^2} \tag{8-31}$$

Gesucht: Fouriertransformierte $F(f) = FT\{f(t)\}$

Lösung: Zur Bestimmung der Fouriertransformierten ist das Integral (8-32) zu lösen.

$$F(f) = \int_{-\infty}^{\infty} e^{-\pi t^2} \cdot e^{-j2\pi f t} dt \tag{8-32}$$

Die zu transformierende Funktion ist gerade. Damit ist in (8-32) der ungerade, imaginäre Teil = 0. Die FT lautet also:

$$F(f) = \int_{-\infty}^{\infty} e^{-\pi t^2} \cdot \cos(2\pi f t) dt = 2 \cdot \int_0^{\infty} e^{-\pi t^2} \cos(2\pi f t) dt$$

Aus einer Integraltafel entnehmen wir:

$$\int_0^{\infty} e^{-ax^2} \cdot \cos(bx) dx = \frac{1}{2}\sqrt{\frac{\pi}{a}} e^{-(b^2/4a)}$$

und finden schließlich mit $a = \pi$ und $b = 2\pi f$ die Zuordnung

$$e^{-\pi t^2} \xleftrightarrow{FT} e^{-\pi f^2} \tag{8-33}$$

8.3.4 Signalenergie – Das Parseval'sche Theorem

Die Signalenergie $E = \int_{-\infty}^{\infty} f(t)^2 dt$ ist eine wichtige Kenngröße. Interessant ist die Frage, ob diese auch im Bildbereich berechnet werden kann. Wir setzen voraus, dass $f(t)$ eine reelle Funktion ist. Aus dem Faltungstheorem (8-24) $f_1(t) \cdot f_2(t) \xleftrightarrow{FT} F_1(f) * F_2(f)$ folgt

8.3 Anwendungen der Fouriertransformation

$$FT\{f^2(t)\} = \int_{-\infty}^{\infty} f(t) \cdot f(t) \cdot e^{-j2\pi ft} dt = \int_{-\infty}^{\infty} F(\eta) \cdot F(f-\eta) d\eta$$

Da die Frequenz in beiden Integralen nur Parameter ist, ist f frei wählbar. Für $f = 0$ finden wir:

$$E = \int_{-\infty}^{\infty} f(t)^2 dt = \int_{-\infty}^{\infty} F(\eta) \cdot F(-\eta) d\eta = \int_{-\infty}^{\infty} |F(\eta)|^2 d\eta \qquad (8\text{-}34)$$

Dies ist gültig, da für reelle Funktionen mit (8-4) und (8-6) auch $F(-f) = F^*(f)$ zutrifft. Gleichung (8-34) ist als Parsevalsches Theorem bekannt.

Wie wir wissen existiert das Integral (8-34) für periodische (Leistungs-)Signale nicht. Für diese wird daher die Leistung, also der quadratische Mittelwert zur Charakterisierung herangezogen. Für die Leistung gilt:

$$P = \lim_{t_0 \to \infty} \frac{1}{2t_0} \int_{-t_0}^{t_0} f^2(t) dt = \frac{1}{T_0} \int_{-\frac{T_0}{2}}^{\frac{T_0}{2}} f^2(t) dt$$

Mit der Fourier-Reihe (2-14) finden wir außerdem

$$P = \frac{1}{T_0} \int_{-\frac{T_0}{2}}^{\frac{T_0}{2}} f(t) \cdot \sum_{n=-\infty}^{\infty} c_n \cdot e^{j2\pi n f_0 t} dt = \sum_{n=-\infty}^{\infty} c_n \cdot \frac{1}{T_0} \int_{-\frac{T_0}{2}}^{\frac{T_0}{2}} f(t) \cdot e^{-j2\pi(-n)f_0 t} dt = \sum_{n=-\infty}^{\infty} c_n \cdot c_{-n}$$

und damit wegen $c_{-n} = c_n^*$

$$P = \sum_{n=-\infty}^{\infty} |c_n|^2 \qquad (8\text{-}35)$$

Diese Aussage ist bei der numerischen Leistungsberechnung von großer Bedeutung.

8.3.5 Kausale Funktionen

Bei vielen Anwendungen sind kausale Funktionen, also solche, die für t < 0 identisch Null sind, von besonderer Bedeutung. Ihre Spektralfunktionen haben spezifische Eigenschaften und sollen im Folgenden behandelt werden. Im Kapitel 2.4 wurde gezeigt, dass jede Funktion in der Art $f(t) = f_g(t) + f_u(t)$ in einen geraden und einen ungeraden Anteil zerlegt werden kann. Bild 8.6 zeigt noch einmal ein Beispiel. Für die Zerlegung gelten die Beziehungen

$$f_g(t) = \frac{1}{2}[f(t) + f(-t)] \quad \text{und} \quad f_u(t) = \frac{1}{2}[f(t) - f(-t)] \qquad (8\text{-}36)$$

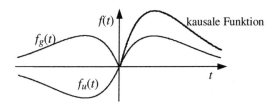

Bild 8.6:
Zerlegung einer kausalen Funktion

Gemäß der Eigenschaften (8-7) und (8-8) korrespondiert der gerade Anteil mit dem Realteil und der ungerade Anteil mit dem Imaginärteil der Fouriertransformierten. Das verdeutlich auch Gleichung (8-37)

$$FT\{f(t)\} = \int_{-\infty}^{\infty}(f_g(t) + f_u(t))\cdot e^{-j2\pi ft}dt$$

$$= \int_{-\infty}^{\infty} f_g(t)\cos(2\pi ft)dt + j\int_{-\infty}^{\infty} f_u(t)\sin(2\pi ft)dt = F_r(f) + jF_i(f) \qquad (8\text{-}37)$$

Wie man dem Bild 8.6 leicht entnehmen kann, sind gerader und ungerader Teil im Falle kausaler Funktionen über die Beziehung

$$f_u(t) = f_g(t)\cdot\mathrm{sgn}(t)$$

verknüpft, so dass die Funktion allein durch ihren geraden Teil

$$f(t) = f_g(t) + f_u(t) = f_g(t)[1 + \mathrm{sgn}(t)] \qquad (8\text{-}38)$$

dargestellt werden kann. Bei der Transformation in den Bildbereich entsteht mit der Korrespondenz (8-29) $\mathrm{sgn}(t) \overset{FT}{\longleftrightarrow} -j1/(\pi\cdot f)$ das Faltungsprodukt

$$FT\{f(t)\} = F_r(f) * \left[\delta(f) + \frac{1}{j\pi f}\right] = F_r(f) - j\frac{1}{\pi}\int_{-\infty}^{\infty}\frac{F_r(\eta)}{f-\eta}d\eta \qquad (8\text{-}39)$$

$F_r(f)$ ist wegen der Eigenschaft (8-8) der Realteil von $F(f)$. Man nennt eine Zuordnung der Form

$$\hat{f}(x) = \frac{1}{x}\int_{-\infty}^{\infty}\frac{f(\xi)}{x-\xi}d\xi = f(x) * \frac{1}{\pi\cdot x} \qquad (8\text{-}40)$$

Hilberttransformation (HiT). Der Vergleich von (8-37) und (8-39) führt mit dieser Definition auf den Zusammenhang

$$F_i(f) = -HiT\{F_r(f)\} \qquad (8\text{-}41)$$

Da offensichtlich mit Bild 8.6 auch

$$f_g(t) = f_u(t)\cdot\mathrm{sgn}(t)$$

zutrifft, ist die FT ebenfalls durch

$$FT\{f(t)\} = jF_u(f) * \left(\delta(f) + \frac{1}{j\pi f}\right) = jF_u(f) + \frac{1}{\pi}\int_{-\infty}^{\infty}\frac{F_u(\eta)}{f-\eta}d\eta \qquad (8\text{-}42)$$

gegeben. Woraus die Beziehung

$$F_r(f) = HiT\{F_i(f)\} \qquad (8\text{-}43)$$

abgelesen werden kann. Wir stellen somit fest: Bei kausalen Funktionen sind Real- und Imaginärteil der Bildfunktion wechselseitig Hilberttransformierte.

8.3.6 Analytische Signale:

Bei zahlreichen technischen Anwendungen (z.B. Modulation) trifft man auf Signale, deren Fourierspektren auf den Bereich $f \geq 0$ beschränkt sind. Diese nennt man analytische Signale. (Bild 8.7)

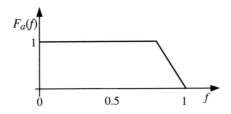

Bild 8.7: Fourierspektrum einer analytischen Funktion

Eine reelle Zeitfunktion $f(t)$ hat aber, wie aus Kapitel 3 bekannt, stets ein zweiseitiges Fourierspektrum $F(f)$ mit geradem Betragsverlauf, wie im Bild 8.8 gezeigt.

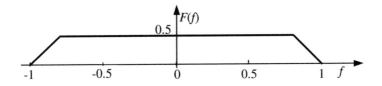

Bild 8.8: Fourierspektrum einer reellen Originalfunktion

Das im Bild 8.8 dargestellte Spektrum $F(f)$ kann nun als gerader Anteil der Funktion $F_a(f)$ von Bild 8.7 aufgefasst werden. Mit (8-38) erhält man so für das Spektrum der analytischen Funktion die Beziehung

$$F_a(f) = F(f) \cdot (1 + \text{sgn}(t)) \tag{8-44}$$

Aus der Korrespondenz (8-29) folgt mit der Eigenschaft (8-26) der FT die Zuordnung

$$j \frac{1}{\pi t} \xleftrightarrow{FT} \text{sgn}(f) \tag{8-45}$$

Damit bestimmt man die zum analytischen Spektrum gehörende Originalfunktion

$$f_a(t) = FT^{-1}\{F_a(f)\} = f(t) * \left(\delta(t) + j\frac{1}{\pi t}\right) = f(t) + j\frac{1}{\pi} \int_{-\infty}^{\infty} \frac{f(\tau)}{t-\tau} d\tau = f(t) + j HiT\{f(t)\} \tag{8-46}$$

die komplex ist und bei der Real- und Imaginärteil wechselweise Hilberttransformierte sind. Natürlicher Weise sind die Originalfunktionen reell. Wie muss nun dieses Ergebnis interpretiert werden? Mit (8-40) und (8-45) ist die Fouriertransformierte der Hilberttransformierten $\hat{f}(t) = HiT\{f(t)\}$ durch

$$FT\{\hat{f}(t)\} = -jF(f) \cdot \text{sgn}(f) = -j\,\text{sgn}(f) \cdot F(f) \tag{8-47}$$

gegeben. Offensichtlich gilt die Identität

$$-j\,\text{sgn}(f) = e^{-j\frac{\pi}{2}\text{sgn}(f)} \tag{8-48}$$

Die durch (8-48) gegebene Funktion kann als Übertragungscharakteristik eines Systems interpretiert werden, deren Betrag = 1 ist und deren Phasencharakteristik den Verlauf von Bild 8.9 hat.

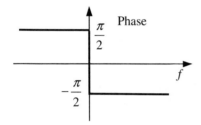

Bild 8.9: Phasencharakteristik von (8-48)

Das System ist also ein Breitbandphasenschieber mit $\varphi = -\pi/2$: Die Hilberttransformierte einer (Zeit-)-Funktion entsteht, wenn alle Spektralanteile um $-\pi/2$ verschoben werden. Dieser Sachverhalt kann sehr anschaulich für die einzelne Sinusschwingung dargestellt werden. Es gilt:

$$HiT\{f(t)\} = f(t) * \frac{1}{\pi t} \quad \overset{FT}{\longleftrightarrow} \quad -j\,\text{sgn}(f) \cdot F(f)$$

Mit der Korrespondenz: $\sin(2\pi f_0 t) \overset{FT}{\longleftrightarrow} \frac{1}{2j}(\delta(f-f_0) - \delta(f+f_o))$ finden wir:

$$F_h(f) = FT\{HiT\{f(t)\}\} = FT\{\hat{f}(t)\} = \frac{1}{2j}(-j\delta(f-f_0) - j\delta(f+f_0))$$

$$= -\frac{1}{2}(\delta(f-f_0) + \delta(f+f_0)) = FT\{-\cos(2\pi f_0 t)\} \tag{8.49}$$

Also gilt

$$\hat{f}(t) = HiT\{\sin(2\pi f_0 t)\} = -\cos(2\pi f_0 t) = \sin(2\pi f_0 t - \frac{\pi}{2}) \tag{8-50}$$

In gleicher Weise lässt sich (8-51) herleiten.

$$HiT\{\cos(2\pi f_0 t)\} = \cos(2\pi f_0 t - \frac{\pi}{2}) = \sin(2\pi f_0 t) \tag{8-51}$$

Weiter erhält man für das Spektrum der aus der Sinusschwingung herleitbaren analytischen Funktion:

$$F_a(f) = F(f) + jF_h(f) = \frac{1}{2j}(\delta(f-f_0) - \delta(f+f_0)) + \frac{1}{2j}(\delta(f-f_0) + \delta(f+f_0))$$

$$= -j\delta(f-f_0)$$

8.3 Anwendungen der Fouriertransformation

Die Rücktransformation in den Originalbereich liefert

$$f_a(t) = FT^{-1}\{-j\delta(f-f_0)\} = -je^{j2\pi f_0 t} = e^{j\left(2\pi f_0 t - \frac{\pi}{2}\right)} \tag{8.52}$$

Bild 8.10 veranschaulicht die Zusammenhänge.

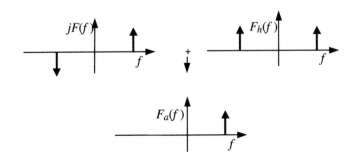

Bild 8.10: Spektrum der zu $f(t)=\sin(2\pi f_0 t)$ gehörenden analytischen Funktion

8.3.7 Amplitudenmodulation

Gegeben: Eine reelle Zeitfunktion $m(t)$ mit auf $\pm B$ beschränktem Spektrum.

Gesucht: Die Bildfunktion F(f) von

$$f(t) = m(t) \cdot \cos(2\pi f_T t)$$

Lösung: Die cos-Funktion wird als Summe von Exponentialfunktion geschrieben und die Transformation mit dem Verschiebungssatz (8-19) ausgeführt:

$$F(f) = FT\left\{m(t) \cdot \frac{1}{2}\left(e^{j2\pi f_T t} + e^{-j2\pi f_T t}\right)\right\} = \frac{1}{2}M(f-f_T) + \frac{1}{2}M(f+f_T) \tag{8-53}$$

mit dem Ergebnis nach Bild 8.11.

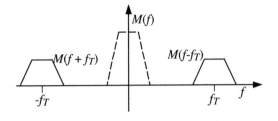

Bild 8.11: Amplitudenmodulation

Das Spektrum der Funktion m(t) wird lediglich um f_T nach rechts und links verschoben. Da $m(t)$ die zeitabhängige Amplitude der cos-Schwingung ist spricht man von Amplitudenmodulation.

8.3.8 Geschaltete Sinusschwingung

Gegeben: Die zum Zeitpunkt $t=0$ eingeschaltete Sinusschwingung

$$f(t) = \varepsilon(t) \sin(\omega_0 t + \varphi).$$

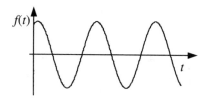

Bild 8.12: Geschaltete Sinusschwingung

Gesucht: Fouriertransformierte $F(f) = FT\{f(t)\}$

Lösung: Wir wollen von der Beziehung $\varepsilon(t) = 0{,}5 \cdot (1 + \text{sgn}(t))$ Gebrauch machen. Mit den Korrespondenzen (8-29) für die Signumfunktion und 10/Tab.8.3 für die Sinusschwingung folgt bei Anwendung des Faltungssatzes (8-24)

$$FT\left\{\frac{1}{2}\sin(2\pi f_0 t + \varphi)(1 + \text{sgn}(t))\right\} =$$

$$= \frac{1}{j4}\left(\delta(f - f_0) \cdot e^{j\varphi} - \delta(f + f_0) \cdot e^{-j\varphi}\right) + \left(-j\frac{1}{\pi f}\right) * \frac{1}{j4}\left(\delta(f - f_0) \cdot e^{j\varphi} - \delta(f + f_0) \cdot e^{-j\varphi}\right)$$

$$= \frac{1}{j4}\left(\delta(f - f_0) \cdot e^{j\varphi} - \delta(f + f_0) \cdot e^{-j\varphi}\right) + \frac{1}{4\pi}\left(\frac{1}{f + f_0} \cdot e^{-j\varphi} - \frac{1}{f - f_0} \cdot e^{j\varphi}\right)$$

und unter Verwendung der Beziehung $e^{\pm j\varphi} = \cos(\varphi) \pm j\sin(\varphi)$

$$FT\left\{\frac{1}{2}\sin(2\pi f_0 t + \varphi)(1 + \text{sgn}(t))\right\} = \frac{f_0 \cos(\varphi)}{2\pi(f_0^2 - f^2)} + \frac{\sin(\varphi)}{4}\left(\delta(f - f_0) + \delta(f + f_0)\right)$$

$$+ j\left(\frac{f \sin(\varphi)}{2\pi(f_0^2 - f^2)} - \frac{\cos(\varphi)}{4}(\delta(f - f_0) - \delta(f + f_0))\right) \tag{8-54}$$

Für $\varphi = 0$ sind Real- und Imaginärteil des Spektrums im Bild 8.13 gezeigt

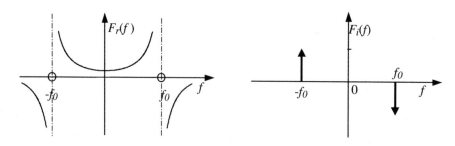

Bild 8.13: Spektrum zum Beispiel

8.3 Anwendungen der Fouriertransformation

Die gegebene Funktion wird nun in der Weise abgeändert, dass in eine Sinusdauerschwingung zum Zeitpunkt $t = t_1$ ein Phasensprung um 180° eingefügt wird, wie im Bild 8.14 angedeutet. Diese Funktion $f_2(t)$ kann als ein Ausschnitt eines phasengetasteten (PSK-)Signals gedeutet werden. Zur Berechnung des Spektrums $F_2(f)$ kann das eben erhaltene Ergebnis genutzt werden. Die neue Funktion denkt man sich als die Überlagerung der oben gegebenen Funktion $f(t)$ für $\varphi = 0$ mit ihrer Spiegelung an der Ordinate bei gleichzeitiger Verschiebung um t_1 nach rechts.

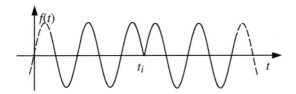

Bild 8.14: Sinusschwingung mit Phasensprung

Damit gilt für die mathematische Beschreibung:

$$f_2(t) = f(-t + t_1) + f(t - t_1) = \varepsilon(t_1 - t) \cdot \sin(2\pi f_0(t_1 - t)) + \varepsilon(t - t_1) \cdot \sin(2\pi f_0(t - t_1))$$

Das ist aber mit (2-39) zweimal der um t_1 verschobene gerade Anteil $2f_g(t - t_1)$ von $f(t)$. Wegen der Eigenschaft (8-8) der *FT* korrespondiert dieser mit dem Realteil der Bildfunktion und man erhält nach Anwendung des Verschiebungssatzes (8-18) das gesuchte Spektrum aus (8-54) zu

$$F(f) = \frac{1}{\pi} \frac{f_0}{f_0^2 - f^2} e^{-j2\pi f t_1} \tag{8-55}$$

Zur Berechnung von (8-55) wurde t_1 so gewählt, dass der Phasensprung in einem Nulldurchgang stattfindet. Das kann bei der technischen Anwendung nicht immer vorausgesetzt werden. Im Allgemeinen wird das Signal wie im Bild 8.15 dargestellt verlaufen.

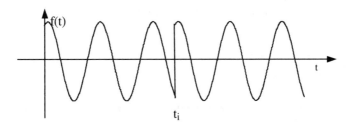

Bild 8.15: Phasensprung an beliebiger Stelle

Für diese Funktion kann

$$f(t) = -\sin(2\pi f_0 t + \varphi) \cdot \text{sgn}(t - t_1) \tag{8-56}$$

geschrieben werden. Wenn die Relation $f(x) * \delta(x - x_0) = f(x - x_0)$ beachtet wird, erhält man für die Fouriertransformierte:

$$F(f) = -\frac{1}{2}\left(\delta(f - f_0) \cdot e^{j\varphi} - \delta(f + f_0) \cdot e^{-j\varphi}\right) * \frac{e^{-j2\pi f t_1}}{j\pi f}$$

$$= \frac{1}{2\pi}\left(\frac{e^{-j2\pi(f - f_0)t_1}}{f - f_0} e^{j\varphi} - \frac{e^{-j2\pi(f + f_0)t_1}}{f + f_0} e^{-j\varphi}\right) = \frac{1}{2\pi}\left(\frac{e^{j\Phi}}{f - f_0} - \frac{e^{j-\Phi}}{f + f_0}\right) \cdot e^{-j2\pi f t_1}$$

$$= \frac{1}{\pi}\left(\frac{f_0 \cos(\Phi)}{f^2 - f_0^2} + j\frac{f \sin(\Phi)}{f^2 - f_0^2}\right) \cdot e^{-j2\pi f t_1} \quad \text{mit} \quad \Phi = 2\pi f_0 t_1 + \varphi \quad (8\text{-}57)$$

8.3.9 Der Impulskamm

Gegeben: Die Folge äquidistanter δ-Impulse nach Bild 8.16. Sie wird als Impulskamm bezeichnet. Man definiert:

$$\text{Def:} \qquad \delta_{T_0}(t) = \sum_{n=-\infty}^{\infty} \delta(t - nT_0) \qquad (8\text{-}58)$$

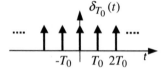

Bild 8.16 : Impulskamm

Gesucht: Fouriertransformierte $F(f) = FT\{\delta_{T_0}(t)\}$

Lösung: $\delta_{T_0}(t)$ ist eine periodische Funktion mit der Periodendauer T_0. Für die Berechnung des Fourierspektrums nach (3-11)

$$\sum_{n=-\infty}^{\infty} c_n e^{j2\pi n f_0 t} \xleftrightarrow{FT} \sum_{n=-\infty}^{\infty} c_n \delta(f - nf_0)$$

werden die Fourierkoeffizienten benötigt. Für sie gilt mit (2-13) und (8-58)

$$c_n = \frac{1}{T_0} \int_{-\frac{T_0}{2}}^{\frac{T_0}{2}} \sum_{m=-\infty}^{\infty} \delta(t - mT_0) \cdot e^{-j2\pi n f_0 t} dt$$

Für ein beliebiges n liegt lediglich der δ-Impuls mit $m = 0$ im Integrationsbereich (s. Bild 8.16). Daher folgt:

$$c_n = \frac{1}{T_0} \int_{-\frac{T_0}{2}}^{\frac{T_0}{2}} \delta(t) \cdot e^{-j2\pi n f_0 t} dt = \frac{1}{T_0} \qquad \text{für alle } n \qquad (8\text{-}59)$$

Die Fouriertransformierte des Impulskammes ist schließlich mit der Abkürzung

8.3 Anwendungen der Fouriertransformation

$$\delta_{f_0}(f) = \sum_{n=-\infty}^{\infty} \delta(f - nf_0) \tag{8-60}$$

$$\delta_{T_0}(t) \xleftrightarrow{FT} \frac{1}{T_0} \sum_{n=-\infty}^{\infty} \delta(f - f_0) = \frac{1}{T_0} \delta_{f_0}(f) \tag{8-61}$$

oder kürzer:

$$\delta_{T_0}(t) \xleftrightarrow{FT} \frac{1}{T_0} \delta_{f_0}(f) \qquad f_0 = \frac{1}{T_0} \tag{8-61a}$$

gegeben. Wir stellen fest, die periodische Originalfunktion (8-58) hat eine periodische Bildfunktion wie im Bild 8.17 gezeigt.

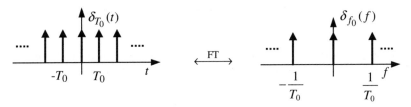

Bild 8.17: FT des Impulskammes

Andererseits gilt nach dem Verschiebungssatz im Originalbereich (8-18):

$$\delta(t - t_0) \xleftrightarrow{FT} e^{-j2\pi f t_0}$$

Wegen der Linearität der FT ist auch (8-62) Fouriertransformierte von $\delta_{T_0}(t)$:

$$\delta_{T_0}(t) = \sum_{n=-\infty}^{\infty} \delta(t - nT_0) \xleftrightarrow{FT} \sum_{n=-\infty}^{\infty} e^{-j2\pi f n T_0} \tag{8-62}$$

Ein Vergleich von (8-62) und (8-60) liefert die oft nützliche Identität

$$\sum_{n=-\infty}^{\infty} e^{-j2\pi f n T_0} = \frac{1}{T_0} \sum_{n=-\infty}^{\infty} \delta(f - f_0) = \frac{1}{T_0} \delta_{f_0}(f) \tag{8-63}$$

Ebenso findet man in einfacher Weise den Zusammenhang:

$$\sum_{n=-\infty}^{\infty} e^{-j2\pi n f_0 t} = T_0 \sum_{n=-\infty}^{\infty} \delta(t - nT_0) = T_0 \cdot \delta_{T_0}(t) \tag{8-64}$$

8.3.10 Bandpassfunktionen

Unter Bandpassfunktionen versteht man solche, deren Fouriertransformierte auf einen Bereich $f_1 \leq |f| \leq f_2$ beschränkt ist. Eine solche Bildfunktion zeigt Bild 8.18. Die mit f_T bezeichnete Frequenz hat einen beliebigen Wert zwischen f_1 und f_2. Es wird vorausgesetzt, dass die zugehörige Originalfunktion $f(t)$ reell ist. Das bedeutet nach der Eigenschaft (8-6a) $F(-f) = F^*(f)$ der Fouriertransformation, dass zwischen linksseitigem Teil der Spektralfunktion im Bild 8.18 $F^-(f)$ mit $f < 0$ und dem rechtsseitigen Teil $F^+(f)$ mit $f > 0$ der Zusammenhang

$$F^-(f) = F^{+*}(-f) \tag{8-65}$$

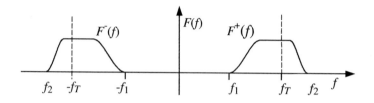

Bild 8.18: Spektrum einer Bandpassfunktion

gilt. Derartige Spektren werden zweckmäßig durch die mit ihnen verbundenen „komplexen Einhüllenden" oder äquivalente Tiefpassfunktionen beschrieben.

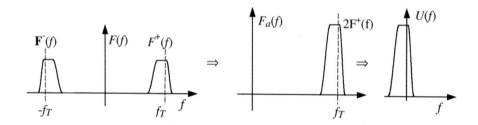

Bild 8.19 : Zur Herleitung der komplexen Einhüllenden

Nach Abschnitt 8.3.6 Gleichung (8-44) lässt sich aus der gegebenen Funktion eine analytische Funktion, wie im Bild 8.19 gezeigt, herleiten. Wir verschieben dieses noch um f_T nach links und nennen die neue Spektralfunktion $U(f)$. Also gilt

$$U(f) = 2 \cdot F^+(f + f_T) \tag{8-66}$$

In der Regel wird nicht $U(f) = U^*(f)$ erfüllt sein und damit ist die mit $U(f)$ über die inverse Fouriertransformation verbundene Originalfunktion $u(t)$ komplex. Die Rücktransformation von $U(f)$ mit Hilfe des Verschiebungssatzes (8-19) liefert (8-67).

$$u(t) = FT^{-1}\left\{ 2 \cdot F^+(f + f_T) \right\} = 2 \cdot FT^{-1}\left\{ F^+(f) \right\} \cdot e^{-j2\pi f_T} \tag{8-67}$$

oder

$$FT^{-1}\left\{ F^+(f) \right\} = \frac{1}{2} u(t) \cdot e^{j2\pi f_T t} \tag{8-68}$$

8.3 Anwendungen der Fouriertransformation

Andererseits erhält man aus (8-65) und der Eigenschaft (8-5)

$$FT^{-1}\left\{F^{-}(f)\right\} = FT^{-1}\left\{F^{+*}(-f)\right\} = \frac{1}{2}u^{*}(t) \cdot e^{-j2\pi f_T t}$$

Nun kann die Originalfunktion in Abhängigkeit von $u(t)$ dargestellt werden:

$$f(t) = FT^{-1}\left\{F^{+}(f) + F^{-}(f)\right\} = \frac{1}{2}\left(u(t) \cdot e^{j2\pi f_T t} + u^{*}(t) \cdot e^{-j2\pi f_T t}\right)$$

bzw.

$$f(t) = \text{Re}\left\{u(t) \cdot e^{j2\pi f_T t}\right\} \qquad (8\text{-}69)$$

$u(t)$ wird komplexe Einhüllende oder äquivalente Tiefpassfunktion der Funktion $f(t)$ genannt. Wie jede komplexe Größe kann man auch $u(t)$ in der Betrag/Phase-Darstellung $u(t) = a(t) \cdot e^{j\Theta(t)}$ schreiben und findet weiter:

$$f(t) = \text{Re}\left\{a(t) \cdot e^{j\Theta(t)} \cdot e^{j2\pi f_T t}\right\} = a(t) \cdot \cos(2\pi f_T t + \Theta(t)) \qquad (8\text{-}70)$$

Jede reelle Bandpassoriginalfunktion ist in der Form (8-70) beschreibbar. Wählt man für die komplexe Einhüllende die Komponentendarstellung $u(t) = r(t) + jq(t)$ wird aus (8-70):

$$f(t) = \text{Re}\left\{(r(t) + jq(t)) \cdot e^{j2\pi f_T t}\right\} = \text{Re}\{(r(t) + jq(t)) \cdot (\cos(2\pi f_T t) + j\sin(2\pi f_T t))\}$$

$$f(t) = r(t) \cdot \cos(2\pi f_T t) - q(t) \cdot \sin(2\pi f_T t) \qquad (8\text{-}71)$$

(8-70) und (8-71) sind durch die Beziehungen

$$a(t) = \sqrt{r^2(t) + q^2(t)} \qquad \Theta(t) = \tan^{-1}\frac{q(t)}{r(t)} \qquad \text{bzw.} \qquad (8\text{-}72)$$

$$r(t) = a(t) \cdot \cos(\Theta(t)) \qquad q(t) = a(t) \cdot \sin(\Theta(t)) \qquad (8\text{-}73)$$

verknüpft.

Anwendung: Quadraturmodulation

Da $u(t)$ eine auf den Bereich $f_1 - f_0 \leq f \leq f_2 - f_0$ beschränkte Funktion ist, sind auch $r(t)$ und $q(t)$ spektral auf diesen Frequenzbereich beschränkt. Sie können als zwei unabhängige Tiefpasssignale interpretiert werden. Die Gleichung (8-71) zeigt eine Methode auf, mit Hilfe derer zwei unabhängige Signale gleicher Frequenzlage mit einer Trägerschwingung übertragen werden können. Das Bild 8.20 zeigt als Blockschaltbild die technische Realisierung.

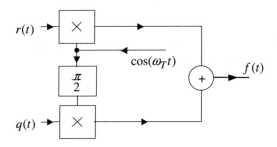

Bild 8.20: Quadraturmodulation

Die Trennung der beiden Komponenten im Empfänger gelingt durch einfache Multiplikation mit $\cos(2\pi f_T t)$ bzw. $-\sin(2\pi f_T t) = \cos(2\pi f_T t + \pi/2)$, da diese beiden Schwingungen orthogonal sind. Dieses als Quadraturmodulation bezeichnete Übertragungsverfahren hilft damit Bandbreite einzusparen. Wird als $q(t)$ die Hilberttransformierte von $r(t)$ gewählt, ist $u(t) = r(t) + j\hat{r}(t)$ mit (8-46) ein analytisches Signal und als $f(t)$ entsteht ein sog. Einseitenbandsignal mit einem Spektrum nach Bild 8.21.

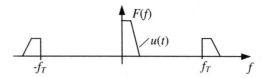

Bild 8.21: Einseitenbandspektrum

8.3.11 Das Abtasttheorem

Die Signalverarbeitung erfolgt gegenwärtig in den meisten Fällen in digitaler Form, das heißt, dass analoge Signale digitalisiert werden müssen. Der erste Schritt dazu ist die Abtastung. Dem Signal werden in äquidistanten zeitlichen Abständen Probenwerte entnommen und nur diese werden weiter verarbeitet. Diese Prozedur ist im Bild 8.22 angedeutet. Die Probenentnahme hat so zu erfolgen, dass das Originalsignal ohne Verlust zurückgewonnen werden kann. Voraussetzung dafür ist, wie nun gezeigt wird, dass das abzutastende Signal eine auf den Bereich $|f| \leq f_b$ beschränkte Spektralfunktion besitzt. Also:

$$F(f) = 0 \quad \text{für} \quad |f| > f_b \tag{8-74}$$

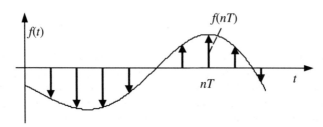

Bild 8.22: Zur Signalabtastung

Die abgetastete Funktion wollen wir mit $\tilde{f}(t)$ bezeichnen. Sie ist zeitdiskret und kann bekanntlich mit Hilfe der δ-Funktion in der Form

$$\tilde{f}(t) = \sum_{n=-\infty}^{\infty} f(nT) \cdot \delta(t - nT) \tag{8-75}$$

geschrieben werden.

Wegen $f(t) \cdot \delta(t - t_0) = f(t_0) \cdot \delta(t - t_0)$ ((2-28)) gilt auch:

8.3 Anwendungen der Fouriertransformation

$$\tilde{f}(t) = f(t) \cdot \sum_{n=-\infty}^{\infty} \delta(t - nT) = f(t) \cdot \delta_T(t) \tag{8-76}$$

Mit $\tilde{f}(t)$ verbinden sich zwei Fragen: 1. Welche Spektralfunktion besitzt $\tilde{f}(t)$? 2. Kann aus $\tilde{f}(t)$ das Originalsignal zurückgewonnen werden? (8-76) wird zur Beantwortung dieser Fragen der Fouriertransformation unterworfen. Mit dem Faltungssatz (8-25) und der Korrespondenz (8-60) folgt

$$FT\{\tilde{f}(t)\} = \tilde{F}(f) = F(f) * \frac{1}{T}\delta_T(f) = \frac{1}{T}\sum_{n=-\infty}^{\infty} F(f) * \delta(f - nf_0), \quad f_0 = \frac{1}{T}$$

Da mit (2-30) $f(x) * \delta(x - x_0) = f(x - x_0)$ gilt, erhält man:

$$\tilde{F}(f) = \frac{1}{T}\sum_{n=-\infty}^{\infty} F(f - nf_0) \tag{8-77}$$

Dieses ist die unbegrenzte periodische Fortsetzung des auf $\pm f_b$ begrenzten Spektrums $F(f)$. Bild 8.23 gibt den Sachverhalt für a) $f_0 < 2f_b$ und b) $f_0 > 2f_b$ wieder.

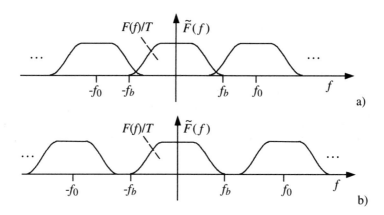

Bild 8.23: Spektrum der abgetasteten Funktion; a) $f_0 < 2f_b$; b) $f_0 > 2f_b$

Man erkennt sofort, dass das ungestörte Originalspektrum nur zu separieren ist, wenn

$$f_0 = \frac{1}{T} \geq 2f_b \tag{8-78}$$

erfüllt ist. Aus der Darstellung im Bild 8.23 erkennt man, dass das Originalspektrum entsteht, wenn $\tilde{F}(f)$ mit einer Rechteckfunktion der Höhe $T = 1/f_0$ und einer Breite von $-f_0/2$ bis $f_0/2$ multipliziert wird:

$$F(f) = \tilde{F}(f) \cdot \text{rect}(\frac{f}{f_0}) \tag{8-79}$$

Technisch bedeutet das nichts Anderes als eine Filterung mit einem idealen Tiefpass. Die Rücktransformation des Spektrums in der Form (8-79) führt zu einem interessanten Ergebnis:

$$f(t) = FT^{-1}\left\{\tilde{F}(f) \cdot \text{rect}(\frac{f}{f_0})\right\} = \sum_{n=-\infty}^{\infty} f(nT) \cdot \delta(t-nT) * \text{sinc}(\pi f_0 t)$$

$$f(t) = \sum_{n=-\infty}^{\infty} f(nT) \cdot \text{sinc}(\pi f_0(t-nT)) \tag{8-80}$$

In Worten lautet das Resultat (8-80): Eine Zeitfunktion mit auf $-f_b \leq f \leq f_b$ beschränktem Spektrum kann im Sinne von (2-7) als unendliche Reihe mit den orthogonalen Basisfunktionen $\varphi_n(t) = \text{sinc}(\pi f_0(t-nT))$ mit $f_0 = \dfrac{1}{T} \geq 2 f_b$ beschrieben werden.

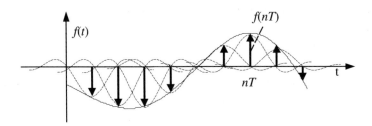

Bild 8.24: Reihendarstellung mit Spaltfunktionen

Bild 8.24 stellt andeutungsweise den Zusammenhang dar. Zum Abtastzeitpunkt nT hat die Spaltfunktion $\text{sinc}(\pi f_0(t-nT))$ genau den Wert $f(nT)$, während alle anderen Terme dort eine Nullstelle besitzen. Die Addition der mit den Abtastwerten gewichteten Spaltfunktionen führt exakt auf die Ursprungsfunktion. Im Abschnitt 2.2 wurde die Reihenentwicklung mit orthogonalen Funktionen beschrieben. Aus der dort angegebenen Gleichung (2-11) folgt der Zusammenhang

$$f(nT) = \frac{1}{T} \int_{-\infty}^{\infty} f(t) \cdot \text{sinc}(\pi f_0(t-nT)) dt$$

Zusammenfassend können die einzelnen Etappen der Abtastung und der Rekonstruktion des Originalsignals im Zeit- und Frequenzbereich an Hand der Übersicht im Bild 8.25 nachvollzogen werden. Es sei noch einmal betont, die hergeleiteten Beziehungen setzen eine zeitlich unbegrenzte Originalfunktion mit spektral begrenzter Bildfunktion voraus.

Wegen der Symmetrieeigenschaft (8-26) gelten unter Vertauschung von Original- und Bildbereich analoge Zusammenhänge für zeitbegrenzte Originalfunktionen mit spektral unbegrenzten Bildfunktionen. Wenn bei beliebiger Spektralfunktion

$$f(t) = 0 \quad \text{für} \quad |t| > \frac{\tau}{2}$$

erfüllt ist, gilt bei spektraler „Abtastung" $\tilde{f}(t) = \dfrac{1}{\Delta f} \displaystyle\sum_{n=-\infty}^{\infty} f(t - \dfrac{m}{\Delta f})$ und unter der Bedingung $\Delta f \leq \dfrac{1}{\tau}$ der Zusammenhang $F(f) = \displaystyle\sum_{m=-\infty}^{\infty} F(m\Delta f) \cdot \text{sinc}(\pi(f - m\Delta f) \cdot \tau)$

8.3 Anwendungen der Fouriertransformation

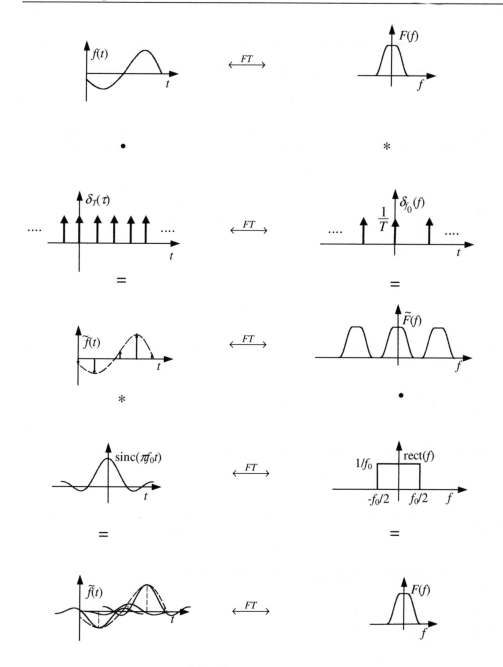

Bild 8.25: Zum Abtasttheorem

Die bisher dargestellte Form der Signalabtastung ist idealisiert, da die nichtrealisierbare δ–Funktion Trägerimpuls ist. In der Praxis ist sie durch eine periodische Impulsfolge $a(t) = \sum_{n=-\infty}^{\infty} p(t-nT)$ zu ersetzen. Dabei ist $p(t)$ ein beliebiger zeitbegrenzter Grundimpuls. Die periodische Funktion $a(t)$ ist durch eine Fourier-Reihe $a(t) = \sum_{n=-\infty}^{\infty} c_n e^{j2\pi n f_0 t}$ beschreibbar. In diesem Falle gestaltet sich die Signalabtastung wie folgt.

$$\tilde{f}(t) = a(t) \cdot f(t) \xleftrightarrow{FT} F(f) * \sum_{n=-\infty}^{\infty} c_n \cdot \delta(f - nf_0) = \sum_{n=-\infty}^{\infty} c_n \cdot F(f - nf_0) \tag{8-81}$$

Der Vergleich mit (8-77) und Bild 8.26 zeigen, dass außer der Bewertung mit den (meist reellen) Fourierkoeffizienten gleiche Zusammenhänge wie bei der idealisierten Abtastung existieren.

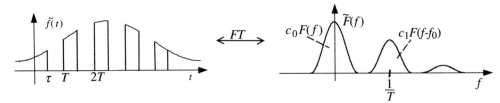

Bild 8.26: Verallgemeinerte Abtastung

Die für die Anwendung wichtigste Form der Signalabtastung ist mit (8-82) gegeben, die aber zu einer spektralen Verzerrung führt.

$$\tilde{f}(t) = \sum_{n=-\infty}^{\infty} f(nT) \cdot p(t - nT) = p(t) * \sum_{n=-\infty}^{\infty} f(nT) \cdot \delta(t - nT) = p(t) * (f(t) \cdot \sum_{n=-\infty}^{\infty} \delta(t - nT))$$

$$\tag{8-82}$$

Wird (8-82) der Fouriertransformation unterworfen, folgt:

$$\tilde{F}(f) = P(f) \cdot \frac{1}{T} \sum_{n=-\infty}^{\infty} F(f - nf_0) \tag{8-83}$$

Das Originalspektrum wird also mit der Bildfunktion $P(f)$ des Trägerimpulses $p(t)$ multipliziert.

8.3.12 Digitale Signalübertragung (Nyquistkriterium)

8.3.12.1 Spektrale Eigenschaften digitaler Funktionen

Digitale Funktionen haben die Form

$$f(t) = \sum_{n=-\infty}^{\infty} a_n \cdot p(t - nT) \tag{8-84}$$

Dabei sind die a_n reelle Koeffizienten, bei einer binären Kodierung z.B. 0 und 1 oder 1 und -1 und $p(t)$ beschreibt den Trägerimpuls. Mit der Fouriertransformation kann das Spektrum solcher Funktionen bestimmt werden. Dazu formen wir mit der Rechenregel (2-30) für die δ-Funktion (8-84) um:

8.3 Anwendungen der Fouriertransformation

$$f(t) = \sum_{n=-\infty}^{\infty} a_n \cdot p(t) * \delta(t-nT) = p(t) * \sum_{n=-\infty}^{\infty} a_n \cdot \delta(t-nT) \tag{8-85}$$

Die Bildfunktion ergibt sich so zu

$$F(f) = P(f) \cdot \sum_{n=-\infty}^{\infty} a_n \cdot e^{-j2\pi f nT} = P(f) \cdot D(f) \tag{8-86}$$

Der zweite Term $D(f)$ in (8-86) wird ausschließlich von der speziellen Kodierung bestimmt, während die Spektralfunktion $P(f)$ des Trägerimpulses eine feste Einhüllende bildet und also maßgeblich das Gesamtspektrum und somit die erforderliche Kanalbandbreite bestimmt. Man ist daher bestrebt, Trägerimpulse mit auf eine relativ kleine Bandbreite beschränkter Spektralfunktion zu verwenden. Rechteckförmig begrenzte Spektren sind technisch nicht realisierbar. Im Folgenden werden einige Möglichkeiten untersucht.

8.3.12.2 Impuls mit cos-förmigem Spektrum:

Gegeben: Die Spektralfunktion

$$F(f) = \frac{1}{T} \text{rect}(f \cdot T) \cdot \cos(\pi f T) \tag{8-87}$$

die im Bild 8.27 dargestellt ist.

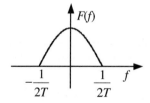

Bild 8.27: cos-Spektrum

Gesucht: Die zugehörige Originalfunktion.

Lösung: Zur Berechnung von $f(t)$ wird zweckmäßig die cos-Funktion in $F(f)$ durch Exponentialfunktionen ausgedrückt und dann der Verschiebungssatz (8-18) angewendet

$$F(f) = \frac{1}{2T} \text{rect}(fT) \cdot (e^{j2\pi f \frac{T}{2}} + e^{-j2\pi f \frac{T}{2}})$$

Mit der Korrespondenz 3/Tab. 8.3 für die Rechteckfunktion erhält man:

$$f(t) = \frac{1}{2T} (\text{sinc}(\frac{\pi}{T}(t+\frac{T}{2})) + \text{sinc}(\frac{\pi}{T}(t-\frac{T}{2})))$$

und weiter mit $\sin(\alpha \pm \pi/2) = \pm \cos(\alpha)$

$$f(t) = \frac{\sin(\pi \frac{t}{T} + \frac{\pi}{2})}{\pi(2t+T)} + \frac{\sin(\pi \frac{t}{T} - \frac{\pi}{2})}{\pi(2t-T)} = \frac{1}{\pi} \cos(\pi \frac{t}{T})(\frac{1}{2t+T} - \frac{1}{2t-T})$$

woraus die Korrespondenz

$$\frac{2}{\pi T} \cdot \frac{\cos(\pi \frac{t}{T})}{1-(2\frac{t}{T})^2} \xleftrightarrow{FT} \frac{1}{T}\text{rect}(fT) \cdot \cos(\pi fT) \qquad (8\text{-}88)$$

mit einem Verlauf nach Bild 8.28 folgt.

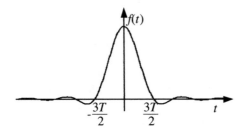

Bild 8.28: Zeitfunktion (8-88)

Die gegebene Funktion hat also eine Basisbreite von $3T$ und besitzt Nullstellen für $t = \pm\frac{(2n+1)T}{2}$ $n = 1,2, \dots$. Bei der digitalen Signalverarbeitung, z.B. beim Signalempfang, wird das Signal i.A. zu den Zeitpunkten nT abgetastet, also nicht in den Nulldurchgängen, so dass sich benachbarte Impulse beeinflussen. Diese Beeinflussung kann allerdings bei der Dekodierung Berücksichtigung finden. [5].

8.3.12.3 Das Nyquistkriterium:

Es ergibt sich die Frage: können Trägerimpulse realisiert werden, bei denen die geschilderte gegenseitige Beeinflussung der Impulse vermieden wird? Die Antwort gibt das Nyquistkriterium.

Eine Beeinflussung wird vermieden, wenn die Impulse zeitlich auf einen Bereich $|t|<T$ beschränkt sind. Diese Forderung (1. Nyquistkriterium) ist technisch nicht sinnvoll, da, wie mit Hilfe der FT gezeigt wurde, damit immer relativ breite Spektren verbunden sind. Es genügt aber auch, wenn die Abtastwerte des Trägerimpulses $p(t)$ außer bei $t = 0$ für alle $t = nT$ verschwinden:

$$\{p(nT)\} = \{\cdots 0 \quad 0 \quad p(0) \quad 0 \quad 0 \cdots\} \text{ für } n = \cdots -2 \quad -1 \quad 0 \quad 1 \quad 2 \cdots \qquad (8\text{-}89)$$

Welche spektralen Eigenschaften muss ein solcher Impuls $p(t)$ erfüllen? Bei der Signalabtastung wird das zugehörige Spektrum $P(f)$ nach Abschnitt 8.3.11 mit der Frequenz $1/T$ periodisch fortgesetzt, so dass das Spektrum $\tilde{P}(f)$ der abgetasteten Funktion $\tilde{p}(t)$ die Form

$$\tilde{P}(f) = \sum_{n=-\infty}^{\infty} P(f - \frac{n}{T})$$

annimmt. Zur Transformation in den Originalbereich schreiben wir diesen Ausdruck als Faltungsprodukt mit der δ-Funktion und wenden den Faltungssatz (8-25) an:

$$\tilde{P}(f) = P(f) * \sum_{n=-\infty}^{\infty} \delta(f - \frac{n}{T}) \xleftrightarrow{FT} p(t) \cdot T \cdot \sum_{n=-\infty}^{\infty} \delta(t - nT) = T \cdot \sum_{n=-\infty}^{\infty} p(nT) \cdot \delta(t - nT)$$

8.3 Anwendungen der Fouriertransformation

Also erhält man für die Zeitfunktion, da entsprechend (8-89) alle Abtastwerte für $n \neq 0$ verschwinden:

$$\tilde{p}(t) = T \cdot p(0) \cdot \delta(t)$$

woraus nach neuerlicher Transformation in den Bildbereich für das Spektrum die Bedingung:

$$\sum_{n=-\infty}^{\infty} P(f - \frac{n}{T}) = T \cdot p(0) = \text{const.} \tag{8-90}$$

folgt. (8-90) heißt 2. Nyquistkriterium. Dieses Kriterium ist dann erfüllt, wenn das Spektrum eine zur halben Samplefrequenz $1/2T$ schiefsymmetrisch abfallende Flanke besitzt.

8.3.12.4 Cos²-Spektrum

Gegeben: Das so genannte Cos²-Spektrum nach Bild 8.29, beschrieben durch die Funktion (8-91).

$$F(f) = \begin{cases} \cos^2(\frac{\pi}{2} f \cdot T) & -f_s \leq f \leq f_s \\ 0 & |f| > f_s \end{cases} \quad f_s = \frac{1}{T} \tag{8-91}$$

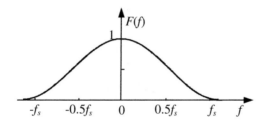

Bild 8.29: Cos²-Spektrum, $f_s = 1/T$

Es handelt sich um eine Funktion, die der Bedingung (8-90) genügt.

Gesucht: Die zugehörige Originalfunktion.

Lösung: $f(t)$ wird durch die Fourierrücktransformation gefunden. Vor der Rücktransformation in den Zeitbereich schreiben wir die gegebene Funktion mit Hilfe der Beziehung $\cos(\alpha) = \frac{1}{2}(e^{j\alpha} + e^{-j\alpha})$ um:

$$F(f) = \left(\frac{1}{2}(e^{j\frac{\pi}{2}fT} + e^{-j\frac{\pi}{2}fT})\right)^2 = \frac{1}{4}e^{j\pi fT} + \frac{1}{4}e^{-j\pi fT} + \frac{1}{2}$$

Die Fourierrücktransformation ergibt damit:

$$f(t) = \frac{1}{4}\int_{-\frac{1}{T}}^{\frac{1}{T}} e^{j2\pi f(t+\frac{T}{2})} df + \frac{1}{4}\int_{-\frac{1}{T}}^{\frac{1}{T}} e^{j2\pi f(t-\frac{T}{2})} df + \frac{1}{2}\int_{-\frac{1}{T}}^{\frac{1}{T}} e^{j2\pi ft} df$$

woraus bei Berücksichtigung, dass $e^{\pm j\pi} = -1$ und $e^{j\alpha} - e^{-j\alpha} = j2\sin(\alpha)$ ist,

$$= \frac{1}{4} \frac{e^{-j2\pi\frac{t}{T}} - e^{j2\pi\frac{t}{T}}}{j2\pi\left(t+\frac{T}{2}\right)} + \frac{1}{4} \frac{e^{-j2\pi\frac{t}{T}} - e^{j2\pi\frac{t}{T}}}{j2\pi\left(t-\frac{T}{2}\right)} + \frac{1}{2} \frac{e^{j2\pi\frac{t}{T}} - e^{-j2\pi\frac{t}{T}}}{j2\pi t} = \frac{\sin\left(2\pi\frac{t}{T}\right)}{2\pi\left(1-\left(\frac{2t}{T}\right)^2\right)}$$

und schließlich nach Erweiterung mit $\frac{1}{T}$:

$$\frac{1}{T} \frac{\operatorname{sinc}\left(2\pi\frac{t}{T}\right)}{1-\left(\frac{2t}{T}\right)^2} \xleftrightarrow{FT} \cos^2\left(\frac{\pi T f}{2}\right) \tag{8-92}$$

folgt. Die graphische Auswertung zeigt Bild 8.30.

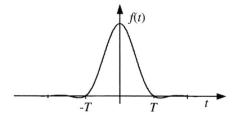

Bild 8.30: Zum Cos²-Spektrum gehörender Impuls

Da die Funktion im Bild 8.29 zu den Zeitpunkten nT Nullstellen besitzt, erfüllt sie die eingangs gestellte Forderung.

8.3.12.5 Nyquistimpuls

Gegeben: Spektrum mit den Eigenschaften nach (8-93) und Bild 8.31.

$$F(f) = \begin{cases} T & |f| < \frac{1-\alpha}{2T} \\ \frac{T}{2}\left[1 - \sin\left(\frac{\pi T}{\alpha}(|f| - \frac{1}{2T})\right)\right] & \frac{1-\alpha}{2T} \leq |f| < \frac{1+\alpha}{2T} \\ 0 & |f| \geq \frac{1+\alpha}{2T} \end{cases} \tag{8-93}$$

mit $0 \leq \alpha \leq 1$ = Rolloff-Faktor.

8.3 Anwendungen der Fouriertransformation

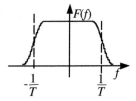

Bild 8.31 : Spektralfunktion nach (8-93)

Für $\alpha = 0$ entsteht das rechteckförmig begrenzte Spektrum und $\alpha = 1$ entspricht dem vorangegangenen Beispiel des $\cos^2$-Spektrums. Im praktischen Einsatz haben sich Impulse mit diesen spektralen Eigenschaften bewährt. Sie erfüllen für beliebiges α das Nyquistkriterium.

Gesucht: Zu (8-93) gehörige Originalfunktion.

Lösung: Die Rücktransformation wird vereinfacht, wenn die Ableitung gebildet wird. Das Ergebnis zeigt Bild 32.

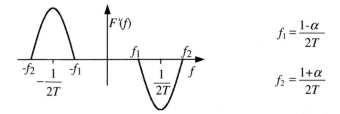

$$f_1 = \frac{1-\alpha}{2T}$$

$$f_2 = \frac{1+\alpha}{2T}$$

Bild 8.32: Ableitung von (8-93)

Analytisch heißt das

$$F'(f) = \begin{cases} 0 & 0 \leq |f| \leq \frac{1-\alpha}{2T} \\ \pi\frac{T^2}{2\alpha}\cos\left(\pi\frac{t}{\alpha}(f+\frac{1}{2T})\right) & -\frac{1+\alpha}{2T} \leq f \leq -\frac{1-\alpha}{2T} \\ -\pi\frac{T^2}{2\alpha}\cos\left(\pi\frac{t}{\alpha}(f-\frac{1}{2T})\right) & \frac{1-\alpha}{2T} \leq f \leq \frac{1+\alpha}{2T} \end{cases}$$

bzw.

$$F'(f) = \pi\frac{T^2}{2\alpha}\cos(\pi\frac{T}{\alpha}f) * \left(\delta(f+\frac{1}{2T}) - \delta(f-\frac{1}{2T})\right) \quad -\frac{\alpha}{2T} \leq f \leq \frac{\alpha}{2T} \quad (8\text{-}94)$$

Für die Rücktransformation wenden wir die Korrespondenz (8-88) unter Beachtung des Ähnlichkeitssatzes (8-17), die Korrespondenz 10/Tab. 8.3 für die sin-Funktion und das Faltungstheorem (8-25) an. Das Ergebnis lautet:

$$FT^{-1}\{F'(f)\} = T \cdot \frac{\cos\left(\pi\frac{\alpha t}{T}\right)}{1-\left(2\frac{\alpha t}{T}\right)^2} \cdot \left(-2j\sin\left(\pi\frac{t}{T}\right)\right)$$

Die Berücksichtigung des Differentiationssatzes $j2\pi \cdot f(t) \xleftrightarrow{FT} F'(f)$ liefert schließlich die gesuchte Funktion:

$$f(t) = \mathrm{sinc}\left(\pi \frac{t}{T}\right) \cdot \frac{\cos\left(\pi \frac{\alpha t}{T}\right)}{1 - \left(2\frac{\alpha t}{2T}\right)^2} \qquad (8\text{-}95)$$

Den Verlauf mit $\alpha = 0{,}8$ zeigt Bild 8.33. Man überzeugt sich leicht, dass das Nyquistkriterium erfüllt wird.

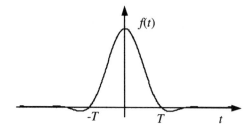

Bild 8.33: Verlauf der Funktion (8-95)

8.3.13 Idealsysteme

8.3.13.1 Impuls- und Sprungantwort des idealen Tiefpasses

Gegeben: Sachverhalt nach Bild 8.34. Ein System wird mit dem δ-Impuls bzw. der Sprungfunktion erregt. Die Systemreaktion im ersten Falle heißt Gewichtsfunktion oder Impulsantwort und im zweiten Übergangsfunktion oder Sprungantwort.

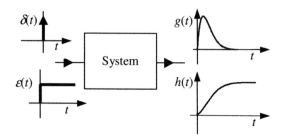

Bild 8.34: Impuls- und Sprungantwort

Gesucht: a) Impulsantwort, b) Sprungantwort für ein System mit rechteckförmiger Übertragungscharakteristik und linearer Phase entsprechend (8-96).

$$G(f) = f_g \, \mathrm{rect}\left(\frac{f}{f_g}\right) \cdot e^{-j2\pi f t_0} \qquad (8\text{-}96)$$

8.3 Anwendungen der Fouriertransformation

Lösung: Die Systemantwort im Bildbereich erhält man durch Multiplikation der Übertragungsfunktion mit der Bildfunktion der Erregung. Wegen der Korrespondenz $\delta(t) \xleftrightarrow{FT} 1$ ist $G(f)$ gleichzeitig die Fouriertransformierte der Impulsantwort, die nun durch Rücktransformation von (8-96) gewonnen wird.

$$g(t) = FT^{-1}\{G(f)\} = f_g \cdot FT^{-1}\left\{\text{rect}\left(\frac{f}{f_g}\right) \cdot e^{-j2\pi f t_0}\right\} = f_g \cdot \text{sinc}(\pi f_g (t - t_0)) \qquad (8\text{-}97)$$

b) Soll die Sprungantwort $h(t)$ berechnet werden, ist im Bildbereich die Erregerfunktion

$$FT\{\varepsilon(t)\} = \frac{1}{2}\left(\delta(f) + \frac{1}{j\pi f}\right)$$

zu verwenden. Somit gilt

$$h(t) \xleftrightarrow{FT} G(f) \cdot \frac{1}{2}\left(\delta(f) + \frac{1}{j\pi f}\right) = \frac{1}{2}G(0) \cdot \delta(f) + \frac{G(f)}{j2\pi f}$$

Das bedeutet aber mit der Regel (8-22), dass lediglich die Impulsantwort (8-97) integriert werden muss:

$$h(t) = \int_{-\infty}^{t} g(t)dt = f_g \cdot \int_{-\infty}^{t} \text{sinc}(\pi f_g (t - t_0))dt$$

Mit der Substitution $x = \pi f_g (t - t_0)$ und $\frac{dx}{dt} = \pi f_g$ wird daraus

$$h(t) = \frac{1}{\pi}\int_{-\infty}^{\pi f_g (t-t_0)} \text{sinc}(x)dx = \frac{1}{\pi}\int_{-\infty}^{0} \text{sinc}(x)dx + \frac{1}{\pi}\int_{0}^{\pi f_g (t-t_0)} \text{sinc}(x)dx$$

$$h(t) = \frac{1}{2} + \frac{1}{\pi} \cdot \text{Si}(\pi f_g (t - t_0)) \qquad (8\text{-}98)$$

Darin ist

$$\text{Si}(x) = \int_{0}^{x} \text{sinc}(x)dx \quad \text{mit} \quad \text{Si}(\pm\infty) = \pm\frac{\pi}{2} \qquad (8\text{-}99)$$

der Integralsinus, der in einschlägigen Tafelwerken tabelliert ist.

8.3.13.2 Ideales Schmalbandsystem

Gegeben: Ein ideales Schmalbandsystem mit der Übertragungsfunktion

$$G(f) = \Delta f \cdot \text{rect}\left(\frac{f + f_0}{\Delta f}\right) \cdot e^{-j2\pi(f - f_0)t_0} + \Delta f \cdot \text{rect}\left(\frac{f - f_0}{\Delta f}\right) \cdot e^{-j2\pi(f - f_0)t_0}$$

Es wird mit einer bei $t = 0$ plötzlich eingeschalteten Cos-Schwingung mit der Frequenz f_0 erregt.

Gesucht: Die Systemreaktion $f_2(t)$.

Lösung: Unter Nutzung der Rechenregel (2-30) für die δ-Funktion schreiben wir für die Übertragungsfunktion

$$G(f) = \Delta f \cdot \mathrm{rect}\left(\frac{f}{\Delta f}\right) \cdot e^{-j2\pi f t_0} * (\delta(f - f_0) + \delta(f + f_0))$$

Durch Rücktransformation in den Originalbereich erhält man mit 3/Tab. 8.3 und den Verschiebungssatz (8-18) die Impulsantwort

$$g(t) = \Delta f \cdot \mathrm{sinc}(\pi \Delta f (t - t_0)) * \left(e^{j2\pi f_0 t} + e^{-j2\pi f_0 t}\right)$$

Das Ausgangssignal wird durch Faltung von $g(t)$ mit der Erregerfunktion

$$f_1(t) = \varepsilon(t) \cdot \cos(2\pi f_0 t) = \varepsilon(t) \cdot \frac{1}{2}\left(e^{j2\pi f_0 t} + e^{-j2\pi f_0 t}\right)$$

bestimmt. Man überzeugt sich leicht, dass

$$\left(f_1(t) \cdot e^{at}\right) * \left(f_2(t) \cdot e^{at}\right) = (f_1(t) * f_2(t)) \cdot e^{at}$$

gültig ist. Damit ist die Systemreaktion durch

$$f_2(t) = g(t) * f_1(t) = \frac{\Delta f}{2} \cdot (\varepsilon(t) * \mathrm{sinc}(\pi \Delta f (t - t_0))) \cdot \left(e^{j2\pi f_0 t} + e^{-j2\pi f_0 t}\right)$$

gegeben. Mit $\varepsilon(t) * f(t) = \int_{-\infty}^{t} f(t)dt$ (s. Kap. 2) und (8-99) findet man das Ergebnis

$$f_2(t) = \left(\frac{1}{2} + \frac{1}{\pi} \cdot \mathrm{Si}(\pi \Delta f (t - t_0))\right) \cdot \cos(2\pi f_0 t) \qquad (8\text{-}100)$$

Die Einhüllende stimmt, wenn f_g durch Δf ersetzt wird, mit der Übergangsfunktion eines idealen Tiefpasses überein.

8.4 Rechnergestützte Fouriertransformation

8.4.1 Diskrete Fouriertransformation (DFT)

Die rechnergestützte Ausführung der Fouriertransformation kann sowohl im Zeit- als auch im Frequenzbereich nur mit endlichen Zahlenmengen erfolgen. Die diskrete Fouriertransformation (DFT) berücksichtigt diesen Umstand und stellt die an ihn angepasste Form der Fouriertransformation dar. Original- und Bildfunktion sind durch (3-50) bzw. (3-49) gegeben:

$$f(nT_a) = \frac{1}{N}\sum_{m=0}^{N-1} F(m\Delta f) \cdot e^{j\frac{2\pi}{N}mn} \qquad F(m\Delta f) = \sum_{n=0}^{N-1} f(nT_a) \cdot e^{-j\frac{2\pi}{N}mn} \qquad (8\text{-}101)$$

$$n = 0 \quad (1) \quad N-1 \qquad\qquad m = 0 \quad (1) \quad N-1$$

Die Transformationsvorschrift wird zweckmäßig kürzer in Matrizenschreibweise geschrieben

$$\underline{f}(nT_a) = \frac{1}{N}\underline{D}^* \cdot \underline{F}(m\Delta f) \qquad \underline{F}(m\Delta f) = \underline{D} \cdot \underline{f}(nT_a) \qquad (8\text{-}101\mathrm{a})$$

8.4 Rechnergestützte Fouriertransformation

dabei sind die $d(m,n) = e^{-j\frac{2\pi}{N}mn}$ die Elemente der Matrix $\underline{D}$.

$\underline{f}(nT_a)$ bzw. $\underline{F}(m\Delta f)$ in (8-101a) sind die zu einem Vektor zusammengefassten Werte der Original- bzw. Bildfolge.

Die durch (8-101) beschriebenen Wertefolgen sind als die Grundperiode von periodischen Datenfolgen zu betrachten. T_a gibt den zeitlichen Abstand der Probenwerte im Originalbereich und Δf den Frequenzabstand der Stützstellen im Bildbereich an. Damit ist die

Periode im Originalbereich $\quad \tau = N \cdot T_a \quad$ (8-102)

und die

Periode im Frequenzbereich $\quad f_p = N \cdot \Delta f \quad$ (8-103)

Eigenschaften und Regeln:

Beachtet man die Periodizität, sind die in Tabelle 8.1 zusammengestellten Eigenschaften auch für die diskrete Fouriertransformation gültig. Gerade und ungerade Folgen sind durch die Beziehungen

gerade Folge: $\quad f(\eta) = f(N - \eta) \quad$ (8-104)

ungerade Folge $\quad f(\eta) = -f(N - \eta) \quad$ (8-105)

charakterisiert. Bild 8.35 zeigt zwei Beispiele.

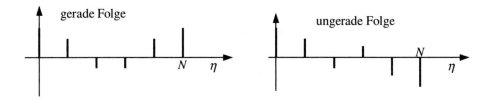

Bild 8.35: Gerade und ungerade Folge

Entsprechend gilt mit $f(\eta) = f_g(\eta) + f_u(\eta)$

$$f_g(\eta) = \frac{1}{2}(f(\eta) + f(N-\eta)) \quad \text{und} \quad f_u(\eta) = \frac{1}{2}(f(\eta) - f(N-\eta)) \quad (8\text{-}106)$$

Weiterhin folgt für reelle Originalfolgen der nützliche Zusammenhang.

$$F(m\Delta f) = F^*((N-m)\Delta f) \quad f(nT_a) = reell \quad (8\text{-}107)$$

Die DFT ist invariant gegenüber Verschiebungen der Summierung:

$$\sum_{n=0}^{N-1} F(m\Delta f) = \sum_{n=k}^{N-1+k} F(m\Delta f) \quad (8\text{-}108)$$

Entsprechendes ist für die Originalfolge gültig!

Linearität:

$$\sum_v a_v f_v(nT_a) \xleftrightarrow{DFT} \sum_v a_v F_v(m\Delta f) \tag{8-109}$$

Verschiebung:

$$f((n-k)T_a) \xleftrightarrow{DFT} F(m\Delta f) \cdot e^{-j\frac{2\pi}{N}mk} \tag{8-110}$$

$$f(nT_a) \cdot e^{j\frac{2\pi}{N}nk} \xleftrightarrow{DFT} F((m-k)\Delta f) \tag{8-111}$$

Faltungstheorem, zyklische Faltung:

$$f_1(nT_a) * f_2(nT_a) = \sum_{k=0}^{N-1} f_1(kT_a) \cdot f_2((n-k)T_a) \xleftrightarrow{DFT} F_1(m\Delta f) \cdot F_2(m\Delta f) \tag{8-112}$$

$$f_1(nT_a) \cdot f_2(nT_a) \xleftrightarrow{DFT} F_1(m\Delta f) * F_2(m\Delta f) \tag{8-113}$$

8.4.2 Anwendung der DFT auf analoge Funktionen

Die Anwendung der DFT setzt nach 8.4.1 die Existenz von Paaren zeitbegrenzter (periodischer) Originalfolgen und frequenzbegrenzter (periodischer) Bildfolgen voraus. Tatsächlich besitzen aber zeitlich begrenzte Originalfunktionen stets auf $-\infty < f < \infty$ ausgedehnte Bildfunktionen und umgekehrt. Die Voraussetzungen für die Anwendung der DFT müssen somit künstlich erzwungen werden:

1. Die Zeitfunktionen sind auf einen Zeitabschnitt der endlichen Länge τ zu begrenzen.
2. Die Spektralfunktionen sind auf den Frequenzbereich $-f_g \leq f \leq f_g$ zu beschränken.

Die Parameter für die Ausführung der Transformation sind:

Probenabstand im Zeitbereich (Abtastperiode): $\quad T_a = \dfrac{1}{2f_g} \tag{8-114}$

Frequenzauflösung im Bildbereich: $\quad \Delta f = \dfrac{1}{\tau}$

(s. Bild 8.36)

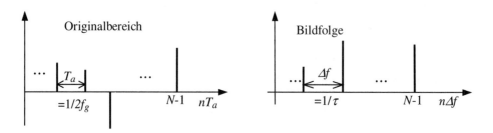

Bild 8.36: Zur Parameterwahl bei der DFT

8.4 Rechnergestützte Fouriertransformation

Die Anzahl N der zu berechnenden Werte (Stützstellen) ist im Zeit- und Frequenzbereich gleich. Dabei gelten folgende Zusammenhänge:

Anzahl der Stützstellen: $\qquad N = \dfrac{\tau}{T_a} = \dfrac{2 f_g}{\Delta f} \quad \Rightarrow \quad T_a \cdot \Delta f = \dfrac{1}{N}$ \hfill (8-115)

In der Regel wird also durch die DFT nur ein Ausschnitt der zu analysierenden Funktion berücksichtigt. Außerdem zieht die Entnahme nur äquidistanter Probenwerte im Zeit- und Frequenzbereich nach Kapitel 3.6 eine Periodifizierung des gewählten Ausschnittes der Ursprungsfunktionen nach sich. Obwohl vornehmlich die Frequenzfunktionen in der Praxis oberhalb einer bestimmten Frequenz gewöhnlich rasch abklingen, ist damit zu rechnen, dass dadurch in den Randzonen des zur Berechnung gewählten Ausschnittes Überlappungen entstehen. Bild 8.37 deutet diesen Sachverhalt an. Dieser als Aliasing bezeichnete Effekt verursacht Verfälschungen des Ergebnisses. Ihm muss bei der Anwendung der DFT große Aufmerksamkeit geschenkt werden. Zwei Maßnahmen führen zur Minderung des verursachten Fehlers:

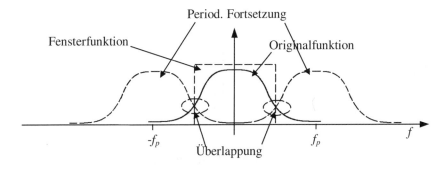

Bild 8.37: Der Aliasingeffekt

1. Verkleinerung der Tastperiode T_a. Damit wird die Stützstellenzahl erhöht und die Periode im Bildbereich $f_p = 2 \cdot f_g = 1/T_a$ vergrößert.

2. Verwendung angepasster Fensterfunktionen

Mit einfachen Beispielen soll jetzt in die Problematik eingeführt werden. Für das weitverbreiteten Programmpaket MATLAB werden gleichzeitig die wichtigsten FFT-Befehle vorgestellt.

Zeitbegrenzte Originalfolge:

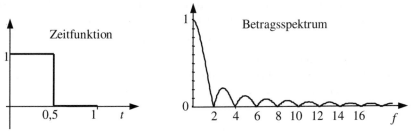

Bild 8.38 Rechteckimpuls und zugehöriges Betragsspektrum

Damit die Zusammenhänge deutlich werden, verwenden wir als Beispiel den einzelnen Rechteckimpuls, für den die Spektralfunktion analytisch bekannt ist und somit ein guter Vergleich angestellt werden kann. Die exakten Beziehungen sind im Bild 8.37 dargestellt. Der Originalfunktion werden zur Berechnung des Fourierspektrums zunächst 20 Probenwerte entnommen und diese dann der DFT unterworfen. Die Originalfolge lautet

$$f(nT_a) = \{1 \quad (8x1) \quad 1 \quad 10x0\} \quad N=20$$

MATLAB-Befehlsfolge:

    x=[ones(1,10),zeros(1,10)];   %Eingangsvektor, Originalbereich)

    X=fft(x);   %Berechnung der FFT

    f=0:19;   %Skalierung im Frequenzbereich, $1/\tau = \Delta f = 1$,

$$f_{\max} = (N-1) \cdot \Delta f$$

Das Ergebnis zeigt Bild 8.39. Zum Vergleich ist die exakte Funktion eingezeichnet.

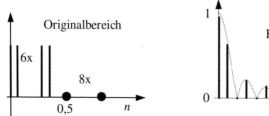
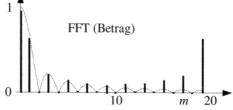

Bild 8.39: FFT (20-Stützstellen) des Rechteckimpulses.

Ergebnisdiskussion:

1. Während für tiefe Spektralanteile die Fehler unbedeutend sind, wachsen sie mit größer werdendem m an. Das ist die Folge von Aliasingeffekt und Periodifizierung.

2. Die Betragsfolge der FFT ist spiegelsymmetrisch zu $f = 10$, d.h. zu $N/2$. Das bestätigt die Gültigkeit von (8-106). Die Ergebnisfolge enthält für $0 < m < N/2$ alle erforderlichen Informationen.

3. Es werden nur die Spektralanteile für die Frequenzen $f = m\Delta f$ also $f = 0,1,2.....$ berechnet.

Anmerkung: Zur Darstellung im Bild 8.39 wurde das FFT-Ergebnis auf $N/2$ normiert. Das ist erforderlich, da die DFT in der Definition (8-100) nicht orthonormal ist.

In welcher Weise kann nun das Ergebnis verbessert werden?

Aliasingeffekt: Durch Erhöhung der Menge der Probenwerte, also durch Vergrößerung von N, wird die Frequenzperiode vergrößert und damit die Überlappung infolge der Periodifizierung zu höheren Spektralanteilen verschoben. Bild 8.40 zeigt das Ergebnis mit $N = 40$. Erst für $m > 14$ sind Unterschiede deutlich erkennbar.

8.4 Rechnergestützte Fouriertransformation

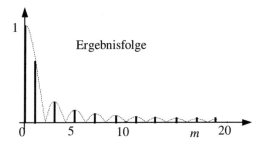

Bild 8.40: FFT bei Verdopplung der Probenwerte

Frequenzauflösung: Die grobe Auflösung mit $\Delta f = 1$ im Frequenzbereich ist in der Praxis meist nicht ausreichend. Diesem Mangel kann abgeholfen werden, indem die Originalfolge durch zusätzliche Nullen verlängert wird. Dadurch wird das Zeitfenster vergrößert. Sei N_1 die Länge der neuen Folge, dann gilt

neue Fensterlänge: $\quad\quad \tau_1 = \tau \cdot \dfrac{N_1}{N}$ \hfill (8-116)

neue Frequenzauflösung: $\quad \Delta f_1 = \Delta f \cdot \dfrac{N}{N_1}$ \hfill (8-117)

Ist das Verhältnis N_1/N eine ganze Zahl, sind die zuvor berechneten Spektrallinien im neuen Ergebnis wieder enthalten.

DFT-Analyse bei Signalen mit periodischen Anteilen

Häufig haben zu analysierende Funktionen periodische Anteile. Sollen diese mit Hilfe der DFT detektiert werden, sind Besonderheiten zu beachten. In diese Problematik wird mit dem einfachen Beispiel einer einzelnen Sinusschwingung eingeführt.

Bild 8.41 zeigt die Originalfunktion mit $f_0 = 1/T_0$ und das zugehörige Fourierspektrum nach (8-2). Im ersten Schritt der DFT-Analyse ist ein passender Ausschnitt der zu untersuchenden Funktion auszuwählen wie im Bild 8.41 angedeutet.

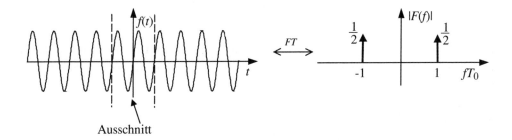

Bild 8.41: Originalfunktion mit Spektrum

Analytisch wird der Signalausschnitt als Produkt der Originalfunktion mit einer rechteckförmigen „Fensterfunktion" $w(t)$ beschrieben. An Stelle der Originalfunktion $f(t)$ wird jetzt die Funktion:

$$\tilde{f}(t) = f(t) \cdot w(t) = \sin(2\pi f_0 t) \cdot \tau \cdot \text{rect}\left(\frac{t - \tau/2}{\tau}\right) \tag{8-118}$$

der Transformation unterworfen. Dabei wurde berücksichtigt, dass bei der DFT stets bei $t = 0$ mit der Rechnung begonnen wird. Die Fensterbreite τ definiert die Länge des Signalausschnittes. Das Verhältnis τ/T_0 sei q. Es kann eine beliebige positive reelle Zahl annehmen. Die Fouriertransformierte der Funktion (8-118) ist mit dem Faltungssatz (8-25), dem Verschiebungssatz (8-18) und den Korrespondenzen 3 und 10/Tab. 8.3:

$$\tilde{F}(f) = \frac{1}{2j}(\delta(f - f_0) - \delta(f + f_0)) * (\text{sinc}(\pi f \tau) \cdot e^{-j\pi f})$$

und mit $f(x) * \delta(x - x_0) = f(x - x_0)$

$$\tilde{F}(f) = -j\frac{1}{2}(\text{sinc}(\pi(f - f_0)\tau) \cdot e^{-j\pi(f-f_0)\tau} - \text{sinc}(\pi(f + f_0)\tau) \cdot e^{-j\pi(f+f_0)\tau})$$

$$\tilde{F}(f) = -j\frac{1}{2}(\text{sinc}(q\pi(f \cdot T_0 - 1)) \cdot e^{jq\pi} - \text{sinc}(q\pi(f \cdot T_0 + 1)) \cdot e^{-jq\pi}) \cdot e^{-jq\pi f T_0} \tag{8-119}$$

Im ersten Beispielfalle wird mit $\tau = 2T_0$ der Ausschnitt so gewählt, dass seine Länge ein ganzes Vielfaches der Periodendauer der Schwingung ist.

Die Funktion (8-119) hat dann bei $f \cdot T_0 = \dfrac{n}{2}$, $n \neq \pm 2$ (n = ganze Zahl) Nullstellen.

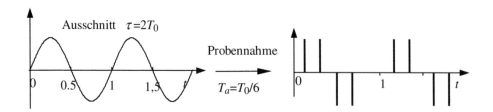

Bild 8.42: Signalausschnitt

Die Abtastzeit sei $T_a = T_0/6$. Dem Signalausschnitt werden damit die Probenwerte wie im Bild 8.42 gezeigt entnommen. Auf Grund der gewählten Parameter gilt für die Skalierung im Frequenzbereich:

Anzahl der Probenwerte: $\quad N = \dfrac{\tau}{T_0} = 12$

Frequenzauflösung: $\quad \Delta f = \dfrac{1}{\tau} = \dfrac{0{,}5}{T_0}$

8.4 Rechnergestützte Fouriertransformation

Frequenzbereich: $\quad f_{max} = N \cdot \Delta f = \dfrac{6}{T_0}$

Bei der DFT wird das Spektrum lediglich bei den Frequenzen $f_n = n \cdot \Delta f$ mit $n = 0 \ldots N\text{-}1$ berechnet. Für diese ergibt sich aber mit (8-119) nur bei $n = 2$ und $n = N\text{-}2$ ein von Null verschiedener Wert. Das Ergebnis nach einer Normierung auf N zeigt Bild 8.43. Es entspricht exakt der Erwartung (vergl. Bild 8.41).

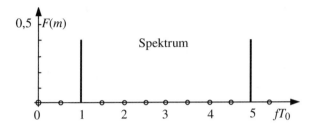

Bild 8.43: DFT zu Bild 8.42.

Für eine zweite Rechnung wird die Fensterlänge auf $\tau = 15/6 = 2{,}5\,T_0$, also $q = 2{,}5$, festgelegt. Dann ist das Fourierspektrum mit (8-119) durch

$$\widetilde{F}(f) = -j\dfrac{1}{2}(\operatorname{sinc}(2{,}5\pi(f \cdot T_0 - 1)) \cdot e^{j2,5\pi} - \operatorname{sinc}(2{,}5\pi(f \cdot T_0 + 1)) \cdot e^{-j2,5\pi}) \cdot e^{-j2,5\pi fT_0}$$

(8-120)

bestimmt.

Die Nullstellen dieser Funktion sind durch $f = (1 \pm n/2{,}5) \cdot f_0$ gegeben. Sie fallen in keinem Falle mit einer der $N = 15$ Stützstellenfrequenzen der DFT $n \cdot \Delta f = n/\tau = n/2{,}5 \cdot f_0$ zusammen. Das Ergebnis der DFT mit den gewählten Parametern ist im Bild 8.43 wiedergegeben.

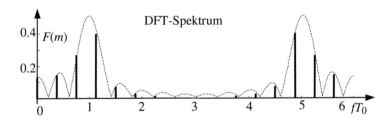

Bild 8.44: DFT-Spektrum, $\tau = 2{,}5\,T_0$ gestrichelt sind die überlagerten Spaltfunktionen eingezeichnet.

Wir stellen fest, dass das Spektrum bei der tatsächlich vorhandenen Spektrallinie $f \cdot T_0 = 1$ bzw. 5 überhaupt nicht berechnet wird. Es erscheinen in Übereinstimmung mit (8-117) Spektralanteile mit einem Abstand von $\Delta f = 1/\tau = 0{,}4 f_0$. Aus diesem Ergebnis kann die tatsächliche Frequenz nicht exakt ermittelt werden. Da bei praktischer Signalanalyse oder -verarbeitung die Frequenz i.A. nicht a priori bekannt ist, stellt die Wahl der Fensterlänge prinzipiell ein

Problem dar. Zunächst kann, wie bereits beschrieben, eine Verbesserung der spektralen Auflösung durch Anfügen von Nullen im Zeitbereich erreicht werden. Dadurch wird praktisch die Länge des Fensters vergrößert, ohne den gewählten Signalausschnitt zu verändern. Für obiges Beispiel zeigt Bild 8.45 das Ergebnis, wenn statt 15 1500 Frequenzpunkte berechnet werden.

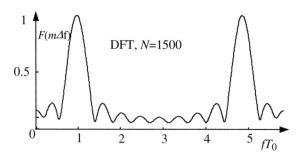

Bild 8.45: DFT mit höherer Auflösung

Fehldeutungen sind immer noch möglich. Es ist im Allgemeinen nicht sicher zu beurteilen, ob die Nebenzipfel wesentliche Spektralanteile der zu untersuchenden Funktion sind oder von dem Rechteckfenster, also der Spaltfunktion, herrühren. Deutlich werden die Unterschiede zwischen den beiden geschilderten Beispielen, wenn der Originalbereich betrachtet wird. Bei beliebiger Fensterlänge zeigt Bild 8.46, dass die der DFT innewohnende Periodifizierung des Signalausschnittes zu Unstetigkeiten im Verlauf der transformierten Funktion führt. Diese erzeugen offenbar spektrale Verwerfungen. Für q = ganze Zahl dagegen entsteht durch die Periodifizierung wieder die ursprüngliche Sinusdauerschwingung. Das gilt natürlich für jede periodische Funktion.

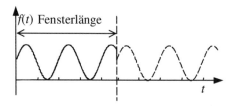

Bild 8.46: Fensterung bei periodischen Funktionen

Die erwähnte Unstetigkeit ist nicht durch höhere Frequenzauflösung zu vermeiden. Es liegt daher der Gedanke nahe, durch andere Fensterfunktionen, die sanfte Übergänge an den Fenstergrenzen erzwingen, den Fehler zu mindern. Es sind zahlreiche solcher Fensterfunktionen in die FT-Praxis eingeführt worden, die alle einen abgerundeten Übergang an den Fenstergrenzen besitzen und deren Spektralfunktionen schnell abklingen. Die wichtigsten dieser Funktionen sind in Tabelle 8.4 zusammengestellt. Mit (8-118) ist das Spektrum der gefensterten Funktion durch

$$\tilde{F}(f) = F(f) * W(f) \qquad (8\text{-}121)$$

8.4 Rechnergestützte Fouriertransformation

bestimmt. $W(f)$ ist die FT der Fensterfunktion. Fehlerfrei ist das Ergebnis für $W(f) = \delta(f)$. Die Spektren der Fensterfunktionen sollten daher möglichst schmal sein und die Fläche eins haben. Überschwinger sollten minimal sein. Als Gütekriterium für die Fensterfunktion wird häufig das Amplitudenverhältnis Hauptkeule/1. Nebenschwinger (Peak to sidelobe) verwendet. Das Rechteckfenster erreicht lediglich einen Abstand von 13,5 dB, während mit dem Kaiserfenster in Abhängigkeit vom Parameter β (= 4...9) 60 dB erreicht werden. Das Kaiserfenster stellt in vielerlei Hinsicht ein Optimum dar. Eine ausführliche Diskussion der Eigenschaften ist u.a. in [26] zu finden.

Wiederum an einfachen Beispielen soll der Einfluss der Fensterung gezeigt werden. Zunächst wird das Hanningfenster auf das letzte Beispiel angewendet. Der mit dem Hanningfenster bewertete Signalausschnitt mit $\tau = 2{,}5\ T_0$ ist im Bild 8.47 dargestellt.

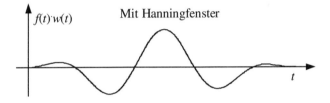

Bild 8.47: Mit Hanningfenster bewertete Schwingung, $\tau = 2{,}5\ T_0$

Das Bild 8.48 stellt dann die DFT Ergebnisse mit einem Rechteck- und einem Hanningfenster gleicher Länge gegenüber.

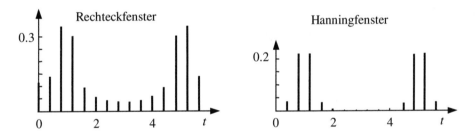

Bild 8.48: Anwendung des Hanningfensters

Man erkennt deutlich den glättenden Einfluss des Hanningfensters. Allerdings ist auch zu beachten, dass die Amplitudenwerte deutlich geringer ausfallen. Das ist darin begründet, dass die gefensterte Funktion weniger Energie verkörpert als die Originalfunktion. Noch deutlicher wird der Vorteil des Hanningfensters, wenn durch hinzufügen von Nullen die Frequenzauflösung erhöht wird. Das Ergebnis zeigt Bild 8.49.

Bild 8.49: Anwendung des Hanningfensters

Abschließend sei noch die DFT auf die Funktion $f(t) = e^{-\frac{2|t|}{T}}$ angewendet. Bild 8.50 zeigt die Originalfunktion und die gewählte Fensterlänge.

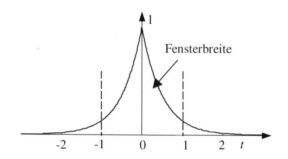

Bild 8.50 Originalfunktion $f(t) = e^{-\frac{2|t|}{T}}$

Das Ergebnis der DFT bei der Anwendung verschiedener Fensterfunktionen ist aus Bild 8.51 zu erkennen. Zum besseren Vergleich wurden die Funktionen jeweils auf ihr Maximum normiert.

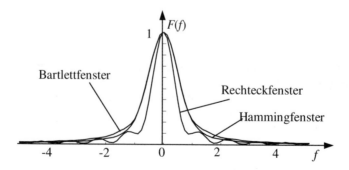

Bild 8.51: Spektralfunktionen bei unterschiedlicher Fensterung

8.4 Rechnergestützte Fouriertransformation

Tabelle 8.4: Fensterfunktionen

Fensterfunktion w(t)		Spektrum W(f)	
Rechteckfenster	$2T \cdot rect(\dfrac{t}{2T})$	$2T \cdot sinc(2\pi fT)$	
Hanning	$0{,}5(1+\cos(\pi \dfrac{t}{T}))$ oder $\cos^2(\dfrac{\pi}{2}\dfrac{t}{T})$	$T\dfrac{sinc(2\pi fT)}{1-(2fT)^2}$	
Hammingfenster	$0{,}54 + 0{,}46 \cdot \cos(\pi \dfrac{t}{T})$ oder $0{,}08 + 0{,}92 \cos^2(\dfrac{\pi}{2}\dfrac{t}{T})$ $|t| \leq T$	$\dfrac{6{,}75-(2fT)^2}{6{,}25(1-(2fT)^2)}sinc(2\pi fT)$	
Bartlettfenster	$dr(\dfrac{t}{2T})$	$T \cdot sinc^2(\pi fT)$	
Blackmanfenster	$0{,}42 + 0{,}5\cos\left(\pi\dfrac{t}{T}\right) +$ $0{,}08\cos\left(2\pi\dfrac{t}{T}\right)$ oder $-0{,}16\sin^2\left(\pi\dfrac{t}{T}\right) + \cos^2\left(\dfrac{\pi}{2T}\right)$	$0{,}84\left(1-\dfrac{3}{7}(fT)^2\right)T \cdot$ $sinc(2\pi fT)$	
Kaiserfenster	$\dfrac{I_0(\beta\sqrt{1-(t/T)^2})}{I_0(\beta)}$ $I_0(\beta)$ = modif. Besselfunktion nullter Ordn.	$\dfrac{\sin(2\pi T\sqrt{f^2-(\dfrac{\beta T}{2\pi})^2})}{\pi I_0(\beta)\sqrt{f^2-(\dfrac{\beta T}{2\pi})^2}}$ ($\beta = 5{,}44$)	

Man sieht deutlich, dass die Glättung gegenüber einem Rechteckfenster auf Kosten einer Verbreiterung der Spektralfunktion erzielt wird.

Die Berechnung erfolgte wieder mit MATLAB:

t=linspace(-3,3,1000);	%Zeitbasis
y=exp(-2*abs(t));	%Berechnung der Originalfunktion
yr=y(334:667);	%Fensterung, Rechteckfenster $-1 \leq t \leq 1$
tr=t(334:667);	%zugehörige Zeitbasis
yh=yr.*hamming(334);	%Hammingfenster
yb=yr.*bartlett(334);	%Bartlettfenster
Yx=fftshift(fft(yx,2000));	%Berechnung des Spektrums,
f=0:df:max(f)-df;	%Skalierung im Frequenzbereich, $df = \tau_0 \dfrac{N}{N_0} = 2 \dfrac{2000}{334}$

$$\max(f) = \frac{1}{T_a} = \frac{N_0}{\tau_0} = \frac{334}{2}$$

(Die Diagramme im Frequenzbereich wurden gezoomt!)

Anmerkungen zu Bearbeitungen im Frequenzbereich:

Häufig ist es erforderlich, die Spektralfunktionen zu bearbeiten. Werden reelle Originalfunktionen vorausgesetzt, was in der physikalischen Anwendung stets gegeben ist, ist sicher zu stellen, dass nach der Bearbeitung die Ergebnisfolgen der Bedingung

$$F(m) = F^*(N - m)$$

genügen.

Bei der Filterung, also Unterdrückung bestimmter Spektralanteile, ist diese daher immer symmetrisch zu *N*/2 auszuführen.

Eine z.B. durch Messung gegebene Spektralfunktion $F(f)$ ist in aller Regel nicht periodisch. Soll aus ihr mit Hilfe der IFFT die zugehörige Originalfolge bestimmt werden, muss eine Ergänzung der Art

$$F_1(m) = \left(F(m) \; F^*(N - m) \right)$$

vorgenommen werden bevor die Rücktransformation ausgeführt wird.

Zero Padding

Unter zero padding versteht man das Auffüllen einer gegebenen Wertefolge mit Nullen nach jedem Wert der Folge. Die Anzahl der jeweils eingeführten Nullen sei z. Der Übergang von der Originalfolge $f(n)$ daraus durch zero padding gewonnenen Folge $\tilde{f}(k)$ ist durch

$$f(n) = \{x_0 \;\; x_1 \;\; \cdots \;\; x_{N-1}\} \quad \Rightarrow \quad \tilde{f}(k) = \{x_0 \;\; 0 \cdots \;\; x_1 \;\; \cdots \;\; x_{N-1} \;\; 0 \cdots\} \quad \text{(8-122)}$$

beschrieben. Während die Ausgangsfolge die Länge N hat, hat die neue Folge die Länge

$$K = N(z+1) \quad \text{(8-123)}$$

8.4 Rechnergestützte Fouriertransformation

Den beiden Folgen sind die DFT

$$F(m) = DFT\{f(n)\} = \sum_{n=0}^{N-1} f(n) \cdot e^{-j\frac{2\pi}{N}mn} \qquad m = 0 \text{ bis } N-1 \qquad (8\text{-}124)$$

und

$$\tilde{F}(m) = DFT\{\tilde{f}(k)\} = \sum_{k=0}^{K-1} \tilde{f}(k) \cdot e^{-j\frac{2\pi}{K}mk} \qquad m = 0 \text{ bis } K-1 \qquad (8\text{-}125)$$

zugeordnet. Aus (8-120) erkennt man, dass in (8-125) nur die Werte

$$\tilde{f}(k = n(z+1)) = f(n)$$

von Null verschieden sind. So entsteht aus (8-125) bei Berücksichtigung von (8-123)

$$\tilde{F}(m) = \sum_{n=0}^{N-1} f(n) \cdot e^{-j\frac{2\pi}{K}mn(z+1)} = \sum_{n=0}^{N-1} f(n) \cdot e^{-j\frac{2\pi}{N}mn} \qquad m = 0 \text{ bis } K-1 \qquad (8\text{-}126)$$

Da m von 0 bis $N(z+1)-1$ läuft, stellt $\tilde{F}(m)$ die $(z+1)$-malige Wiederholung von $F(m)$ dar. Zum besseren Verständnis sind einige Anmerkungen zur Skalierung für die beiden beschriebenen Fälle erforderlich. Wenn die Originalfolge die zeitliche Ausdehnung τ_0 besitzt gelten für diese im Original- und Bildbereich die folgenden Zusammenhänge:

Skalierung:

Originalfolge: Länge des Zeitfensters τ_0

Tastzeit: $T_a = \dfrac{\tau_0}{N}$

max. Frequenz: $2f_g = \dfrac{1}{T_a} = \dfrac{N}{\tau_0}$

Frequenzauflösung: $\Delta f = \dfrac{1}{\tau_0}$

neue Folge: Länge des Zeitfensters τ_0

Tastzeit: $\tilde{T}_a = \dfrac{\tau_0}{K} = \dfrac{\tau_0}{N(z+1)}$

max. Frequenz: $2\tilde{f}_g = \dfrac{1}{\tilde{T}_a} = \dfrac{N(z+1)}{\tau_0} = (z+1)2f_g$

Frequenzauflösung: $\Delta f = \dfrac{1}{\tau_0}$

Bei gleicher Frequenzauflösung ist die spektrale Breite von $\tilde{F}(m)$ um den Faktor $z+1$ gegenüber $F(m)$ erweitert was wegen der Verkürzung der Taktzeit zu erwarten ist.

Werden durch Filterung alle Stützstellen $\tilde{F}(m)$ für $N/2 < m < K - N/2$ Null gesetzt, stimmt die übrigbleibende Folge mit der DFT der gleichen Originalfunktion aber mit der Abtastrate

$\widetilde{T}_a$ überein. Die Rücktransformierte muss also eine Wertefolge liefern, die gegenüber der Originalfolge durch zusätzliche (interpolierte) Stützstellen ergänzt ist. Die folgenden Bilder 8.52 zeigen einen solchen Sachverhalt für $z = 3$.

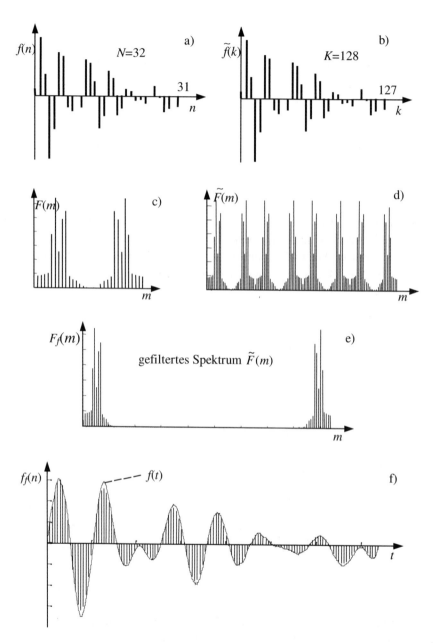

Bild 8.52: Zero-Padding, $z = 3$ a) Durch Abtastung gewonnene Originalfolge, b) Mit Nullen aufgefüllte Folge, c), d) zugehörige Spektren, f) zu e) gehörige Folge im Originalbereich im Vergleich zur Ursprungsfunktion

Die geschilderten Zusammenhänge zeigen wie praktisch eine Interpolation im Originalbereich erreicht werden kann: entweder man filtert die zu bearbeitende und entsprechend (8-120) mit Nullen aufgefüllte Folge mit einem Tiefpass der Grenzfrequenz $1/2T_a$ oder es wird die DFT berechnet, diese symmetrisch zu *K*/2 mit $z \cdot N$ Nullen aufgefüllt und wieder in den Originalbereich zurücktransformiert.

Anmerkungen zur Cepstrumanalyse:

Vor allem bei der Sprachanalyse aber auch bei anderen Anwendungen besteht das Problem, zwei (oder mehr) durch Faltung mit einander verbundene Funktionen von einander zu trennen. Nach dem Faltungstheorem der Fouriertransformation ist die Funktion im Bildbereich das Produkt der zugehörigen Spektralfunktionen.

$$g(t) = f_1(t) * f_2(t) \xleftrightarrow{FT} F_1(f) \cdot F_2(f) = G(f)$$

Wird G(f) nun logarithmiert, ändert sich zwar der Wert aber die Charakteristik bleibt prinzipiell erhalten. Aus dem Produkt ist eine Summe geworden, deren inverse Fouriertransformation wegen der Linearität der FT ebenfalls auf eine Summe im Originalbereich führt, deren Terme den beiden Funktionen $f_1(t)$ und $f_2(t)$ eindeutig zuzuordnen sind und eine vergleichsweise einfache Trennung ermöglicht.

$$\hat{g}(t) = FT^{-1}\{\ln(G(f))\}$$

nennt man komplexes Cepstrum von g(t). Das Cepstrum wird reell, wenn mit

$$\hat{g}_r(t) = FT^{-1}\{\ln|(G(f)|\}$$

gerechnet wird.

8.5 Zusammenfassung

Die vorgestellten Anwendungsbeispiele haben die Fouriertransformation als ein leistungsfähiges Werkzeug für die Signalanalyse und -synthese ausgewiesen. Ihre Ergebnisse sind stets ohne Schwierigkeiten physikalisch interpretierbar und messtechnisch zu überprüfen. Sie ist damit die mathematischen Basis für die Signaltheorie. Für die verschiedenen Signalklassen stehen jeweils angepasste Beschreibungsformen der Fouriertransformation zur Verfügung, die in Tabelle 8.5 noch einmal im Überblick zusammengestellt sind.

Alle hier vorgestellten Anwendungen setzen determinierte Originalfunktionen voraus. Es sei aber angemerkt, dass auch für nicht stationäre Prozesse Analysemethoden auf der Basis der Fouriertransformation entwickelt wurden. Sie basieren prinzipiell auf den hier dargelegten Zusammenhängen.

Insbesondere steht mit der DFT ein Instrumentarium zur Verfügung, das auf der Basis des FFT-Algorithmus effektiv für die Lösung mit dem Computer genutzt werden kann. Bei seiner Anwendung muss stets bedacht werden, dass die DFT nur in der Lage ist, *Approximationen* der realen Funktionen zu liefern und der Anwender immer ihre Güte kontrollieren muss.

Obwohl sich auch in Echtzeitanwendungen Implementierungen mit Hilfe der FFT bewährt haben, sind einige Nachteile nicht zu übersehen.
- Reelle Originalfunktionen werden prinzipiell auf komplexe Funktionen abgebildet. Das bedeutet erhöhten Rechenaufwand und mehr Speicherplatz gegenüber einer reellen Dar-

stellung. Es wurden FFT-Varianten entwickelt, die, wenn möglich, die Effektivität verbessern. [2]

- Die Fouriertransformation erfordert in der Regel eine vergleichsweise große Stützstellenzahl.
- Bei der Verarbeitung kontinuierlicher Funktionen ist der Anwendung der Diskreten Fouriertransformation (bzw. FFT) eine spektrale Begrenzung der Originalfunktionen voran zu stellen. Wird das missachtet, können nicht zu vernachlässigende Fehler durch den Aliasingeffekt entstehen. Besonders kritisch ist die Bearbeitung von Originalfunktionen mit unbekannten periodischen Komponenten.

In der folgenden Tabelle 8.5 bedeuten:

$\underline{f} = (f(0), f(1) \cdots f(N-1))^T$ = Wertefolge im Originalbereich

$\underline{F} = (F(0), F(1) \cdots F(N-1))^T$ = Wertefolge im Bildbereich

$\underline{D}$ = Transformationsmatrix =

$$\underline{D} = \begin{pmatrix} 1 & 1 & 1 & 1 & & 1 \\ 1 & w^{-1} & w^{-2} & w^{-3} & \cdots & w^{-(N-1)} \\ 1 & w^{-2} & w^{-4} & w^{-4} & \cdots & w^{-2(N-1)} \\ 1 & w^{-3} & w^{-6} & w^{-9} & \cdots & w^{-3(N-1)} \\ \vdots & \vdots & \vdots & \vdots & \vdots & \vdots \\ 1 & w^{-(N-1)} & w^{-2(N-1)} & w^{-3(n-1)} & \cdots & w^{-(N-1)^2} \end{pmatrix}$$

mit $w_N = e^{j\frac{2\pi}{N}}$

8.5 Zusammenfassung

Tabelle 8.5: Zusammenfassende Übersicht der Fourieranalyse

Signaleigenschaft	Beschreibung		Bemerkungen
	Zeitbereich	Frequenzbereich	
Beliebig	$f(t) = \int_{-\infty}^{\infty} F(f) e^{j2\pi ft} dt$	$F(f) = \int_{-\infty}^{\infty} f(t) e^{-j2\pi ft} df$	Bed.: $\int_{-\infty}^{\infty} |f(t)| dt < \infty$
Periodisch: $f(t) = f(t+nT_0)$, $T_0 = \dfrac{1}{f_0}$	$f(t) = \sum_{n=-\infty}^{\infty} c_n e^{j2\pi nf_0 t}$	$F(f) = \sum_{n=-\infty}^{\infty} c_n \delta(f - nf_0)$	$c_n = \dfrac{1}{T_0} \int_{T_0} f(t) e^{-j2\pi nf_0 t} dt$
Zeitdiskret a) beliebig	$f(t) = \sum_{n=-\infty}^{\infty} f(nT)\delta(t-nT)$	$F(f) = \sum_{n=-\infty}^{\infty} f(nT) e^{-j2\pi nfT}$	$F(f) = F(f+nf_a)$, period. $f_a = \dfrac{1}{T}$
b) Abtastsignal mit $F_0(f) = FT\{f(t)\} = 0$ bei $|f| > f_g$		$F(f) = \sum_{n=-\infty}^{\infty} F_0(f - nf_a)$	Bed.: $T = \dfrac{1}{f_a} \leq \dfrac{1}{2f_g}$
Digital	$f(t) = \sum_{n=-\infty}^{\infty} a_n p(t-nT)$ $= p(t) * \sum a_n \delta(t-nT)$	$F(f) =$ $P(f) \sum_{n=-\infty}^{\infty} a_n e^{-j2\pi fnT}$	$a_n =$ reelle, diskrete Koeffizienten $p(t) =$ Trägerimpuls
Zeitdiskret, beschränkt auf $|t| \leq \dfrac{\tau}{2}$	$f(nT) =$ $\dfrac{1}{N} \sum_{n=0}^{N-1} F(m\Delta f) e^{j\frac{2\pi}{N}nm}$ oder $\underline{f} = \dfrac{1}{N} \underline{D}^* \underline{F}$ *)	$F(m\Delta f) =$ $\sum_{n=0}^{N-1} f(nT) e^{-j\frac{2\pi}{N}nm}$ oder $\underline{F} = \underline{D} \cdot \underline{f}$	Zeit- und Frequenzbereich period. mit N $T = \dfrac{\tau}{N}, \quad \Delta f = \dfrac{1}{\tau}$ Periode im f-Bereich: $f_p = N \cdot f = \dfrac{1}{T}$ $F(N-m) = F^*(m)$

9 Laplacetransformation (LT)

9.1 Definitionen, Eigenschaften und Rechenregeln

In diesem Abschnitt wird ausschließlich die einseitige Laplacetransformation besprochen. Die Laplacetransformation ordnet mit (9-1) und (9-2) einer (kausalen) Funktion $f(t)$ im Originalbereich eindeutig umkehrbar eine Funktion $F(s)$ im Bildbereich zu:

$$F(s) = LT\{f(t)\} = \int_0^\infty f(t) \cdot e^{-st} dt \qquad \text{Hintransformation} \qquad (9\text{-}1)$$

$$f(t) = LT^{-1}\{F(s)\} = \frac{1}{2\pi j} \int_{\sigma_0 - j\infty}^{\sigma_0 + j\infty} F(s) \cdot e^{st} ds \quad \text{Rücktransformation} \qquad (9\text{-}2)$$

s ist eine komplexe Frequenzvariable:

$$s = \sigma + j\omega \qquad (9\text{-}3)$$

Das Integral (9-2) existiert, wenn für zwei positive reelle Zahlen σ_0 und M

$$\lim_{t \to \infty} e^{-\sigma_0 t} \cdot |f(t)| < M \qquad (9\text{-}4)$$

erfüllt ist. In der komplexen Zahlenebene ist das Konvergenzgebiet links durch eine Parallele zur imaginären Achse

$$s_k = \sigma_0 + j\omega \qquad (9\text{-}5)$$

begrenzt (s. Bild 9.1).

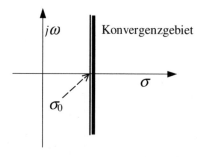

Bild 9.1: Konvergenzgebiet

Im gesamten Konvergenzgebiet ist $F(s)$ analytisch. Schließt das Konvergenzgebiet die $j\omega$-Achse ein, gilt

$$LT\{f(t)\}|_{\sigma=0} = F(s)|_{\sigma=0} = F(j\omega) = FT\{f(t)\} \qquad (9\text{-}6)$$

Die Laplacetransformation ist *linear*:

$$a_1 f_1(t) + a_2 f_2(t) \xleftrightarrow{LT} a_1 F_1(s) + a_2 F_2(s) \qquad (9\text{-}7)$$

Es gelten die Grenzwertsätze:

Anfangswertsatz:
$$\lim_{t \to 0} f(t) = \lim_{s \to \infty} s \cdot F(s) \tag{9-8}$$

Endwertsatz:
$$\lim_{t \to \infty} f(t) = \lim_{s \to 0} s \cdot F(s) \tag{9-9}$$

Bei der Anwendung der Grenzwertsätze ist stets die Existenz des Grenzwertes in dem jeweils anderen Bereich zu überprüfen.

Der Umgang mit der Laplacetransformation wird bei Beachtung der in Tabelle 9.1 zusammengestellten Rechenregeln häufig vereinfacht.

Tabelle 9.1: Rechenregeln der Laplacetransformation

Zeitbereich	Frequenzbereich		
$f(t - t_0)$	$e^{-st_0} \cdot F(s)$	Rechtsverschiebung	(9-10)
$f(t + t_0)$	$e^{st_0} \cdot \left(F(s) - \int_0^{t_0} f(t) e^{-st} dt \right)$	Linksverschiebung	(9-11)
$e^{at} \cdot f(t)$	$F(s - a)$	Dämpfungssatz	(9-12)
$f(at)$	$\dfrac{1}{a} \cdot F\left(\dfrac{s}{a}\right)$	Ähnlichkeitssatz	(9-13)
$\dfrac{d^{(n)}}{dt} f(t)$	$s^n F(s) - \sum_{k=1}^{n} s^{n-k} f^{(k-1)}(0)$	Differentiation im Zeitbereich	(9-14)
$(-t)^n \cdot f(t)$	$\dfrac{d^n}{dt^n} F(s)$	Differentiation im Frequenzbereich	(9-15)
$\int_0^t f(\tau) d\tau$	$\dfrac{1}{s} \cdot F(s)$	Integration im Zeitbereich	(9-16)

9.2 Praktische Ausführung der Transformation

Für die *Hintransformation* ist allgemein das Integral (9-1) zu lösen. Dies gelingt in aller Regel mit Hilfe einer guten Integraltafel ohne Schwierigkeiten. Häufig kann die Berechnung vereinfacht werden, in dem die Lösung aus einmal berechneten Laplacetransformierten mit Hilfe der Rechenregeln von Tabelle 9.1 abgeleitet werden, wie an dem folgenden einfachen Beispiel gezeigt wird.

Die Korrespondenzen

$$\varepsilon(t) \xleftrightarrow{LT} \frac{1}{s} \quad \text{und} \quad t \xleftrightarrow{LT} \frac{1}{s^2} \quad (t \geq 0)$$

sind bekannt, und gesucht wird $LT\{(1-at) \cdot e^{-at} \cdot \varepsilon(t)\}$. Unter Anwendung des Dämpfungssatzes (8-12) findet man:

$$\varepsilon(t) \cdot e^{-at} \xleftrightarrow{LT} \frac{1}{s+a} \qquad t \cdot e^{-at} \xleftrightarrow{LT} \frac{1}{(s+a)^2} \quad \text{und damit}$$

$$LT\{(1-at) \cdot e^{-at} \cdot \varepsilon(t)\} = \frac{1}{s+a} - a\frac{1}{(s+a)^2} = \frac{s}{(s+a)^2}$$

Bei vielen Anwendungen, insbesondere bei der Analyse und Synthese von linearen Systemen kann die Hintransformation umgangen werden, indem direkt im Bildbereich gerechnet wird. Das ist besonders einfach, wenn die Anfangswerte alle verschwinden.

Für die *Rücktransformation* ist das komplexe Integral (9-2) zu lösen. Diese allgemein komplizierte Aufgabe kann meist mit Hilfe des Residuensatzes bewältigt werden

$$f(t) = \sum_{n=1}^{N} \text{Res}_n\{F(s) \cdot e^{st}\} \tag{9-17}$$

Darin bedeutet

$$\text{Res}_n\{F(s) \cdot e^{st}\} = \frac{1}{(\alpha-1)!} \lim_{s \to s_n} \left\{ \frac{d^{(\alpha-1)}}{ds^{(\alpha-1)}} (F(s) \cdot e^{st} \cdot (s-s_n)^{\alpha}) \right\} \tag{9-18}$$

das Residuum von $F(s) \cdot e^{st}$ an der Singularität $s = s_n$. α ist die Vielfachheit der Singularität.

Sind die Pole von F(s) einfach, d.h. $\alpha = 1$, vereinfacht sich die Berechnung:

$$f(t) \xleftrightarrow{LT} \sum_{n=1}^{N} \text{Re} s_n\{F(s)\} \cdot e^{st} \tag{9-17a}$$

$$\text{Re} s_n\{F(s)\} = \lim_{s \to s_n} \{F(s) \cdot (s-s_n)\} \tag{9-18a}$$

Gebrochen rationale Funktionen $F(s)$ werden zweckmäßig in Partialbrüche zerlegt (s. Kap. 4.6) und anschließend mit der Korrespondenz

$$\frac{t^{(n-1)}}{(n-1)!} \cdot e^{-s_n t} \xleftrightarrow{LT} \frac{1}{(s+s_n)^n} \tag{9-19}$$

in den Originalbereich transformiert.

9.2 Praktische Ausführung der Transformation

Tabelle 9.2: Korrespondenztabelle (Anmerkung: Da die einseitige LT behandelt wird, verschwinden alle Originalfunktionen für t<0. Die angegebene Funktion f(t) ist daher stets mit ε(t) multipliziert zu denken)

	Zeitbereich	Bildbereich
	$f(t)$ (=0 für $t<0$)	$F(s)$
1	$\delta(t)$	1
2	$\varepsilon(t)$	$\dfrac{1}{s}$
3	t	$\dfrac{1}{s^2}$
4	$\dfrac{t^{n-1}}{(n-1)!}$	$\dfrac{1}{s^n}$
5	e^{-at}	$\dfrac{1}{s+a}$
6	$(1-at)\cdot e^{-at}$	$\dfrac{s}{(s+a)^2}$
7	$\dfrac{a\cdot e^{-at} - b\cdot e^{-bt}}{a-b}$	$\dfrac{s}{(s+a)(s+b)}$
8	$\dfrac{(b-a)e^{-bt} - (c-a)e^{-ct}}{b-c}$	$\dfrac{s+a}{(s+b)(s+c)}$
9	$\dfrac{1}{a}\sin(at)$	$\dfrac{1}{(s^2+a^2)}$
10	$\cos(at)$	$\dfrac{s}{s^2+a^2}$
11	$e^{-bt}\cdot \cos(at)$	$\dfrac{s+b}{a^2+(s+b)^2}$
12	$\dfrac{1}{b}e^{-at}\cdot \sin(bt)$	$\dfrac{1}{(s+a)^2+b^2}$
13	$t\cdot \cos(at)$	$\dfrac{s^2+a^2}{(s^2+a^2)^2}$
14	$t\cdot \sin(at)$	$\dfrac{2as}{(s^2+a^2)^2}$
15	$\dfrac{1}{b}\cdot e^{-at}\cdot (b\cdot \cos(bt) - a\cdot \sin(bt))$	$\dfrac{s}{(s+a)^2+b^2}$

	Zeitbereich	Bildbereich
16	$\dfrac{a^2 \cdot e^{-at} + b^2 \cdot \cos(bt) - ab \cdot \sin(bt)}{a^2 + b^2}$	$\dfrac{s^2}{(s+a)(s^2+b^2)}$
17	$\dfrac{a^2}{b^2}\left(1 - \dfrac{a^2 - b^2}{a^2}\cos(bt)\right)$	$\dfrac{s^2 + a^2}{s(s^2+b^2)}$
18	$\dfrac{1}{a^2}(1 - \cos(at))$	$\dfrac{1}{s(s^2+a^2)}$
19	$\dfrac{1}{3}\left(e^{-at} + 2e^{at/2} \cdot \cos(\dfrac{\sqrt{3}}{2}at)\right)$	$\dfrac{s^2}{s^3 + a^3}$
20	$\dfrac{1}{a^2 - b^2}\left(a^2 \cdot \cos(at) - b^2 \cdot \cos(bt)\right)$	$\dfrac{s^3}{(s^2+a^2)(s^2+b^2)}$
21	$\dfrac{1}{a^2 + b^2}\left[b \cdot \sin(bt) - a\left(e^{-at} - \cos(bt)\right)\right]$	$\dfrac{s}{(s+a)(s^2+b^2)}$
22	$\dfrac{a \cdot \sin(at) - b \cdot \sin(bt)}{a^2 - b^2}$	$\dfrac{s^2}{(p^2+a^2)(p^2+b^2)}$
23	$\dfrac{1}{a^2 + b^2}\left[1 - \left(\dfrac{a}{b}\sin(bt) + \cos(bt)\right)\cdot e^{-at}\right]$	$\dfrac{1}{s((s+a)^2+b^2)}$
24	$b \cdot \cos(at) - c \cdot \sin(at)$	$\dfrac{b \cdot s + c \cdot a}{s^2 + a^2}$
25	$\sin(at) + a \cdot t \cdot \cos(at)$	$\dfrac{2a \cdot s^2}{(s^2+a^2)^2}$
26	$\cos(at) - \dfrac{1}{2}a \cdot t \cdot \sin(at)$	$\dfrac{s^3}{(s^2+a^2)^2}$
27	$\dfrac{1}{a}\operatorname{sh}(at)$	$\dfrac{1}{(s^2-a^2)}$
28	$\cosh(at)$	$\dfrac{s}{s^2 - a^2}$
29	$\dfrac{1}{a^2 + b^2}\left(a^2 \cdot \cos(at) + b^2 \cdot \cosh(bt)\right)$	$\dfrac{s^3}{(s^2+a^2)(s^2-b^2)}$
30	$\sinh(at) + a \cdot t \cdot \cosh(at)$	$\dfrac{2as^2}{(s^2-a^2)^2}$
31	$\cosh(at) + \dfrac{1}{2}a \cdot t \cdot \sinh(at)$	$\dfrac{s^3}{(s^2-a^2)^2}$

9.2 Praktische Ausführung der Transformation

	Zeitbereich	Bildbereich
32	$\sin^2(at)$	$\dfrac{2a^2}{s(s^2+4a^2)}$
33	$\cos^2(at)$	$\dfrac{s^2+2a^2}{s(s^2+4a^2)}$
34	$t \cdot e^{-at}$	$\dfrac{1}{(s+a)^2}$
35	$\dfrac{1}{2}t^2 \cdot e^{-at}$	$\dfrac{1}{(s+a)^3}$
36	$\left(1-2at+\dfrac{1}{2}a^2t^2\right)\cdot e^{-at}$	$\dfrac{s^2}{(s+a^3)}$
37	$\dfrac{e^{-at}-e^{-bt}}{b-a}$	$\dfrac{1}{(s+a)(s+b)}$
38	$\dfrac{b}{a^2}+\left(\dfrac{a-b}{a}t-\dfrac{b}{a^2}\right)\cdot e^{-at}$	$\dfrac{s+b}{s(s+a)^2}$
39	$-\dfrac{a}{(a-b)^2}\left\{e^{-at}+\left[\dfrac{b}{a}(a-b)t-1\right]\cdot e^{-bt}\right\}$	$\dfrac{s}{(s+a)(s+b)^2}$
40	$\dfrac{1}{ab}-\dfrac{b\cdot e^{-at}-a\cdot e^{-bt}}{ab(b-a)}$	$\dfrac{1}{s(s+a)(s+b)}$
41	$\dfrac{1}{a^2}\left(e^{-at}+at-1\right)$	$\dfrac{1}{s^2(s+a)}$
42	$\dfrac{1}{a^2}\left[1-(1+at)e^{-at}\right]$	$\dfrac{1}{s(s+a)^2}$
43	$\dfrac{1}{(b-a)^2}\cdot e^{-bt}+\dfrac{(b-a)t-1}{(b-a)^2}e^{-at}$	$\dfrac{1}{(s-a)^2(s+b)}$
44	$\dfrac{1}{a^2+b^2}\left[e^{-at}-\cos(bt)+\dfrac{a}{b}\sin(bt)\right]$	$\dfrac{1}{(s+a)(s^2+b^2)}$
45	$\dfrac{1}{ab}\left[-\dfrac{a+b}{ab}+t+\dfrac{a^2e^{-bt}-b^2e^{-at}}{ab(a-b)}\right]$	$\dfrac{1}{s^2(s+a)(s+b)}$
46	$\dfrac{1}{\sqrt{t}}$	$\sqrt{\dfrac{\pi}{s}}$
47	$\dfrac{e^{-at}}{\sqrt{t}}$	$\sqrt{\dfrac{\pi}{s+a}}$

	Zeitbereich	Bildbereich
48	$\sqrt{t}$	$\dfrac{2\sqrt{\pi}}{s\sqrt{s}}$
49	$t \cdot \sqrt{t}$	$\dfrac{3\sqrt{\pi}}{4s^2\sqrt{s}}$
50	$\dfrac{e^{-at}}{\sqrt{t}}$	$\sqrt{\dfrac{\pi}{s+a}}$
51	$\dfrac{\sin(at)}{t}$	$\tan^{-1}\left(\dfrac{a}{s}\right)$
52	$t \cdot \sin(at)$	$\dfrac{2a \cdot s}{(s^2+a^2)^2}$
53	$\dfrac{\sinh(at)}{t}$	$\ln\sqrt{\dfrac{s+a}{s-a}}$
54	$\dfrac{\sin(at)}{\sqrt{t}}$	$\sqrt{\dfrac{\pi}{2}}\sqrt{\dfrac{\sqrt{s^2+a^2}-s}{s^2+a^2}}$
55	$\dfrac{\cos(at)}{\sqrt{t}}$	$\sqrt{\dfrac{\pi}{2}}\sqrt{\dfrac{\sqrt{s^2+a^2}+s}{s^2+a^2}}$
56	$\dfrac{\sinh(at)}{\sqrt{t}}$	$\sqrt{\dfrac{\pi}{2}}\sqrt{\dfrac{s-\sqrt{s^2-a^2}}{s^2-a^2}}$
57	$\dfrac{\cosh(at)}{\sqrt{t}}$	$\sqrt{\dfrac{\pi}{2}}\sqrt{\dfrac{s+\sqrt{s^2-a^2}}{s^2-a^2}}$
58	$f(t) \cdot \sin(a \cdot t)$	$\dfrac{1}{2j}(F(s-ja)-F(s+ja))$
59	$f(t) \cdot \sinh(a \cdot t)$	$\dfrac{1}{2}(F(s-a)-F(s+a))$
60	$f(t) \cdot \cos(a \cdot t)$	$\dfrac{1}{2}(F(s-ja)+F(s+ja))$
61	$f(t) \cdot \cosh(a \cdot t)$	$\dfrac{1}{2}(F(s-a)+F(s+a))$

9.3 Anwendungsbeispiele

Dreieckimpuls

Gegeben: Dreiecksimpuls nach Bild 9.2.

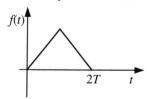

Bild 9.2: Dreiecksimpuls

Gesucht: Die Laplacetransformierte LT{f(t)}

a) Mit Hilfe des Laplaceintegrals, b) Durch Anwendung des Differentiationssatzes

Lösung:

a) Mit (9-2) gilt:

$$F(s) = \frac{a}{T}\int_0^T t \cdot e^{-st} dt - \frac{a}{T}\int_T^{2T} (t-2T) \cdot e^{-st} dt$$

In einer Integraltafel findet man: $\int x \cdot e^{ax} dx = \frac{e^{ax}}{a^2}(ax-1)$ damit folgt für die obige Laplacetransformierte nach kurzer Rechnung das Zwischenergebnis:

$$F(s) = \frac{a}{s^2 T}(1-e^{-sT}) - \frac{2a}{s}e^{-sT} - \frac{a}{s^2 T}(1-e^{-sT})e^{-sT} - \frac{2a}{s}(1-2e^{-sT})e^{-sT} + \frac{4a}{s}(1-e^{-sT})e^{-sT}$$

und schließlich nach der Zusammenfassung:

$$F(s) = \frac{a}{s^2 T}(1-e^{-sT})^2 = \frac{a}{T}\left(\frac{e^{s\frac{T}{2}}-e^{-s\frac{T}{2}}}{s}\right)^2 e^{-sT} = \frac{4a}{T}\left(\frac{\sinh\left(s\frac{T}{2}\right)}{s}\right)^2 e^{-sT} \quad (9\text{-}20)$$

b) Dieses Ergebnis kann man viel einfacher erhalten, wenn der verallgemeinerte Differentiationssatz (4-21) Anwendung findet. Ein- bzw. zweimalige Ableitung der gegebenen Funktion führt auf die beiden Bilder 9.3 a) und b).

Die erste Ableitung setzt sich aus zwei Rechteckfunktionen zusammen. Für sie gilt daher mit der Korrespondenz 2/Tabelle 9.2 und dem Verschiebungssatz (9-10)

$$f'(t) = \frac{a}{T}(\varepsilon(t) - 2\varepsilon(t-T) + \varepsilon(t-2T)) \quad \xleftrightarrow{LT} \quad \frac{a}{T}\frac{1}{s}(1 - 2e^{-sT} + e^{-2sT}) = \frac{a}{T}\frac{(1-e^{-s\cdot T/2})^2}{s}$$

und somit

$$f'(t) \quad \xleftrightarrow{LT} \quad sF(s) = \frac{4a}{T}\frac{\sinh^2\left(s\frac{T}{2}\right)}{s} e^{-sT}$$

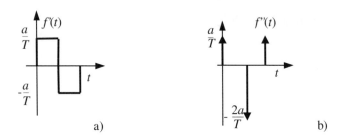

Bild 9.3: a) 1. Ableitung, b) 2. Ableitung von f(t) nach Bild 9.2.

Die Division durch s liefert das erwartete Ergebnis.

Für die zweite Ableitung ließt man aus Bild 9.3 b) mit der Korrespondenz $\delta(t) \xleftrightarrow{LT} 1$ und dem Verschiebungssatz direkt

$$LT\{f''(t)\} = s^2 F(s) = \frac{a}{T}(1 - 2e^{-sT} + e^{-2sT}) = \frac{4a}{T}\sinh^2\left(s\frac{T}{2}\right)e^{-sT}$$

ab.

Sinus-Impuls:

Gegeben: Sinushalbwelle $\quad f(t) = \begin{cases} \sin(\omega_0 t) & 0 \leq t \leq T_0 \\ 0 & t > T_0 \end{cases}$

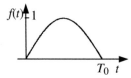

Bild 9.4 : Sinushalbwelle

Gesucht: LT{f(t)}

Lösung: Offensichtlich kann die gegebene Funktion durch

$$f(t) = \sin(\omega_0 t) - \sin(\omega_0 t - \pi) = \sin(\omega_0 t) - \sin(\omega_0 (t - \frac{T_0}{2}))$$

beschrieben werden, da beide Funktionen kausal vorausgesetzt werden. Mit der Korrespondenz 9/Tabelle 9.2 $\sin(\omega_0 t) \xleftrightarrow{LT} \frac{\omega_0}{s^2 + \omega_0^2}$ und dem Verschiebungssatz (9-11) ergibt sich die Laplacetransformierte zu:

$$F(s) = \frac{\omega_0}{s^2 + \omega_0^2} + \frac{\omega_0}{s^2 + \omega_0^2} e^{-\frac{T_0}{2}s} = \frac{\omega_0}{s^2 + \omega_0^2}\left(1 + e^{-\frac{T_0}{2}s}\right)$$

9.3 Anwendungsbeispiele

Zweiweggleichrichter:

Gegeben: Ausgangsspannung eines Zweiweggleichrichters nach Bild 9.5.

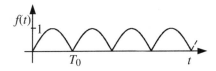

Bild 9.5: Pulsierende Gleichspannung

Gesucht: 1. Laplacetransformierte $F(s) = LT\{f(t)\}$

2. Stationärer Mittelwert und Restwelligkeit nach der Glättung von $f(t)$ unter Verwendung eines Filters mit der Übertragungsfunktion $G(s) = \dfrac{\omega_g}{s + \omega_g}$

Lösung:

1. Die gegebene Funktion ist die periodische Fortsetzung der Funktion des vorangegangenen Beispiels. Die Lösung ergibt sich aus obiger Aufgabe entsprechend der Regel (4-34) durch Multiplikation mit dem periodifizierenden Faktor $\dfrac{1}{1 - e^{-(T_0/2) \cdot s}}$. Damit gilt:

$$F(s) = \frac{\omega_0}{s^2 + \omega_0^2} \cdot \frac{1 + e^{-(T_0/2) \cdot s}}{1 - e^{-(T_0/2) \cdot s}}$$

2. Die Systemantwort wird mit $f_1(t)$ bezeichnet. Für Sie gilt

$$f_1(t) = f(t) * g(t) \xleftrightarrow{LT} F(s) \cdot G(s) = F_1(s)$$

Die Bildfunktion des Ausgangssignals $f_1(t)$ ist also durch

$$F_1(s) = \frac{\omega_g}{s + \omega_g} \cdot \frac{\omega_0}{s^2 + \omega_0^2} \cdot \frac{1 + e^{-(T_0/2) \cdot s}}{1 - e^{-(T_0/2) \cdot s}}$$

bestimmt. Zur Berechnung des Signalverlaufes ist dieser Ausdruck in den Zeitbereich zurückzutransformieren. Dazu wird zweckmäßig der letzte Bruch ausdividiert. Es entsteht:

$$F_1(s) = \frac{\omega_g}{s + \omega_g} \cdot \frac{\omega_0}{s^2 + \omega_0^2} \cdot \left(1 + 2\sum_{n=1}^{\infty} e^{-sn\frac{T_0}{2}}\right) = F_0(s) \cdot \left(1 + 2\sum_{n=1}^{\infty} e^{-sn\frac{T_0}{2}}\right)$$

mit der Abkürzung $F_0(s) = \dfrac{\omega_0 \cdot \omega_g}{(s + \omega_g)(s^2 + \omega_0^2)}$

Die Summe der Exponentialfunktionen sagt aus, dass die Originalfunktion die Überlagerung der periodisch fortgesetzten Funktion $f_0(t) = LT^{-1}\{F_0(s)\}$ ist. Daher wird die zu $F_0(s)$ gehörige Originalfunktion berechnet. Mit Hilfe der Korrespondenz 44/Tabelle 9.2 für $a = \omega_g$ und $b = \omega_0$ ermittelt man:

$$LT^{-1}\{F_0(s)\} = f_0(t) = \frac{\omega_g \omega_0}{\omega_g^2 + \omega_0^2} e^{-\omega_g t} + \frac{\omega_g}{\sqrt{\omega_g^2 + \omega_0^2}} \sin(\omega_0 t - \tan^{-1}(\frac{\omega_0}{\omega_g})) \qquad t \geq 0$$

Dabei wurde von der Relation $\cos(bt) - \frac{a}{b}\sin(bt) = \sqrt{1 + \frac{a^2}{b^2}} \sin(bt - \tan^{-1}(\frac{b}{a}))$ Gebrauch gemacht. Die restlichen Summanden können durch die Anwendung des Verschiebungssatzes (9-11) gewonnen werden. So folgt schließlich das endgültige Resultat:

$$f_1(t) = f_0(t) + 2 \cdot \sum_{n=1}^{\infty} f_0(t - n\frac{T_0}{2}) \cdot \varepsilon(t - n\frac{T_0}{2})$$

Die numerische Auswertung ist im Bild 9.6 gezeigt.

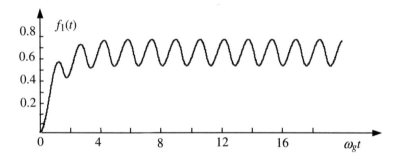

Bild 9.6 : Systemantwort zum Beispiel

Die gesuchten Parameter stationärer Mittelwert und Welligkeit findet man durch folgende Überlegungen. Der flüchtige Anteil ist durch die Summe der in $f_0(t)$ enthaltenen Exponentialfunktionen bestimmt. Bild 9.7 zeigt eine beliebige Periode der Länge $T_0/2$ bei Berücksichtigung der Beiträge von 3 vorangegangenen Abschnitten.

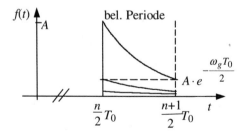

Bild 9.7: Ausschnitt des Funktionsverlaufs

9.3 Anwendungsbeispiele

Tatsächlich wirken im n-ten Abschnitt $n-1$ Exponentialfunktionen. Wegen der Übersichtlichkeit führen wir für die weiteren Untersuchungen die Abkürzung

$$A = \frac{2\omega_0 \omega_g}{\omega_g^2 + \omega_0^2}$$

ein. Analytisch kann so der Ausschnitt $f_p(t)$ mit

$$f_p(t) = A(e^{-\omega_g t} + e^{-\frac{\omega_g T_0}{2}} e^{-\omega_g t} + e^{-2\frac{\omega_g T_0}{2}} e^{-\omega_g t} + e^{-3\frac{\omega_g T_0}{2}} e^{-\omega_g t} + \ldots)$$

$$f_p(t) = A \sum_{n=0}^{\infty} e^{-n\frac{\omega_g T_0}{2}} e^{-\omega_g t} = A \sum_{n=0}^{\infty} \left(e^{-\frac{\omega_g T_0}{2}}\right)^n e^{-\omega_g t} = \frac{A}{1-e^{-\frac{\omega_g T_0}{2}}} e^{-\omega_g t} \quad 0 \le t \le T_0/2$$

beschrieben werden. Durch ähnliche Überlegungen überzeugt man sich leicht, dass der stationäre Anteil innerhalb einer Periode durch $U \sin(\omega_0 t - \tan^{-1}(\omega_0/\omega))$ gegeben ist mit $U = \omega_g / \sqrt{\omega_g^2 + \omega_0^2}$. Somit gilt schließlich für den periodischen Anteil $f_{ps}(t)$ innerhalb einer Periode der Länge $T_0/2$

$$f_{ps}(t) = \frac{2\omega_0 \omega_g}{(\omega_g^2 + \omega_0^2)(1-e^{-\frac{\omega_g T_0}{2}})} e^{-\omega_g t} + \frac{\omega_g}{\sqrt{\omega_g^2 + \omega_0^2}} \sin(\omega_0 t - \tan^{-1}(\frac{\omega_0}{\omega_g}))$$

$f_{ps}(t)$ wird nun noch in eine Fourier-Reihe nach (2-16) mit den Koeffizienten

$$c_n = \frac{2}{T_0} \int_0^{T_0/2} f_{ps}(t) \cdot e^{-jn2\omega_0 t} dt = \frac{2\omega_g}{\pi(1-4n^2)(\omega_g + j2n\omega_0)}$$

entwickelt. Daraus folgen der

Mittelwert: $c_0 = \frac{2}{\pi}$

und als doppelter Spitzenwert der Grundschwingung die

Welligkeit $\quad w = 4|c_1| = \frac{8\omega_g}{3\pi\sqrt{\omega_g^2 + 4\omega_0^2}} = \frac{8}{3\pi} \frac{1}{\sqrt{1+(2\frac{\omega_0}{\omega_g})^2}}$

Gewöhnliche Differentialgleichung:

Gegeben: Differentialgleichung eines zum Zeitpunkt $t = 0$ energielosen Systems:

$$a_2 \cdot \ddot{y}(t) + a_1 \cdot \dot{y}(t) + a_0 \cdot y(t) + b_1 \cdot \dot{x}_2(t) + b_0 \cdot x_2(t) - x_1(t) = 0 \tag{9-21}$$

$x_1(t)$ und $x_2(t)$ sind zwei Steuergrößen, die den Ausgang $y(t)$ gemeinsam beeinflussen.

Gesucht: Die Systemreaktion $y(t)$ für den Fall $x_1(t) = \varepsilon(t)$ und $x_2(t) = t \cdot \varepsilon(t)$.

Lösung: Die Transformation der Gleichung in den Bildbereich unter Anwendung des Differentiationssatzes (9-14) liefert

$$a_2 \cdot Y(s) \cdot s^2 + a_1 \cdot Y(s) \cdot s + a_0 \cdot Y(s) = X_1(s) - b_1 \cdot X_2(s) \cdot s^2 - b_0 \cdot X_2(s)$$

wobei voraussetzungsgemäß alle Anfangswerte Null gesetzt wurden.

Durch die Auflösung der Relation nach $Y(s)$ gewinnt man

$$Y(s) = \frac{1}{a_2 \cdot s^2 + a_1 \cdot s + a_0} \cdot X_1(s) - \frac{b_1 \cdot s^2 + b_0}{a_2 \cdot s^2 + a_1 \cdot s + a_0} \cdot X_2(s) \qquad (9\text{-}22)$$

Um eine Faltungsoperation im Originalbereich zu vermeiden, werden die Bildfunktionen der Erregungen $X_1(s) = LT\{x_1(t)\}\frac{1}{s}$ und $X_2(s) = LT\{x_2(t)\} = \frac{1}{s^2}$ in (9-22) eingesetzt, so dass

$$Y(s) = -\frac{b_1(s^2 - \frac{1}{b_1}s + \frac{b_0}{b_1})}{a_2 \cdot s^2(s^2 + \frac{a_1}{a_2}s + \frac{a_0}{a_2})} \qquad (9\text{-}23)$$

entsteht. Zur Berechnung von $y(t)$ ist dieser Ausdruck in den Originalbereich zurückzutransformieren. Zur Schreibvereinfachung führen wir die Abkürzungen

$$\frac{b_1}{a_2} = k, \quad \frac{1}{b_1} = d_1 \quad \text{und} \quad \frac{b_0}{b_1} = d_0$$

ein und setzen voraus, dass der Nenner die reellen Nullstellen $s_1 = -a$ und $s_2 = -b$ besitzt. Damit lautet die zu transformierende Funktion

$$Y(s) = -k\frac{(s^2 - d_1 s + d_0)}{s^2(s+a)(s+b)} = \frac{-k}{(s+a)(s+b)} + \frac{kd_1}{s(s+a)(s+b)} - \frac{kd_0}{s^2(s+a)(s+b)}.$$

Für die Rücktransformation bieten sich die folgenden Ansätze an:

1. $Y(s)$ wird, wie oben ausgeführt, als Summe dreier Teilbrüche geschrieben die separat der Transformation unterworfen werden. Für die Teilfunktionen liefern die Korrespondenzen 37, 40 und 45 von Tabelle 9.2 direkt die Lösungen, die anschließend zusammengefasst werden;
2. Lösung mit dem Residuensatz (9-17);
3. Lösung durch Partialbruchentwicklung.

1. Lösung mit der Tabelle:

$$Y_1(s) = \frac{-k}{(s+a)(s+b)} \quad \xrightarrow{LT^{-1}} \quad -k\frac{e^{-at} - e^{-bt}}{b-a} \quad \text{(Korr. 37)}$$

$$Y_2(s) = \frac{kd_1}{s(s+a)(s+b)} \quad \xrightarrow{LT^{-1}} \quad \frac{k \cdot d_1}{a \cdot b}(1 - \frac{b \cdot e^{-at} - a \cdot e^{-bt}}{b-a}) \quad \text{(Korr. 40)}$$

$$Y_3(s) = \frac{-kd_0}{s^2(s+a)(s+b)} \quad \xrightarrow{LT^{-1}} \quad \frac{-kd_0}{ab}(-\frac{a+b}{ab} + t + \frac{b^2 e^{-at} - a^2 e^{-bt}}{ab(b-a)}) \quad \text{(Korr. 45)}$$

9.3 Anwendungsbeispiele

Die Zusammenfassung dieser Terme führt auf das Ergebnis

$$y(t) = k\left(\frac{1}{ab}(d_1 + d_0\frac{a+b}{ab}) - \frac{d_0}{ab}t + \frac{1}{b-a}((1+\frac{d_1}{b}+\frac{d_0}{b^2})e^{-bt} - (1+\frac{d_1}{a}+\frac{d_0}{a^2})e^{-at})\right)$$

2. Lösung mit dem Residuensatz:

Hat man keine Tabelle zur Hand ist die Aufgabe mit nur wenig mehr Aufwand mit Hilfe des Residuensatzes (9-17) zu lösen:

Residuum des Doppelpols bei $s = 0$ entsprechend (9-18), $\alpha = 2$:

$$\text{Res}_1 = \frac{d}{ds}(F(s) \cdot e^{st} \cdot s^2)\Big|_{s=0} = k(\frac{d_1}{ab} + \frac{(a+b)d_0}{(ab)^2} - \frac{d_0}{ab}t)$$

Residuum für $s = -a$, $\alpha = 1$:

$$\text{Res}_2 = F(s) \cdot e^{st}(s+a)\Big|_{s=-a} = -\frac{k}{b-a}(1+\frac{d_1}{a}+\frac{d_0}{a^2}) \cdot e^{-at}$$

Residuum für $s = -b$, $\alpha = 1$:

$$\text{Res}_3 = F(s) \cdot e^{st}(s+b)\Big|_{s=-b} = \frac{k}{b-a}(1+\frac{d_1}{b}+\frac{d_0}{b^2}) \cdot e^{-bt}$$

Die Addition der Terme bestätigt obiges Ergebnis.

3. Lösung durch Partialbruchzerlegung:

Die gegebene Funktion hat einen Doppelpol bei $s = 0$. Der Partialbruch hat die Form:

$$F(s) = \frac{R_{11}}{s^2} + \frac{R_{12}}{s} + \frac{R_a}{s+a} + \frac{R_b}{s+b}$$

Mit (4-57) ergeben sich die Residuen zu

$$R_{11} = \lim_{s \to 0}\{F(s) \cdot s^2\} = -\frac{kd_0}{ab}$$

und weiter wegen (4-58)

$$R_{12} = \lim_{s \to 0}\{\frac{N_1(s)}{D_1(s)} \cdot s\} = -k[\frac{s^2 - d_1s + d_0}{s^2(s+a)(s+b)} - \frac{d_0}{abs^2}] \cdot s = -k[\frac{s(ab-d_0) - d_1ab - (a+b)d_0}{ab(s+a)(s+b)}]\Big|_{s=0}$$

$$R_{12} = k\frac{abd_1 + (a+b)d_0}{(ab)^2}$$

Nun sind nur noch einfache Pole vorhanden, für die (4-51) gültig ist:

$$R_a = \lim_{s \to 0}\{\frac{N_1(s)}{D_1(s)} \cdot (s+a)\} = -k[\frac{s(ab-d_0) - d_1ab - (a+b)d_0}{abs(s+b)}]\Big|_{s=-a}$$

$$R_a = -k\frac{a^2 + ad_1 + d_0}{a^2(b-a)} \qquad \text{eine entsprechende Rechnung liefert}$$

$$R_b = -k\frac{b^2 + bd_1 + d_0}{b^2(a-b)}$$

Mit der Korrespondenz $\frac{t^{n-1}}{(n-1)!} \cdot e^{-at} \xleftrightarrow{LT} \frac{1}{(s+a)^n}$ erhält man schließlich

$$f(t) = R_{11} \cdot t + R_{12} + R_a \cdot e^{-at} + R_b \cdot e^{-bt}$$

woraus wieder das schon bekannte Ergebnis folgt.

Zustandsgleichungen:

Die sogenannte Zustandsbeschreibung ist in Physik und Technik von besonderer Bedeutung. Sie basiert im Originalbereich auf einem System linearer Differentialgleichungen 1. Ordnung, das in Matrizenschreibweise die Form

$$\underline{\dot{w}}(t) = \underline{A} \cdot \underline{w}(t) + \underline{B} \cdot \underline{x}(t) \tag{9-24}$$

hat. Ergänzt wird die Gleichung (9-24) durch die Ausgangsgleichung

$$\underline{y}(t) = \underline{C} \cdot \underline{w}(t) + \underline{D} \cdot \underline{x}(t) \tag{9-25}$$

Darin sind $\underline{w}(t)$ und $\underline{\dot{w}}(t)$ die Vektoren der Zustandsgrößen beziehungsweise deren Ableitungen, $\underline{x}(t)$ der Vektor der Eingänge oder Störungen, $\underline{y}(t)$ der Vektor der Ausgänge.

Die Lösung der Gleichungen (9-24) und (9-25) wird zweckmäßig mit der Laplacetransformation bestimmt. Im Bildbereich lautet das Ergebnis

$$\underline{Y}(s) = \left(\underline{C} \cdot (s \cdot \underline{E} - \underline{A})^{-1} \cdot \underline{B} + \underline{D}\right) \cdot \underline{X}(s) + \underline{C} \cdot (s \cdot \underline{E} - \underline{A})^{-1} \cdot \underline{w}(0) \tag{9-26}$$

$\underline{E}$ ist die Einheitsmatrix und $\underline{w}(0)$ ist der Vektor der Anfangszustände ($t = 0$). Die inverse Laplacetransformation liefert die gesuchte Ausgangsgröße $\underline{y}(t)$.

Beispiel:

Gegeben: Elektrisches Netzwerk:

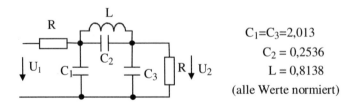

$C_1 = C_3 = 2{,}013$
$C_2 = 0{,}2536$
$L = 0{,}8138$
(alle Werte normiert)

Bild 9.8: Beispielnetzwerk

Gesucht: Übertragungsfunktion $G(s) = \dfrac{Y(s)}{X(s)}$

Lösung: Das Netzwerk nach Bild 9.8 ist durch ein Zustandsgleichungssystem entsprechend (9-24) und (9-25) mit

$$\underline{A} = \begin{pmatrix} -0{,}4468 & -0{,}3968 & -0{,}05 \\ 1{,}2288 & 0 & -1{,}2288 \\ -0{,}05 & 0{,}3968 & -0{,}4468 \end{pmatrix}$$

$$\underline{B} = \begin{pmatrix} 0{,}8936 \\ 0 \\ 0{,}1000 \end{pmatrix} \qquad \underline{C} = \begin{pmatrix} 0 & 0 & 1 \end{pmatrix} \qquad \underline{D} = 0$$

beschrieben. Für die Berechnung der Laplacetransformierten $Y(s) = LT\{y(t)\}$ wird zuerst die Matrix $\underline{M} = (s \cdot \underline{E} - \underline{A})^{-1}$ berechnet:

$$\underline{M} = \frac{1}{s^3 + 0{,}8936\,s^2 + 1{,}1723\,s + 0{,}4845} \cdot$$

$$\begin{pmatrix} s^2 + 0{,}4468\,s + 0{,}4876 & -0{,}3968(s + 0{,}4968) & 0{,}4876 - 0{,}05\,s \\ 1{,}2288(s + 0{,}4968) & (s + 0{,}3968)(s + 0{,}4968) & 1{,}2288(s + 0{,}4968) \\ 0{,}4876 - 0{,}05\,s & 0{,}3968(s + 0{,}4968) & s^2 + 0{,}4468\,s + 0{,}4876 \end{pmatrix}$$

Bleiben die Anfangswerte zunächst unberücksichtigt, erhalten wir nach (9-26)

$$Y(s) = \frac{0{,}1s^2 + 0{,}4845}{s^3 + 0{,}8936s^2 + 1{,}1723s + 0{,}4845} \cdot X(s) = G(s) \cdot X(s)$$

Sind die Anfangswerte von Null verschieden, ist noch ein Term hinzuzufügen, der, da im Vektor $\underline{C}$ nur das dritte Element besetzt ist, durch Multiplikation der letzten Zeile von $\underline{M}$ mit dem Vektor $\underline{w}(0)$ der Anfangswerte gewonnen wird

$$Y_0(s) = \underline{M}(3,:) \cdot \underline{w}(0)$$

Im Ergebnis entstehen wieder gebrochen rationale Funktionen. Auf die Rücktransformation soll an dieser Stelle verzichtet werden, da diese prinzipiell wie im vorangegangenen Beispiel ausgeführt werden kann.

Gewichtsfunktion und Übertragungsfunktion – stationäre Systemanalyse

Bei technischen Aufgaben kommen den Lösungen für den energielosen Zustand zum Zeitpunkt $t = 0$ besondere Bedeutung zu. Das heißt, alle Anfangswerte sind Null. Wir haben gesehen, dass dann die Lösungen die Gestalt

$$y(t) = g(t) * x(t) \xleftrightarrow{LT} G(s) \cdot X(s) = Y(s) \qquad (9\text{-}27)$$

annehmen. Dabei sind $g(t)$ bzw. $G(s)$ durch die das System beschreibenden Differentialgleichungen bestimmt und $x(t)$ ist die Systemerregung. $g(t)$ charakterisiert also das System ohne äußere Einwirkungen und wird häufig als Gewichtsfunktion bezeichnet. Die Laplacetransformierte $G(s)$ ist einfach der Quotient der Ausgangsfunktion $Y(s)$ durch die Eingansfunktion $X(s)$ also

$$G(s) = \frac{\text{Ausgangsfunktion}}{\text{Eingangsfunktion}}$$

und wird Übertragungsfunktion genannt. Sie ist für lineare Systeme eine gebrochen rationale Funktion in s mit konstanten reellen Koeffizienten. Wie wir mit (4-29) und (4-53) gesehen haben, führen derartige Funktionen im Originalbereich stets auf Terme, die die Faktoren $e^{\sigma_x t}$ enthalten. Darin ist σ_x = Realteil einer Nullstelle des Nennerpolynoms. Ist nur einer dieser Werte > 0, übersteigt die Gewichtsfunktion für $t \to \infty$ alle Grenzen. Das wiederum bedeutet, das System ist instabil. Daraus folgt: die Nullstellen des Nennerpolynoms der Übertragungsfunktion stabiler Systeme müssen sämtlich nicht positiven Realteil haben. Das aber heißt auch, der Konvergenzbereich des Laplaceintegrals der Gewichtsfunktionen linearer, stabiler Systeme schließt die imaginäre Achse ein. Nach diesen Vorbemerkungen können mit Hilfe der Laplacetransformation weitere Aussagen über das Verhalten stabiler Systeme gewonnen werden.

In der Systemtheorie werden Systeme u.a. durch ihre Frequenzcharakteristik, d.h. durch ihre Reaktion auf harmonische Schwingungen, beschrieben:

$$y(t) = T(j\omega) \cdot e^{j\omega t} \qquad (9\text{-}28)$$

Nach (9-27) erhält man die Systemreaktion aber auch durch die Faltung der Gewichtsfunktion mit der Erregung:

$$y(t) = g(t) * e^{j\omega t} = \int_0^t g(\tau) \cdot e^{j\omega(t-\tau)} d\tau = e^{j\omega t} \int_0^t g(\tau) \cdot e^{-j\omega \tau} d\tau \qquad (9\text{-}29)$$

Aus dem Vergleich von (9-28) mit (9-29) folgt:

$$T(j\omega) = \int_0^t g(\tau) \cdot e^{-j\omega \tau} d\tau \qquad (9\text{-}30)$$

Da Stabilität des betrachteten Systems vorausgesetzt ist, existiert andererseits die Laplacetransformierte von $g(t)$ auch für $\sigma = 0$:

$$G(j\omega) = G(s)\big|_{\sigma=0} = \int_0^\infty g(t) \cdot e^{-st} dt \big|_{\sigma=0} = \int_0^\infty g(t) \cdot e^{-j\omega t} dt \qquad (9\text{-}31)$$

Das Integral (9-31) wird in zwei Teilintegrale zerlegt

$$G(j\omega) = \int_0^t g(t) \cdot e^{-j\omega t} dt + \int_t^\infty g(t) \cdot e^{-j\omega t} dt = T(j\omega) + \int_t^\infty g(t) \cdot e^{-j\omega t} dt \qquad (9\text{-}32)$$

Das erste Integral ist die durch (9-30) definierte Funktion $T(j\omega)$. Das zweite Integral auf der rechten Seite von (9-32) verschwindet, wenn t nach ∞ strebt. Es beschreibt den so genannten flüchtigen Anteil der Systemreaktion. $T(j\omega)$ dagegen charakterisiert den stationären Dauerzustand des System nachdem alle Einschwingvorgänge abgeschlossen sind. Damit ist es also möglich, die Systemreaktion im eingeschwungenen Zustand direkt im Bildbereich ohne Rücktransformation zu berechnen. Diese Eigenschaft der Übertragungsfunktion ist auch der Grund ihrer zentralen Bedeutung für die Systemtheorie. An einem Beispiel soll dieser Zusammenhang verdeutlicht werden.

9.3 Anwendungsbeispiele

Beispiel:

Gegeben: Übertragungsfunktion $G(s) = \dfrac{1}{1+\tau \cdot s}$ eines Systems. Es ist energielos, d.h. alle Anfangswerte verschwinden. Zum Zeitpunkt $t = 0$ wird es mit $x(t) = \cos(\omega_0 t)$ erregt.

Gesucht:
1. Die Systemreaktion $y(t)$
2. Die Frequenzcharakteristik

Lösung:

1.) Mit der Korrespondenz (4-30) ist $X(s) = \dfrac{s}{s^2 + \omega_0^2}$ und es gilt:

$$Y(s) = G(s) \cdot X(s) = \frac{1}{\tau} \frac{1}{s + \dfrac{1}{\tau}} \cdot \frac{s}{s^2 + \omega_0^2}.$$

Die Nullstellen von $Y(s)$ sind: $s_1 = -\dfrac{1}{\tau}$ $s_{2,3} = \pm j\omega_0$.

Die Residuen werden mit (4-38) bestimmt:

$$R_1 = \frac{1}{\tau} \cdot \frac{s}{s^2 + \omega_0^2}\bigg|_{s=-\frac{1}{\tau}} = -\frac{1}{1+(\tau \cdot \omega_0)^2}$$

$$R_{2,3} = \frac{s}{(s\tau+1)(s \pm j\omega_0)}\bigg|_{s=\pm j\omega_0} = \frac{1 \mp j \cdot \tau \cdot \omega_0}{2 \cdot (1+(\tau\omega_0)^2)}$$

woraus sich mit (4-28) und (4-52) die Systemreaktion zu

$$y(t) = \frac{1}{1+(\tau\omega_0)^2}(\cos(\omega_0 t) + \tau \cdot \omega_0 \cdot \sin(\omega_0 t) - e^{-t/\tau})$$

ergibt. Eine Umformung mit der Relation $a_1 \cdot \cos(\alpha) + a_2 \cdot \sin(\alpha) = b \cdot \cos(\alpha - \varphi)$

$b = \sqrt{a_1^2 + a_2^2}$, $\varphi = \tan^{-1}(\dfrac{a_2}{a_1})$ liefert das endgültige Resultat

$$y(t) = \frac{1}{\sqrt{1+(\tau\omega_0)^2}} \cdot \cos(\omega_0 t - \varphi) - \frac{1}{1+(\tau\omega_0)^2} \cdot e^{-t/\tau}, \quad \varphi = \tan^{-1}(\tau\omega_0)$$

Der erste Term des Resultates ist der stationäre Anteil, während der zweite für $t \to \infty$ verschwindet.

2.) Frequenzcharakteristik: Die Berechnung erfolgt direkt im Bildbereich. Es gilt:

$$G(j\omega_0) = G(s)\big|_{\sigma=0} = \frac{1}{1+j\omega_0\tau} = \frac{1}{\sqrt{1+(\omega_0\tau)^2}} \cdot e^{-j\tan^{-1}(\omega_0\tau)}.$$

Das ist, wie man einem Vergleich mit dem Resultat 1.) entnehmen kann, die komplexe Amplitude der stationären Ausgangsschwingung. Damit ist ohne weitere Rechnung der stationäre Anteil der Systemreaktion im Originalbereich bestimmt.

9.4 Rechnergestützte Ausführung der LT

Die numerische Berechnung bei der Anwendung der Laplacetransformation wird von zahlreichen Programmen unterstützt. Anhand von Beispielen sollen einige Möglichkeiten von MATLAB demonstriert werden.

1. Beispiel

Als erstes Beispiel wird die Differentialgleichung (9-21) bearbeitet. Die zugehörige Laplacetransformierte ist durch (9-22) bzw. mit $x_1(t) = \varepsilon(t)$ und $x_2(t) = t \cdot \varepsilon(t)$ durch (9-23) gegeben und soll numerisch mit

$$b_1 = a_2 = 1; \quad b_0 = 0{,}5 \quad a_1 = 7 \quad \text{und} \quad a_0 = 10$$

gelöst werden, das heißt

$$Y(s) = -\frac{s^2 - s + 0{,}5}{s^4 + 7s^3 + 10s^2}$$

Eingabe: $b = -[1,-1,.5]$;   %Koeffizienten des Zählerpolynoms
$\quad\quad\quad\;\; a = [1,7,10,0,0]$;   %Koeffizienten des Nennerpolynoms

Zur Lösung soll der Residuensatz angewendet werden.

Befehl: [R,P,k] = residue(b,a);   %Berechnung der Residuen (R), Pole (P) und der Konstanten k

Ergebnis: R = 0.4067   P = -5   k = [ ]
         -0.5417   -2
          0.1350   0
         -0.0500   0

Die Ausgabe der Pole ist erforderlich, um die richtige Zuordnung treffen zu können. Folglich lautet mit (9-19) das Ergebnis:

$$y(t) = 0{,}4067 \cdot e^{-5t} - 0{,}5417 \cdot e^{-2t} + 0{,}135 - 0{,}05 \cdot t$$

2. Beispiel

Die Transformation von Zustandsgleichungssystemen kann mit MATLAB sehr einfach durchgeführt werden, wie es anhand obigen Beispiels erläutert wird:

Eingabe: A=[-.4468,-.3968,-.05;
         1.2288,0,-1.2288;
         -.05,.3968,-.4468];   %Systemmatrix
         B=[.8936;0;.1];   %Eingangsmatrix
         C=[0,0,1];   %Ausgangsmatrix
         D=0;   %Durchgangsmatrix

Befehl: [Z,N]=ss2tf(A,B,C,D) %Berechnung der Zähler- und Nennerkoeffizienten Z und N der Laplacetransformierten

Ausgabe: Z = 0 0.1 0 0.4844
         N = 1 0.8936 1.1723 0.4844

Damit ist die Übertragungsfunktion

9.4 Rechnergestützte Ausführung der LT

$$G(s) = \frac{0{,}1 \cdot s^2 + 0{,}4844}{s^3 + 0{,}8936 \cdot s^2 + 1{,}1723 \cdot s + 0{,}4844}$$

bestimmt. Die weitere Bearbeitung erfolgt wie im obigen Beispiel mit dem Residuensatz. Ist die gesuchte Originalfunktion nur numerisch zu berechnen kann dies einfach mit

    a)   [y,t] = impulse(sys)   oder   b)   y = impulse(sys,t)

erfolgen. Es bedeuten

    sys = ss(A,B,C,D): die Systembeschreibung durch die Matrizen $\underline{A}$, $\underline{B}$, $\underline{C}$ und $\underline{D}$

t die zugehörige Zeitbasis, im Fall a) wird sie generiert, im Fall b) ist sie vom Benutzer definiert.

Müssen Anfangswerte ungleich Null Berücksichtigung finden, steht bei MATLAB der Befehl *initial* zur Verfügung:

    [y,t] = initial(sys,w0)   oder   y = initial(sys,w0,t)

Dabei wird nur der Einfluss der Anfangswerte berechnet mit $\underline{x}(t) = 0$. Es bedeuten:

$$y = \underline{C} \cdot (s\underline{E} - \underline{A})^{-1} \cdot \underline{w}(0) \quad \text{und} \quad \text{w0 der Vektor der Anfangswerte.}$$

Die Anwendung auf das 2. Beispiel liefert:

    sys = ss(A,B,C,D);   % Definition der Systemfunktion.
    t = linspace(0,15,2000)   % Definition der Zeitbasis
    y = impulse(sys,t)   % Impulsantwort für $\underline{w}(0) = 0$
    y0 = initial(sys,[.2,0,.2],t);   % Berechnung des Terms $\underline{C} \cdot (s\underline{E} - \underline{A})^{-1} \cdot \underline{w}(0)$ mit dem Vektor der Anfangswerte [0,2 0 0,2]

Die graphische Auswertung zeigt Bild 9.9.

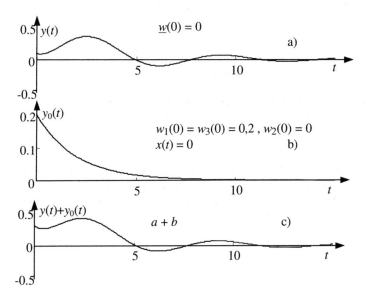

Bild 9.9: Ergebnis von Beispiel 2, a) $y(t)$, b) $y_0(t)$, c) $y(t)+y_0(t)$

9.5 Systemsynthese

Wie oben gezeigt wurde, besteht ein fester Zusammenhang zwischen der Laplacetransformierten der Übertragungsfunktion eines Systems und dessen Frequenzcharakteristik. Dieser Umstand kann genutzt werden, um aus gegebenen spektralen Forderungen eine Funktion $T(s)$ abzuleiten, die diesen Forderungen genügt. An einem einfachen Beispiel der Filtersynthese wird dies gezeigt.

Für den Betrag der Amplitudencharakteristik sei

$$|T(j\omega)|^2 = T(j\omega) \cdot T(-j\omega) = \frac{1}{1+\omega^{2n}}$$

gefordert. Man geht davon aus, dass der Funktion $T(j\omega)$ eine Laplacetransformierte über die Beziehung $T(j\omega) = T(s)|_{s=j\omega}$ zugeordnet ist. Damit gilt auch $T(s) = T(j\omega)|_{\omega=-js}$
oder

$$T(j\omega) \cdot T(-j\omega) \to T(s) \cdot T(-s) = \frac{1}{1+(-js)^{2n}} = \frac{1}{1+(js)^{2n}} \quad (9\text{-}33)$$

Zur Trennung der beiden Terme $T(s)$ und $T(-s)$ muss bedacht werden, dass der Konvergenzbereich der gesuchten Funktion aus physikalischen Gründen die gesamte rechte s-Halbebene ($\sigma > 0$) umfassen muss. Alle Singularitäten müssen nicht positiven Realteil haben. Man bestimmt also von (9-33) die Pole und ordnet die mit negativem Realteil der Funktion $T(s)$ zu.

Beispiel:

$n = 3 \Rightarrow 1 - s^6 = 0 \Rightarrow s_1 = -1;\quad s_{2,3} = -0{,}5 \pm j0{,}866;\quad s_{4,5} = 0{,}5 \pm j0{,}866;\quad s_6 = 1$

Die Wurzeln s_1 bis s_3 werden $T(s)$ zugeordnet mit dem Ergebnis:

$$T(s) = \frac{1}{(s-s_1)(s-s_2)(s-s_3)} = \frac{1}{s^3 + 2s^2 + 2s + 1}$$

Damit ist die gesuchte Funktion bestimmt.

Wegen der aufgezeigten Möglichkeit spielt die Laplacetransformation bei der Synthese kontinuierlicher Systeme mit vorgegebener Frequenzfunktion eine Schlüsselrolle, auch dann, wenn die vorgegebene Charakteristik nicht in analytischer Form angebbar ist.

Abschließend stellen wir fest, dass die Bildfunktionen der Laplacetransformation grundsätzlich nicht messbar sind, aber gestatten, alle physikalischen Eigenschaften abzuleiten. Unter der Bedingung, dass die imaginäre Achse der s-Ebene im Konvergenzgebiet liegt stimmt die Laplacetransformierte für $\text{Re}\{s\} = 0$ mit der Fouriertransformierten überein.

10 Z-Transformation (ZT)

10.1 Definitionen, Eigenschaften und Regeln

Die Z-Transformation ordnet einer zeitdiskreten Wertefolge $f(nT)$ die Bildfunktion

$$F(z) = \sum_{n=0}^{\infty} f(nT) \cdot z^{-n} \tag{10-1}$$

der komplexen Variablen $z = x + jy$ zu. Die Reihe (10-1) konvergiert für alle z mit $|z| > |z_0|$ wenn

$$\sum_{n=0}^{\infty} | f(nT) \cdot z_0^{-n} | < M < \infty \tag{10-2}$$

erfüllt ist, außerhalb eines Kreises mit dem Radius

$$R = |z_0| \tag{10-3}$$

wie im Bild 10.1 angedeutet.

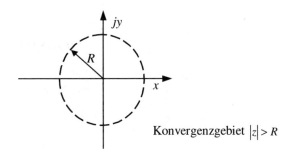

Bild 10.1: Konvergenzgebiet

Die zu einer Z-Transformierten gehörende Originalfunktion ist durch das komplexe Umkehrintegral

$$f(nT) = \frac{1}{2\pi j} \oint_W F(z) \cdot z^{n-1} dz \tag{10-4}$$

gegeben. Der Integrationsweg ist so zu wählen, dass er vollständig außerhalb des durch (10-3) bestimmten Kreises liegt.

Anmerkung: Im Folgenden wird $T = 1$ gesetzt wie im Allgemeinen üblich. Das bedeutet, alle Zeit- und Frequenzparameter sind auf die Taktzeit normiert. Die Transformationsvorschriften lauten dann

$$F(z) = \sum_{n=0}^{\infty} f(n) \cdot z^{-n} \qquad \text{Z-Transformation} \qquad (10\text{-}1a)$$

$$f(n) = \frac{1}{2\pi j} \oint_W F(z) \cdot z^{n-1} dz \qquad \text{inverse Z-Transformation} \qquad (10\text{-}4a)$$

Durch (10-1) und (10-4) ist die einseitige Z-Transformation definiert. Es wird vorausgesetzt, dass die Originalfolgen $f(n)$ kausal sind, also $f(n) = 0$ für $n < 0$ gilt.

Der Zusammenhang zwischen Z- und Laplacetransformation ist durch

$$z = e^s \qquad (10\text{-}5)$$

gegeben. Die jω-Achse der s-Ebene geht für $-\pi < \omega < \pi$ in den Einheitskreis der z-Ebene über und die linke s-Halbebene, d.h. $\sigma < 0$, wird auf das Innere des Einheitskreises abgebildet.

Tabelle 10.1 ist eine Zusammenstellung wichtiger Rechenregeln, die bei der praktischen Arbeit mit der Z-Transformation nützlich sind.

Tabelle 10.1: Rechenregeln der Z-Transformation

Originalbereich	Bildbereich		
$f(n-k)$ $k > 0$	$F(z) \cdot z^{-k}$	Verschiebungssatz rechts	(10-6)
$f(n+k)$ $k > 0$	$\left(F(z) - \sum_{n=0}^{k-1} f(n) \cdot z^{-n}\right) \cdot z^k$	Verschiebungssatz links	(10-7)
$a^n \cdot f(n)$	$F\left(\dfrac{z}{a}\right)$	Ähnlichkeitssatz (oder Modulationssatz)	(10-8)
$f_1(n) * f_2(n)$	$F_1(z) \cdot F_2(z)$	Faltung	(10-9)
$n \cdot f(n)$	$-z \cdot \dfrac{dF(z)}{dz}$	Differentiation im Bildbereich	(10-10)
$f(n+1) - f(n)$	$(z-1) \cdot F(z) - z \cdot f(0)$	Differenzensatz	(10-11)
$f_m(m) = f(n)$ für $m = n \cdot i$ $= 0$ sonst	$F_m(z) = F(z^i)$	Takterhöhung	(10-12)

Die Z-Transformation ist *linear*:

$$ZT\{a \cdot f_1(n) + b \cdot f_2(n)\} = a \cdot F_1(z) + b \cdot F_2(z) \qquad (10\text{-}13)$$

Es gelten die Grenzwertsätze:

Anfangswertsatz: $\quad f(0) = \lim_{z \to \infty} F(z) \qquad (10\text{-}14)$

Endwertsatz: $\quad \lim_{n \to \infty} f(n) = \lim_{z \to 1} (z-1) \cdot F(z) \qquad (10\text{-}15)$

10.2 Praktische Ausführung der Z-Transformation

Obwohl die Rechenvorschrift (10-1) zur Bestimmung der Z-Transformierten einer Originalfolge sehr einfach ist, kann es aufwendig sein, im Bildbereich eine geschlossene Funktion zu finden. Zweckmäßig ist, die gesuchte Funktion aus bekannten Teilfunktionen abzuleiten und Korrespondenztabellen und Rechenregeln zu benutzen:

Beispiele:

1. Gegeben:

Sägezahnfolge $f_s(n) = \dfrac{a}{N} \cdot n$ mit $f_s(n) = 0$ für $n \geq N$ nach Bild 10.2

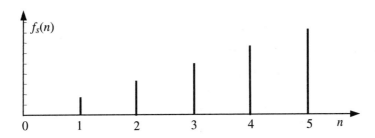

Bild 10.2: Zu transformierende Beispielfolge, $N=6$

Gesucht:

Z-Transformierte $F_s(z) = ZT\{f_s(n)\}$

Lösung: Die gegebene Folge kann mit Hilfe der Rechteckfolge 7/Tabelle 10.2 in der Form

$$f_s(n) = \frac{a}{N} \cdot n \cdot \text{rect}(\frac{n}{N}) \tag{10-16}$$

geschrieben werden. Aus Satz (10-10) für die Differentiation im Bildbereich folgt daher

$$F_s(z) = -\frac{a}{N} \cdot z \cdot \frac{d}{dz}(\frac{z^N - 1}{z^N - z^{(N-1)}}) = \frac{a}{N} \cdot \frac{z^N - N \cdot z + (N-1)}{z^{N-1}(z-1)^2} \tag{10-17}$$

oder nach kurzer Umformung

$$F_s(z) = \frac{a}{N} \cdot \frac{z(1 - N \cdot z^{-(N-1)} + (N-1)z^{-N})}{(z-1)^2} \tag{10-18}$$

Es ist offensichtlich, dass die Ableitung dieser Lösung aus

$$F_s(z) = \frac{a}{N} \cdot \sum_{n=0}^{N-1} n \cdot z^{-n}$$

beschwerlich ist.

Tabelle 10.2: Korrespondenztabelle

	Originalbereich	Bildbereich
1	$f(n)$ (=0 für $n < 0$)	$F(z)$
2	$\delta(n)$	1
3	$\varepsilon(n)$	$\dfrac{z}{z-1}$
4	$n \cdot \varepsilon(n)$	$\dfrac{z}{(z-1)^2}$
5	$n^2 \cdot \varepsilon(n)$	$\dfrac{z \cdot (z+1)}{(z-1)^3}$
6	$(n+1) \cdot \varepsilon(n)$	$\dfrac{z^2}{(z-1)^2}$
7	$\mathrm{rect}(\dfrac{n}{N}) = \begin{cases} 1 & 0 \leq n \leq N-1 \\ 0 & \text{sonst} \end{cases}$	$\dfrac{z^N - 1}{z^N - z^{N-1}}$
8	e^{-an}	$\dfrac{z}{z - e^{-a}}$
9	$n \cdot e^{-an}$	$\dfrac{z \cdot e^{-a}}{(z - e^{-a})^2}$
10	$n^2 \cdot e^{-an}$	$\dfrac{z \cdot (z + e^{-a}) \cdot e^{-a}}{(z - e^{-a})^3}$
11	$\cos(n \cdot \omega_0)$	$\dfrac{z \cdot (z - \cos(\omega_0))}{z^2 - 2z \cdot \cos(\omega_0) + 1}$
12	$\cosh(n \cdot \omega_0)$	$\dfrac{z \cdot (z - \cosh(\omega_0))}{z^2 - 2z \cdot \cosh(\omega_0) + 1}$
13	$\sin(n \cdot \omega_0)$	$\dfrac{z \cdot \sin(\omega_0)}{z^2 - 2z \cdot \cos(\omega_0) + 1}$
14	$\sinh(n \cdot \omega_0)$	$\dfrac{z \cdot \sinh(\omega_0)}{z^2 - 2z \cdot \cosh(\omega_0) + 1}$
15	$n \cdot \cos(n \cdot \omega_0)$	$z \dfrac{(z^2 - 1) \cdot \cos(\omega_0) - 2z}{(z^2 - 2z \cdot \cos(\omega_0) + 1)^2}$
16	$n \cdot \sin(n \cdot \omega_0)$	$\dfrac{z \cdot (z^2 - 1) \cdot \sin(\omega_0)}{(z^2 - 2z \cdot \cos(\omega_0) + 1)^2}$

10.2 Praktische Ausführung der Z-Transformation

	Originalbereich	Bildbereich
17	$e^{-an} \cdot \sin(n \cdot \omega_0)$	$\dfrac{z \cdot e^{-a} \cdot \sin(\omega_0)}{z^2 - 2z \cdot e^{-a} \cdot \cos(\omega_0) + e^{-2a}}$
18	$e^{-an} \cdot \cos(n \cdot \omega_0)$	$\dfrac{z^2 - 2z \cdot e^{-a} \cdot \cos(\omega_0)}{z^2 - 2z \cdot e^{-a} \cdot \cos(\omega_0) + e^{-2a}}$
19	a^{-n}	$\dfrac{a \cdot z}{a \cdot z - 1}$
20	$n \cdot a^{-n}$	$\dfrac{a \cdot z}{(a \cdot z - 1)^2}$
21	$a^{-n} \cdot \sin(n \cdot \omega_0)$	$\dfrac{z \cdot a \cdot \sin(\omega_0)}{z^2 - 2z \cdot a \cdot \cos(\omega_0) + a^2}$
22	$a^{-n} \cdot \cos(n \cdot \omega_0)$	$\dfrac{z^2 - z \cdot a \cdot \cos(\omega_0)}{z^2 - 2z \cdot a \cdot \cos(\omega_0) + a^2}$
23	$\dfrac{1}{a-b}(b^{-n} - a^{-n})$	$\dfrac{z}{(a \cdot z - 1)(b \cdot z - 1)}$
24	$\dfrac{(b-c)a^{-n} - (a-c)b^{-n} + (a-b)c^{-n}}{(a-b)(a-c)(b-c)}$	$\dfrac{z^2}{(az-1)(bz-1)(cz-1)}$
25	$\dfrac{\sin((n-1)b)}{\sin(b)} \cdot e^{-na} \cdot \varepsilon(n-1)$	$\dfrac{1}{(z - z_x)(z - z_x^*)}$ $z_x = e^{(a+jb)}$
26	$f(n) \cdot \cos(n \cdot \omega_0)$	$\dfrac{1}{2}(F(e^{-j\omega_0} \cdot z) + (F(e^{j\omega_0} \cdot z)))$
27	$f(n) \cdot \sin(n \cdot \omega_0)$	$\dfrac{1}{2j}(F(e^{-j\omega_0} \cdot z) - (F(e^{j\omega_0} \cdot z)))$
28	$f(n) \cdot e^{-an}$	$F(e^a \cdot z)$
29	$f(N-n)$ $f(n)=0$ für $n > N$	$F\left(\dfrac{1}{z}\right) \cdot z^{-N}$

Der Zähler von (10-18) kann umgeordnet werden: $z \cdot (1 - z^{-N}) - N \cdot z^{-N}(z-1)$. Daraus folgt für $F_s(z)$ die Beziehung,

$$F_s(z) = \frac{a}{N} \cdot \frac{z}{(z-1)^2}(1 - z^{-N}) - a \cdot \frac{z}{(z-1)} \cdot z^{-N}, \quad (10\text{-}18a)$$

die einen weiterern Ansatz offenbart, der für die Lösung der Aufgabe geeignet ist. Der erste Term in (10-18a) korrespondiert nach 4/Tabelle 10.2 und dem Verschiebungssatz (10-6) mit

$$f_R(n) = \frac{a}{N} n \cdot \varepsilon(n) - \frac{a}{N}(n-N) \cdot \varepsilon(n-N)$$

der sogenannten Rampenfolge, die für $N=6$ und $a=1$ im Bild 10.3 dargestellt ist.

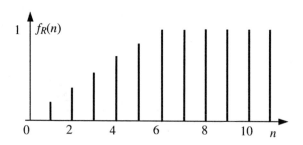

Bild 10.3: Rampenfolge zum Beispiel

Der zweite Term in (10-18a) korrespondiert mit der um N nach rechts verschobenen Sprungfolge (3/Tabelle 10.2). Wird sie von der Rampenfolge subtrahiert, entsteht die in der Aufgabenstellung gegebene Originalfolge entsprechend Bild 10.1.

2. Gegeben:

   Dreiecksfolge $f_{dr}(n)$ der Länge $2N$ nach Bild 10.4

Gesucht:

   Z-Transformierte $F_{dr}(z) = ZT\{f_{dr}(n)\}$.

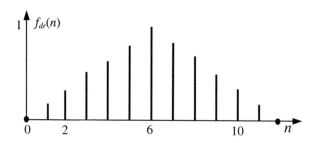

Bild 10.4: Dreiecksfolge, Länge=12

10.2 Praktische Ausführung der Z-Transformation

Lösung: Für die Lösung kann das Ergebnis des vorangegangenen Beispiels genutzt werden. $f_{dr}(n)$ entsteht, wenn eine Sägezahnfolge $f_s(n)$ durch ihre um N Stellen nach rechts verschobene Spiegelung ergänzt wird. Diese ist durch

$$f_{s-}(n-N) = \frac{a}{N} \cdot (2N-n) \cdot \text{rect}(\frac{n-N}{N}) \tag{10-19}$$

beschrieben. Die neue Folge hat die Länge $2N$. Die Z-Transformierte $ZT\{f_{s-}(n)\}$ ist durch

$$f_{s-}(n) = a \cdot \text{rect}(\frac{n}{N}) - \frac{a}{N} \cdot n \cdot \text{rect}(\frac{n}{N}) \xrightarrow{ZT} a\frac{z(1-z^{-N})}{z-1} - \frac{a}{N}\frac{z(1-z^{-N})}{(z-1)^2} + a\frac{z \cdot z^{-N}}{z-1}$$

$$= \frac{N \cdot z^{(N+1)} - (N+1) \cdot z^N + 1}{z^{(N-1)}(z-1)^2} \tag{10-20}$$

gegeben. Mit diesem Zwischenergebnis folgt schließlich bei Anwendung des Verschiebungssatzes (10-6) die Lösung:

$$f_{dr}(n) = f_s(n) + f_{s-}(n-N) \xrightarrow{ZT} \frac{a}{N} \cdot \frac{z \cdot (1-z^{-N})^2}{(z-1)^2} \tag{10-21}$$

Es wird noch einmal darauf hingewiesen, dass die Länge der Folge $K = 2N$ ist. Natürlich sind auch andere Ansätze möglich, z.B. durch Überlagerung dreier gegen einander verschobener Sägezahnfolgen.

3. Gegeben:

Dreiecksfolge $f_{dr}(n)$ nach (10-21).

Gesucht:

ZT der M-maligen Fortsetzung $f_{dr}^{(M)}(n)$ der Dreiecksfolge $f_{dr}(n)$.

Lösung: Mit dem Verschiebungssatz (10-7) ist die gesuchte ZT

$$ZT\{f_{dr}^{(M)}(n)\} = ZT\{f_{dr}(n)\} \cdot \sum_{k=0}^{M} z^{-k}$$

Daraus wird mit (10-21) und $\sum_{k=0}^{M} x^k = \frac{1-x^{(M+1)}}{1-x}$

$$F_{dr}(z) = \frac{a}{N} \cdot \frac{z \cdot (1-z^{-N})^2}{(z-1)^2} \cdot \frac{1-z^{-(M+1)}}{1-z^{-2N}} \tag{10-22}$$

Zustandsgleichungen:

Zustandsgleichungen für diskrete Funktionen sind ein System von Differenzengleichungen 1. Ordnung der Form

$$w_k(n+1) = \sum_{i=1}^{N} A_{ki} \cdot w_i(n) + \sum_{r=1}^{R} B_{kr} \cdot x_r(n)$$

N solcher Gleichungen gehören zusammen und können, wenn die Folgen $w_k(n+1)$, $w_i(n)$ und $x_r(n)$ zu Vektoren zusammengefasst werden, in der Form

$$\underline{w}(n+1) = \underline{A} \cdot \underline{w}(n) + \underline{B} \cdot \underline{x}(n) \tag{10-23}$$

geschrieben werden. Die Gleichungen (10-23) werden durch die Ausgangsgleichungen

$$\underline{y}(n) = \underline{C} \cdot \underline{w}(n) + \underline{D} \cdot \underline{x}(n) \tag{10-24}$$

ergänzt. Die Lösung der Differenzengleichung gelingt sehr effektiv mit Hilfe der Z-Transformation. Unter Beachtung des Verschiebungssatzes (links) (10-6) für $k = 1$ und der Regel (10-11) erhält man für (10-23) im Bildbereich

$$(\underline{W}(z) - \underline{w}(0)) \cdot z = \underline{A} \cdot \underline{W}(z) + \underline{B} \cdot \underline{X}(z)$$

Diese Gleichung ist nach $\underline{W}(z)$ aufzulösen:

$$(z \cdot \underline{E} - \underline{A}) \cdot \underline{W}(z) = \underline{w}(0) \cdot z + \underline{B} \cdot \underline{X}(z)$$

$$\underline{W}(z) = (z \cdot \underline{E} - \underline{A})^{-1} \cdot \underline{B} \cdot \underline{X}(z) + (z \cdot \underline{E} - \underline{A})^{-1} \cdot \underline{w}(0) \cdot z \tag{10-25}$$

$\underline{E}$ ist darin wieder die Einheitsmatrix. Daraus folgt mit (10-24) die Lösung im Bildbereich

$$\underline{Y}(z) = (\underline{C} \cdot (z \cdot \underline{E} - \underline{A})^{-1} \cdot \underline{B} + \underline{D}) \cdot \underline{X}(z) + \underline{C} \cdot (z \cdot \underline{E} - \underline{A})^{-1} \cdot \underline{w}(0) \cdot z \tag{10-26}$$

Die zugehörigen Originalfolgen werden durch Rücktransformation gewonnen.

10.3 Rücktransformation

Es soll noch einmal betont werden, dass nur rechtsseitige Originalfolgen ($f(n) = 0$ für $n < 0$) betrachtet werden und damit der Konvergenzbereich durch das Gebiet außerhalb eines Kreises gegeben ist.

Rücktransformation durch fortwährende Division

Die numerische Auswertung erfolgt in einfacher Weise durch Division.

Beispiel:

Gegeben:

$$F(z) = \frac{z+1}{(z^2 - 0{,}25)}$$

Gesucht:

$$f(n) = ZT^{-1}\{F(z)\}$$

Lösung: Zur Lösung wird die Division in $F(z)$ ausgeführt:

$$F(z) = (z+1) : (z^2 - 0{,}25) = z^{-1} + z^{-2} + 0{,}25 z^{-3} + 0{,}25 z^{-4} \cdots$$

Mit der Definition der Z-Transformation $F(z) = \sum_{n=0}^{\infty} f(n) \cdot z^{-n}$ wird die gesuchte Originalfolge durch Koeffizientenvergleich gewonnen

10.3 Rücktransformation

$$f(n) = \{0 \quad 1 \quad 1 \quad \frac{1}{4} \quad \frac{1}{4} \quad \frac{1}{16} \quad \cdots\}$$

Außer durch die gewöhnliche Polynomdivision können die Ergebniskoeffizienten mittels der Rekursionsformel (5-39) bestimmt werden.

Rücktransformation mit dem Residuensatz

Für die Rücktransformation ist allgemein das Umkehrintegral (10-4) zu lösen. Das gelingt in der Regel mit dem Residuensatz:

$$f(n) = \sum_i \text{Res}_i \{F(z) \cdot z^{n-1}\} \tag{10-27}$$

Die Berechnung der Residuen erfolgt entsprechend der Beziehung (4-40) mit

$$\text{Res}_i = \frac{1}{(\alpha-1)!} \lim_{z \to z_i} \left\{ \frac{d^{(\alpha-1)}}{dz^{(\alpha-1)}} (F(z) \cdot z^{n-1} \cdot (z-z_i)^\alpha) \right\} \tag{10-28}$$

α ist die Vielfachheit des Pols. Die z_i sind die Pole der zu transformierenden Funktion. Für $n = 0$ ist wegen $F(z) \cdot z^{-1} = F(z)/z$ ein zusätzlicher Pol im Ursprung $z = 0$ zu berücksichtigen.

Beispiel:

Gegeben: $F(z) = \dfrac{z+1}{(z-a)(z+b)}$

Gesucht:

$$\text{Originalfolge } f(n) = ZT^{-1}\{F(z)\} \tag{10-29}$$

Lösung: Die Pole bei $z = a$ und $z = -b$ sind einfach, also $\alpha = 1$, damit entfallen in (10-28) die Ableitungen und wir finden:

$$n = 0: \quad \text{Res}_0 = F(z) \cdot z^{-1} \cdot z \big|_{z=0} = -\frac{1}{a \cdot b}$$

$$\text{Res}_a = F(z) \cdot z^{-1} (z-a)\big|_{z=a} = \frac{(a+1)}{a(a+b)}$$

$$\text{Res}_b = F(z) \cdot z^{-1} (z+b)\big|_{z=-b} = \frac{(1-b)}{b(a+b)}$$

Die Addition entsprechend (10-27) ergibt schließlich

$$f(0) = \frac{-(a+b) + b(a+1) + a(1-b)}{ab(a+b)} = 0$$

$n \geq 1$

$$\text{Res}_a = F(z) \cdot z^{n-1}(z-a)\big|_{z=a} = \frac{a^{n-1}(a+1)}{(a+b)}$$

$$\text{Res}_b = F(z) \cdot z^{n-1}(z+b)\big|_{z=-b} = \frac{(-b)^{n-1}(1-b)}{-(a+b)}$$

Die Addition der beiden Residuen führt zu dem Ergebnis

$$f(n) = \frac{1}{a+b}(a^n(1+a^{-1}) - (-b)^n(1-b^{-1})) \quad n \geq 1 \quad (10\text{-}30)$$

Mit $a = b = 0{,}5$ erhalten wir aus (10-30)

$$f(n) = 2^{-n}(3 + (-1)^n)$$

eine geschlossene Lösung für das vorige Beispiel.

Rücktransformation gebrochen rationaler Funktionen:

Sehr häufig sind die Bildfunktionen gebrochen rationale Funktionen in z vor allem dann, wenn Differenzengleichungen zu lösen sind. Ihre Rücktransformation in den Originalbereich erfolgt zweckmäßig auf der Grundlage einer Partialbruchzerlegung unter Anwendung der KorrespondenzTabellen und Rechenregeln. Zunächst wird

Zählergrad $m \leq$ Nennergrad n

vorausgesetzt. Es ist bekannt (s. Kap5), dass dann jeder Bildfunktion eine kausale und eine akausale Originalfolge zugeordnet werden kann. Zur Berechnung der kausalen Folge wird die gegebene Funktion $F(z)$ als Polynom von z^{-1} geschrieben und dann in die Summe von Partialbrüchen zerlegt:

$$F(z) = \frac{\sum_{\nu=0}^{m} b_\nu z^\nu}{\sum_{\mu=0}^{n} a_\mu z^\mu} = \frac{\sum_{\nu=0}^{m} b_\nu z^{-(n-\nu)}}{\sum_{\mu=0}^{n} a_\mu z^{-(n-\mu)}} = \frac{\sum_{\nu=0}^{m} b_\nu z^{-(n-\nu)}}{a_0 \prod_{\mu=1}^{n}(z^{-1} - z_{x\mu})} = \frac{b_0}{a_0} + \sum_{\mu=1}^{n} \frac{R_\mu}{z^{-1} - z_{x\mu}} \quad (10\text{-}31)$$

Die Nennernullstellen $z_{x\mu}$ sind reell oder treten in konjugiert komplexen Paaren auf. Reele Pole werden direkt mit der Korrespondenz 19/Tabelle 10.2

$$-a^{-(n+1)} \xleftrightarrow{ZT} \frac{1}{z^{-1} - a} \quad (10\text{-}32)$$

in den Originalbereich transformiert. Die konjugiert komplexen Polpaare fasst man sinnvoller Weise zusammen. Sind $z_{x\mu}$ der betrachtete Pol und R_μ das zugehörige Residuum, erhält man die Terme

$$\frac{R_\mu}{z^{-1} - z_{x\mu}} + \frac{R_\mu^*}{z^{-1} - z_{x\mu}^*}$$

so dass mit (10-30) für ein beliebiges komplexes Polpaar die Rücktransformation

$$f_k(n) = -R_\mu z_{x\mu}^{-(n+1)} - R_\mu^*(z_{x\mu}^*)^{-(n+1)} = -2 \cdot \text{Re}\{R_\mu z_{x\mu}^{-(n+1)}\} \quad (10\text{-}33)$$

liefert.

10.3 Rücktransformation

Beispiele:

1. Gegeben: Bildfunktion $F(z) = \dfrac{z+1}{(z-a)(z+b)}$ (10-34)

Gesucht: Originalfolge $f(n) = ZT^{-1}\{F(z)\}$

Lösung: Die gegebene Funktion wird als gebrochen rationale Funktion in z^{-1} geschrieben und dann in Partialbrüche zerlegt:

$$F(z) = \frac{z^{-1} + z^{-2}}{(1 - az^{-1})(1 + bz^{-1})}$$

Diese Funktion ist nicht echt gebrochen (Zählergrad = Nennergrad) und wird einmal abdividiert. Nach einfacher Umformung erhält man

$$F(z) = -\frac{1}{ab}\left[1 + \frac{(1 + \frac{1}{a} - \frac{1}{b})z^{-1} + \frac{1}{ab}}{(z^{-1} - \frac{1}{a})(z^{-1} + \frac{1}{b})}\right]$$

Die Partialbruchzerlegung liefert

$$F(z) = -\frac{1}{ab}\left[1 + \frac{1 + \frac{1}{a}}{(1 + \frac{a}{b})(z^{-1} - \frac{1}{a})} + \frac{1 - \frac{1}{b}}{(1 + \frac{b}{a})(z^{-1} + \frac{1}{b})}\right]$$

$$F(z) = -\frac{1}{ab}\left[1 - \frac{(1+a)\frac{1}{a}z}{(1 + \frac{a}{b})(\frac{1}{a}z - 1)} - \frac{(1-b)\frac{1}{b}z}{(1 + \frac{b}{a})(\frac{1}{b}z + 1)}\right]$$

Mit den Korrespondenzen 2 und 19/Tabelle 10.2 folgt schließlich wie oben

$$f(n) = -\frac{1}{ab}\delta(n) + \frac{1}{a+b}(a^n(1 + a^{-1}) - (-b)^n(1 - b^{-1}))$$

2. Gegeben: Bildfunktion

$$F(z) = \frac{z + 0{,}5}{z^3 + 1{,}8z^2 + 1{,}8z + 0{,}8} = \frac{1{,}25z^{-2} + 0{,}625z^{-3}}{1{,}25 + 2{,}25z^{-1} + 2{,}25z^{-2} + z^{-3}}$$

Gesucht: Originalfolge $f(n) = ZT^{-1}\{F(z)\}$

Lösung: Durch Erweiterung mit z^{-3} und einmalige Division geht die gegebene Funktion in

$$F(z) = \frac{1{,}25z^{-2} + 0{,}625z^{-3}}{1{,}25 + 2{,}25z^{-1} + 2{,}25z^{-2} + z^{-3}} = 0{,}625 - \frac{0{,}1563z^{-2} + 1{,}4063z^{-1} + 0{,}7813}{z^{-3} + 2{,}25z^{-2} + 2{,}25z^{-1} + 1{,}25}$$

über. Die Pole und die zugehörigen Residuen sind

Pole $\quad\begin{aligned}z_{x1} &= -1{,}25 \\ z_{x2,3} &= -\frac{1}{2}(1\mp\sqrt{3})\end{aligned}\quad$ Residuen $\quad\begin{aligned}R_1 &= -0{,}5580 \\ R_{2,3} &= 0{,}3571\mp j0{,}4124\end{aligned}$

Mit (10-32) für den reellen und (10-33) für das komplexe Polpaar lautet die Originalfolge

$$f(n) = 0{,}5\cdot\delta(n) + R_1\cdot z_{x1}^{-(n+1)} + 2\cdot\text{Re}\{R_2\cdot z_{x2}^{-(n+1)}\}$$

Funktionen mit Zählergrad > Nennergrad

Gegeben: Z-Transformierte $F(z) = \dfrac{a_2 z^2 + a_1 z + 1}{z+b}$

Gesucht: Originalfolge $f(n) = ZT^{-1}\{F(z)\}$

Lösung: Vorbetrachtung: Diese Funktion hat offensichtlich neben dem Pol bei $z_x = -b$ eine Unendlichkeitsstelle bei $|z| \to \infty$. Das heißt, dass die zur gegebenen Funktion gehörende Originalfolge nicht kausal ist, denn sie konvergiert offensichtlich nicht außerhalb eines Kreises mit endlichem Radius.

Zur Lösung wird die gegebene Funktion zweckmäßig durch Ausdividieren auf die Form

$$F(z) = \sum_{i=1}^{k} c_i \cdot z^i + F_1(z) \tag{10-35}$$

gebracht. $F_1(z)$ korrespondiert mit einer kausalen Folge im Originalbereich. Die Elemente $c_i \cdot z^i$ führen bei der Rücktransformation auf um i nach links verschobene δ-Funktionen. Im Beispielfall findet man

$$F(z) = a_2\cdot z + \frac{(a_1 - a_2 b)\cdot z + 1}{z+b}$$

Die Rücktransformation z.B. mit der Korrespondenz 19/Tabelle 10.2 führt auf

$$f(-1) = a_2\delta(n+1)$$
$$f(0) = a_1 - a_2 b$$
$$f(n) = (a_1 - a_2 b - \frac{1}{b})\cdot(-b)^n \qquad n>0$$

10.4 Übertragungsfunktion und Frequenzcharakteristik

Die Analyse zeitdiskreter, kausaler Systeme führt auf Differenzengleichungen der Form

$$\sum_{r=0}^{m} a_r y(n-r) = \sum_{q=0}^{k} b_q x(n-q) \tag{10-36}$$

Die Lösung der Differenzengleichung erfolgt zweckmäßig mit Hilfe der Z-Transformation. Die Bildfunktion kann bei Anwendung des Verschiebungssatzes (5-11) ohne Schwierigkeiten aufgeschrieben werden

$$Y(z) \cdot \sum_{l=0}^{m} a_l z^{-l} = X(z) \cdot \sum_{q=0}^{k} b_q z^{-q} \quad \text{bzw.}$$

$$Y(z) = \frac{\sum_{q=0}^{k} b_q z^{-q}}{\sum_{l=0}^{m} a_l z^{-l}} X(z) = \frac{\sum_{q=0}^{k} b_q z^{m-q}}{\sum_{l=0}^{m} a_l z^{m-l}} X(z) = G(z) \cdot X(z) \tag{10-37}$$

Für kausale Systeme gilt stets $k \leq m$. In Anlehnung an die Analyse für kontinuierliche Systeme, nennt man $G(z)$ Übertragungsfunktion des diskreten Systems. Insbesondere bei der zeitdiskreten Verarbeitung kontinuierlicher Signale, z.B. bei der digitalen Filterung, entsteht die Frage nach der Frequenzcharakteristik. Gibt es in Analogie zu (4-59) einen Zusammenhang der Form

$$y(nT) = T(j\omega) \cdot e^{j\omega nT} \tag{10-38}$$

auch für zeitdiskrete Systeme? Auf Grund der engen Verwandtschaft zwischen Laplace- und Z-Transformation läßt sich die Frage relativ schnell beantworten. Im Kapitel 9 wurde gezeigt, dass $T(j\omega)$ für analoge Systeme aus der Übertragungsfunktion $G(s)$ abgeleitet wird, indem $\sigma = 0$ gesetzt wird, d.h. $T(j\omega)$ ist der Verlauf von $G(s)$ entlang der imaginären Achse der s-Ebene. Wird dieser Umstand auf die Z-Transformierte übertragen, bedeutet dies, die Funktion $G(z)$ ist für $z = e^{j\omega T}$, also auf dem Einheitskreis in der z-Ebene, auszuwerten. Das setzt aber voraus, dass der Einheitskreis im Konvergenzgebiet von $G(z)$ liegt. Alle Singularitäten der Übertragungsfunktion müssen im Innern des Einheitskreises liegen. Für die Pole muss $|z_x| = e^{\sigma_x T} < 1$ oder $\sigma_x < 0$ erfüllt sein. Nach diesen Überlegungen folgt für die Frequenzcharaktzeristik zeitdiskreter Systeme

$$T(j\omega) = G(e^{j\omega T}) \tag{10-39}$$

Es ist evident, dass (10-39) eine periodische Funktion ist.

10.5 Taktveränderung

Unter Taktveränderung wird das regelmäßige Ausblenden bestimmter Werte der gegebenen

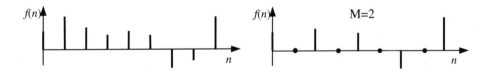

Bild 10.5: Ausblenden mit $M=2$

Folge oder das Einfügen von zusätzlichen Stützstellen verstanden. Der erste Fall bedeutet eine Taktverringerung (Bild 10.5), während im zweiten Fall der Takt erhöht wird Bild (10.6).

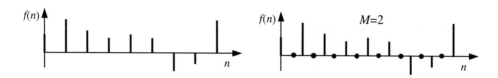

Bild 10.6: Stützstelleneinfügung, $M=2$

10.5.1 Taktverringerung oder Dezimation

Wir führen zuerst die Folge

$$\delta_M(n) = \sum_{k=0}^{\infty} \delta(n-kM) \qquad M = \text{ganze Zahl} > 0 \tag{10-40}$$

ein, die im Bild 10.7 dargestellt ist.

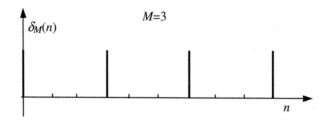

Bild 10.7: Folge $\delta_3(n)$

Zu dieser Folge gehört die Z-Transformierte

$$ZT\{\delta_M(n)\} = \sum_{n=0}^{\infty} \sum_{k=0}^{\infty} \delta(n-k\cdot M)\cdot z^{-n} = \sum_{k=0}^{\infty} z^{-k\cdot M}$$

$$= \sum_{k=0}^{\infty} (z^{-M})^k = \frac{1}{1-z^{-M}} = \frac{z^M}{z^M - 1} \tag{10-41}$$

Sie ist eine gebrochen rationale Funktion von z^{-1} mit den einfachen Polen

$$z_m^{-1} = e^{j\frac{2\pi}{M}m} \qquad m = 0 \cdots M-1 \tag{10-42}$$

und kann durch Partialbruchzerlegung, wie im Abschnitt 10.3 gezeigt wurde, in einfacher Weise in den Originalbereich zurücktransformiert werden. Die zugehörigen Residuen lauten

$$\text{Res}_m = \frac{1}{M} \cdot e^{j\frac{2\pi}{M}m} \tag{10-43}$$

Damit kann (10-41) als Summe von Partialbrüchen angegeben werden.

10.5 Taktveränderung

$$ZT\{\delta_M(n)\} = \frac{1}{M} \sum_{m=0}^{M-1} \frac{e^{j\frac{2\pi}{M}m} \cdot z}{e^{j\frac{2\pi}{M}m} \cdot z - 1} \qquad (10\text{-}44)$$

Die Rücktransformation zur Berechnung der Originalfolge wird gliedweise mit der Korrespondenz 19/Tabelle 10.2 ausgeführt mit dem Ergebnis

$$\delta_M(n) = \frac{1}{M} \sum_{m=0}^{M-1} e^{-j\frac{2\pi}{M}mn} \qquad (10\text{-}45)$$

(10-45) ist neben (10-40) eine zweite Möglichkeit, $\delta_M(n)$ analytisch darzustellen. Mit ihr gelingt es, übersichtlich die Veränderungen der Bildfunktion bei der Dezimierung zu bestimmen.

Im Originalbereich wird die aus einer gegebenen Folge $f(n)$ ableitbaren dezimierten Folge $f_M(n)$ durch das Produkt

$$f_M(n) = f(n) \cdot \delta_M(n) = \frac{1}{M} \sum_{m=0}^{M-1} f(n) \cdot e^{-j\frac{2\pi}{M}mn} \qquad (10\text{-}46)$$

beschrieben. Die zugehörige Bildfunktion ist

$$ZT\{f_M(n)\} = \sum_{n=0}^{\infty} \delta_M(n) \cdot z^{-n} = \frac{1}{M} \sum_{n=0}^{\infty} \left(\sum_{m=0}^{M-1} f(n) \cdot e^{-j\frac{2\pi}{M}mn} \right) \cdot z^{-n}$$

$$= \frac{1}{M} \sum_{m=0}^{M-1} \left(\sum_{n=0}^{\infty} f(n) \cdot (e^{j\frac{2\pi}{M}m} \cdot z)^{-n} \right) = \frac{1}{M} \sum_{m=0}^{M-1} F(e^{j\frac{2\pi}{M}m} \cdot z) \qquad (10\text{-}47)$$

Mit Hilfe von (10-47) kann aus der ursprüglichen Z-Transformierten ohne weitere Rechnung die Bildfunktion nach der Dezimierung der Originalfolge aufgeschrieben werden. Es ist leicht einzusehen, dass diese Dezimierung einer Verlängerung der Taktzeit um den Faktor M gleichkommt. Das bedeutet aber auch, dass die Periode der mit (10-47) verbundenen Frequenzfunktionen auf $1/M$ verringert wird und somit Aliasingeffekte wirksam werden können. Praktisch ist die Taktdezimierung immer mit einer Tiefpassfilterung zu verbinden.

Die mit $\delta_M(n)$ nach (10-45) erzeugte dezimierte Folge $\delta_M(n)$ beginnt immer mit $f(0)$. Soll die Ausblendung an beliebiger Stelle beginnen, ist $\delta_M(n)$ zu verschieben. Bei einer Verschiebung um r Takte nach rechts erhält man mit dem Verschiebungssatz (10-9) die veränderte Folge

$$\delta_M(n-r) = \delta_{M,r}(n) = \frac{1}{M} \sum_{m=0}^{M-1} e^{-j\frac{2\pi}{M}m(n-r)} = \frac{1}{M} \sum_{m=0}^{M-1} e^{j\frac{2\pi}{M}mr} \cdot e^{-j\frac{2\pi}{M}mn} \qquad (10\text{-}48)$$

Die Z-Transformierte der dezimierten Funktion lautet dann

$$ZT\{f_{M,r}(n)\} = \frac{1}{M} \sum_{m=0}^{M-1} e^{-j\frac{2\pi}{M}mr} F(e^{j\frac{2\pi}{M}m} \cdot z) \qquad (10\text{-}49)$$

An einem ganz einfachen Beispiel wird die Anwendung dieser Beziehungen demonstriert.

Beispiel:

Gegeben:

$$F(z) = \sum_{\mu=0}^{10} a_\mu z^{-\mu} \quad \text{mit den Koeffizienten:}$$

[-0.0338,-0.1353,-0.0002, 0.1237,0.2840,0.3493,0.2840,0.1237,-0.0002,-0.1353,-0.0338]

Gesucht:

Die Funktion $F_2(z)$ bei einer Taktreduktion der Originalfolge auf die Hälfte.

Lösung: Die Anwendung von (10-52) mit *M*=2 führt zu der Koeffizientenfolge
[-0.0338, 0,-0.0002, 0,0.2840,0,0.2840,0,-0.0002,-0,-0.0338],

d.h. die gerade indizierten Koeffizienten sind Null und die Z-Transformierte lautet

$$F_2(z) = \frac{1}{2} \sum_{m=0}^{1} \left(\sum_{\mu=0}^{10} a_\mu \cdot (e^{j\pi m} \cdot z)^{-\mu} \right)$$

Dem Bild 10.8 kann der Einfluss auf die Betragscharakteristik $|F(j\omega)|$ entnommen werden.

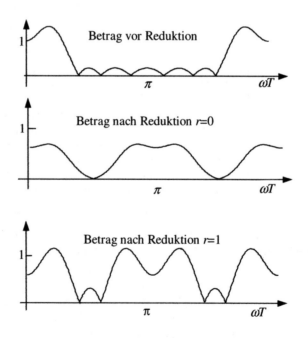

Bild 10.8: Zur Taktreduktion

Das dritte Bild zeigt die Wirkung einer Reduktion mit der Verschiebung um einen Takt nach rechts, d.h. die ungerade indizierten Koeffizienten sind Null gesetzt.

10.5.2 Takterhöhung

Das regelmäßige Einfügen von Nullen in die gegebene Wertefolge $f(n)$ mit der Z-Transformierten $F(z)$ kann als Erhöhung der Taktfrequenz gedeutet werden. Aus

$$z = e^{pT} \quad \text{wird} \quad z_M = e^{pT/M} \quad \text{oder} \quad z = (z_M)^M$$

Bezüglich der neuen Variablen z_M erhält man für die Z-Transformierte $F(z_M)$

$$F(z) = \sum_{n=0}^{\infty} f(n) \cdot z^{-n} = \sum_{n=0}^{\infty} f(n) \cdot ((z_M)^M)^{-n} = F((z_M)^M) \qquad (10\text{-}50)$$

Das folgende kleine Beispiel verdeutlicht die Zusammenhänge.

Beispiel:

Gegeben: Bildfunktion $F(z) = \dfrac{z+1}{z^2 - 0{,}25}$ Dazu gehört im Originalbereich die Folge

$$f(n) = \{0 \quad 1 \quad 1 \quad 0{,}25 \quad 0{,}25 \quad \cdots\}$$

Gesucht:

Bildfunktion, wenn in die zugehörige Originalfolge jeweils zwischen zwei Werte 2 Nullen eingefügt werden, also $M = 3$.

Lösung: Mit der Substitution $z \Rightarrow z^3$ folgt die gesuchte Funktion

$$F(z) = \frac{z^3 + 1}{z^6 - 0{,}25}$$

Den Vergleich der Betragscharakteristika zeigt Bild 10.9.

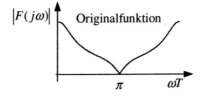
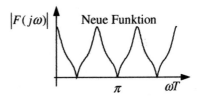

Bild 10.9: Zur Takterhöhung

Zusätzlich wird zur Prüfung des Ergebnisses die Originalfolge durch Ausdividieren bestimmt:

$$(z^3 + 1) : (z^6 - 0{,}25) = z^{-3} + z^{-6} + 0{,}25 \cdot z^{-9} + 0{,}25 \cdot z^{-12} \cdots$$

$$\rightarrow \quad f(n) = \{0 \quad 0 \quad 0 \quad 1 \quad 0 \quad 0 \quad 1 \quad 0 \quad 0 \quad 0{,}25 \quad 0 \quad 0 \quad 0{,}25 \quad \cdots\}$$

10.6 Approximation kontinuierlicher Funktionen

Vornehmlich bei Aufgaben des Systementwurfs besteht der Wunsch, bestimmte Eigenschaften einer bekannten Funktion F(s) auf eine Funktion F(z) zu übertragen. Exakt gelingt dies nicht, da

- wegen des Zusammenhangs $z = e^s$ bzw. $s = \ln(z)$ die Zuordnung $F(s) \Rightarrow F(z)$ nichtlinear ist,
- die Funktion $F(z)$ grundsätzlich mit ω periodisch ist.

Zur Lösung der genannten Aufgabe sind verschiedene Ansätze entwickelt worden von denen die beiden wichtigsten hier vorgestellt werden.

Impulsinvarianz:

Es bestehe die Aufgabe, das zeitliche Verhalten eines kontinuierlichen Systems durch ein zeitdiskretes zu approximieren. Der einfachste Weg zur Lösung wäre

$$g(t) \Rightarrow \{g(n)\} \xrightarrow{ZT} \sum_{n=0}^{\infty} g(n) \cdot z^{-n} = F(z) \qquad (10\text{-}51)$$

die Diskretisierung (Abtastung) der Impulsantwort des kontinuierlichen Systems und die Z-Transformation der so gewonnenen Folge. In den meisten Fällen ist aber kein analytischer Ausdruck von $g(t)$ gegeben, während ihre Laplacetransformierte $G(s)$ bekannt ist. Mit der Korrespondenz 5/Tabelle 9.2 gilt die Zuordnung

$$G(s) = \sum_{i=1}^{m} \frac{\text{Res}_i}{(s-s_i)} \xrightarrow{LT^{-1}} \sum_{i=1}^{m} \text{Res}_i \cdot e^{-s_i t}$$

womit man beim Übergang $t \to nT$ den einfachen Zusammenhang

$$g(n) = \sum_{i=1}^{m} \text{Res}_i \cdot e^{-s_i n} \qquad (10\text{-}52)$$

findet. Nach der Korrespondenz 8/Tabelle 10.2 entspricht mit (10-52) jedem Pol der Laplacetransformierten ein Term

$$G_i(z) = \frac{\text{Res}_i \cdot z}{z - e^{-s_i}} \qquad (10\text{-}53)$$

im z-Bereich und die auf diesem Wege aus $G(s)$ ableitbare Z-Transformierte ist durch

$$G(z) = \sum_{i=1}^{m} \frac{\text{Res}_i \cdot z}{z - e^{-s_i}} \qquad (10\text{-}54)$$

gegeben. Die sehr häufig vorkommenden konjugiert komplexen Polpaare werden zweckmäßig zusammengefasst und führen mit $s_i = \sigma_i + j\omega_i$ und $\text{Res}_i = R_r + jR_{im}$ zu dem Term

$$G_i(z) = \frac{2z \cdot (R_r \cdot z - (R_r \cdot \cos(\omega_i) + R_{im} \cdot \sin(\omega_i)) \cdot e^{\sigma_i}}{z^2 - 2 \cdot e^{\sigma_i} \cos(\omega_i) \cdot z + e^{2\sigma_i}} \qquad (10\text{-}55)$$

10.6 Approximation kontinuierlicher Funktionen

Für die Approximation des Zeitverhaltens ist damit eine brauchbare Lösung gefunden. Man spricht in diesem Falle von Impulsinvarianztransformation. Es ist allerdings zu beachten, dass die Frequenzcharakteristik durch die Abtastung periodifiziert wird (s. Kap. 3). Soll sie im Grundintervall erhalten bleiben, sind nur Zeitfunktionen $g(t)$ mit bandbegrenzten Frequenzfunktionen geeignet.

Approximation der Frequenzcharakteristik:

Eine über der gesamten ω-Achse verlaufende Frequenzfunktion in der s-Ebene wird beim Übergang zur Z-Transformation auf eine periodische Funktion mit der Periode $2\pi/T$ abgebildet. Aus diesem Grunde kann die Approximation der Frequenzcharakteristik einer kontinuierlichen Funktion durch eine zeitdiskrete als gelungen betrachtet werden, wenn eine Zuordnung

$$F(s)|_{s=j\omega} \quad 0 \le \omega \le \infty \quad \Rightarrow \quad F(z)|_{z=e^{j\omega T}} \quad 0 \le \omega T \le \pi$$

gefunden wurde. Es sind verschiedene Möglichkeiten zur Erreichung dieses Zieles bekannt. Am häufigsten wird der Übergang in der Form

$$F(z) = F(s)|_{s=\frac{2}{T}\frac{z-1}{z+1}} \tag{10-56}$$

verwendet. Man spricht von der Bileartransformation. Für die $j\omega$-Achse der s-Ebene bedeutet dies:

$$j\omega \quad \Rightarrow \quad \frac{2}{T} \cdot \frac{e^{j\omega T} - 1}{e^{j\omega T} + 1} = j\frac{2}{T} \cdot \tan(\frac{\omega' T}{2}) \tag{10-57}$$

ω' ist der Frequenzparameter für die zeitdiskrete Funktion.

Beispiel:

Gegeben: $F(s) = \dfrac{1}{s+1}$

Gesucht: Die aus $F(s)$ mit Hilfe der Bileartransformation ableitbare Funktion $F(z)$. Die Frequenzcharakteristika sind zu vergleichen.

Lösung: $F(s) = \dfrac{1}{s+1} \quad \Rightarrow \quad F(z) = \dfrac{1}{2\dfrac{z-1}{z+1}+1} = \dfrac{z+1}{3z-1}$

dabei wurde auf $T = 1$ normiert. Dazu gehören die Frequenzfunktionen

$$F(j\omega) = \frac{1}{1+j\omega} \quad \Rightarrow \quad F(j\omega') = \frac{\cos(\omega')+1+j\sin(\omega')}{3\cos(\omega')-1+j3\sin(\omega')}$$

Nach kurzer Umformung folgt die übersichtliche Form

$$F(j\omega') = \frac{1+j\tan(\dfrac{\omega'}{2})}{1-2\tan^2(\dfrac{\omega'}{2})+j3\tan(\dfrac{\omega'}{2})}$$

Im Bild 10.10 sind die beiden Charakteristika gegenübergestellt.

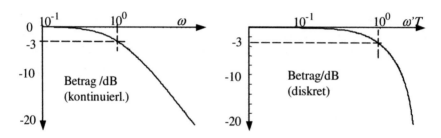

Bild 10.10: Betragscharakteristika zum Beispiel

Die normierte 3-dB-Grenzfrequenz $\omega/\omega_B = 1$ der kontinuierlichen Funktion geht entsprechend (10-57) bei $\omega_B = 1/T$ in $\omega'T = 2 \cdot \tan^{-1}(0{,}5) = 0{,}9273$ über.

Der Amplitudenfrequenzgang der diskreten Funktion erreicht bereits bei $\omega'T = \pi$ den Wert Null.

10.6 Rechnergestützte Z-Transformation

MATLAB unterstützt auch die numerische Auswertung der Z-Transformation:

Berechnung der Residuen für die Partialbruchzerlegung:

[r,p,k]=residuez(Z,N)   % Z=Vektor der Zählerkoeffizienten, N=Vektor der Nennerkoeffizienten geordnet nach abfallenden Potenzen, mit z^0 beginnend.

$$F(z) = \sum_i k(i) \cdot z^{-i} + \sum_i \frac{r(i)}{1 - p(i) \cdot z^{-1}}$$

Anmerkung: Diese Darstellung weicht von der in (10-29) ab. Die Übereinstimmung ist hergestellt, wenn mit $R_i = \frac{r(i)}{p(i)}$ und $z_{xi} = \frac{1}{p(i)}$ gerechnet wird. Besser ist die Rücktransformation mit der Korrespondenz $a^n \xleftrightarrow{ZT} \frac{1}{1 - a \cdot z^{-1}}$ (folgt unmittelbar aus 19/Tabelle 10.2).

Beispiel:

$$F(z) = \frac{1 + 0{,}5z^{-1} + z^{-2}}{1 + 0{,}5z^{-1}}$$

Eingabe: Z = [1,.5,1]; N = [1,-.5];   %Zähler- (Z) und Nennerpolynom (N)

Befehl: [r,p,k] = residuez(Z,N)   %Berechnung der Residuen r, der zugehörigen Pole p und möglicher Konstanten, wenn Zählergrad ≥ Nennergrad

Ergebnis: r = 6

p = 0.5000

10.6 Rechnergestützte Z-Transformation

$$k = -5 \quad -2$$

d.h. $F(z) = \dfrac{6}{1 - 0{,}5 \cdot z^{-1}} - 5 - 2 \cdot z^{-1}$

Berechnung der Originalfolge:

a) Bei gegebener Übertragungsfunktion
    g = impz(Z,N,n)   %n = Anzahl der zu berechnenden Werte.

b) Bei gegebenen Zustandsgleichungen
    g=impz(A,B,C,D)   % A,B,C,D sind System-, Eingangs-, Ausgangs-, bzw. Durchgangsmatrix

c) Berücksichtigung von Anfangswerten
    g=dinitial(A,B,C,D,w0)   %w(0) = Vektor der Anfangswerte

Beispiel:

$$F(z) = \dfrac{1 + 0{,}5 z^{-1} + z^{-2}}{1 + 0{,}5 z^{-1}}$$

Eingabe: g=impz(Z,N,5)   %Z und N Zähler- und Nennerpolynom wie oben, 5 = Anzahl der zu berechnenden Werte

Ergebnis: g = 1.0000
            1.0000
            1.5000
            0.7500
            0.3750

Approximation zeitkontinuierlicher Funktionen:

a) Impulsinvarianztransformation:

    [bz,az] = impinvar(Z,N)   % Z,N = Zähler- bzw. Nennerkoeffizienten der gegebenen analogen Bildfunktion bz,az = Zähler- bzw. Nennerkoeffizienten der entsprechenden Z-Transformierten

Beispiel:

$$T(s) = \dfrac{1}{s^3 + 2s^2 + 2s + 1} \Rightarrow Z = 1 \quad N=[1,2,2,1]$$

[bz,az] = impinvar(Z,N) $\Rightarrow$ bz = [0.2417   0.1252]
                                               az = [1.0000   -1.1538   0.6570   -0.1353]

[g,t]=impulse(Z,N)
[gz,t]=impz(bz,az)

Den Vergleich zeigt Bild 10.11.

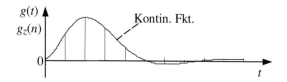

Bild 10.11: Zur Impulsinvarianz

b) Bilineartransformation:

[bz,az]=bilinear(Z,N,Fs)   % Z, N = Zähler- bzw. Nennerkoeffizienten der gegebenen Funktion, $Fs = \frac{1}{T}$ = Tastfrequenz

% az, bz, Nenner- bzw. Zählerkoeffizienten der Z-Transformierten

Beispiel:

$$T(s) = \frac{1}{s^3 + 2s^2 + 2s + 1} \Rightarrow Z = 1 \quad N=[1,2,2,1]$$

[bz,az]=bilinear(Z,N,1) ⇒ bz = 0.0476 0.1429 0.1429 0.0476
az = 1.0000 -1.1905 0.7143 -0.1429

Zur Gegenüberstellung:

w=linspace(0,5,1000);   %Frequenzparameter kontinuierlich
h=freqs(Z,N,w);   %Frequenzcharakteristik, kont. Funktion
f=linspace(0,1,1000);   %Frequenzparameter zeitdiskret
hz=freqz(bz,az,f,1);   %Frequenzcharakteristik, zeitdis. Funktion
                            Fs=Tastfrequenz = 1

Bild 10.12 zeigt den Vergleich des Ergebnisses.

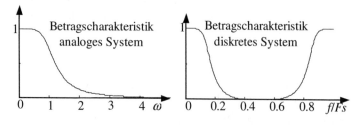

Bild 10.12: Bilineartransfomation

Anmerkungen zur Chirp-z-Transformation:

Bei der Diskussion über die DFT wurde deutlich, dass eine hohe Auflösung im Frequenzbereich ein großes Zeitfenster erfordert, was gewöhnlich mit einer großen Anzahl von Stützstellen und daher mit verlängerter Rechenzeit verbunden ist und vor allem Frequenzbereiche berech-

10.6 Rechnergestützte Z-Transformation

net, die uninteressant sind. Auf der Grundlage der Z-Transformation bietet sich ein Ausweg an. Falls der Einheitskreis der komplexen z-Ebene zum Konvergenzbereich gehört, gilt $F(z)|_{z=e^{j\omega T}} = F(j\omega) =$ Fouriertransformierte der diskreten Originalfolge. Bei der FT erfolgt die Berechnung über dem gesamten Einheitskreis. Die angestrebte Beschränkung auf einen interessierenden Frequenzbereich bedeutet Einschränkung auf einen Bogenabschnitt. Um auch die gewünschte Auflösung zu erreichen unterteilt man den Bogenabschnitt beliebig fein in M äquidistante Frequenzpunkte (Bild 10.13 a). Für die so ausgewählten Frequenzpunkte wird nun die Z-Transformierte berechnet.

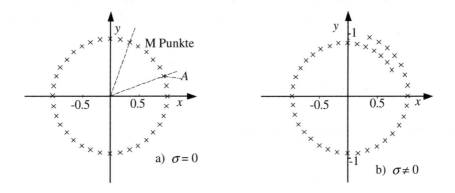

Bild 10.13: Chirp-z-Transformation

Dazu ist die Verallgemeinerung auf $\sigma \neq 0$ erforderlich, die zu spiralförmigem Integrationsweg führt (Bild 10.13 b).

Mathematische Beschreibung: Die Originalfolge habe die Länge N. Der Anfangspunkt des Integrationsweges wird durch $A = e^{j\Phi_0}$ definiert. Es sollen M Punkte mit der Winkeldifferenz $\Delta\varphi$ berechnet werden. Die zugehörigen Punkte in der z-Ebene sind dann durch $z_q = A \cdot B^{-q}$ gegeben mit $B = e^{-j\Delta\varphi}$. Die Z-Transformierte lautet somit

$$F(z) = \sum_{n=0}^{N-1} f(n) \cdot z^{-n} = \sum_{n=0}^{N-1} f(n) \cdot z_q^{-n} = \sum_{n=0}^{N-1} f(n) \cdot (AB^{-q})^{-n} = F(z_q)$$

Mit den Definitionen $a(n) = f(n) \cdot A^{-n} \cdot B^{0,5n^2}$ und $b(n) = B^{0,5n^2}$ folgt [12]

$$F(z_q) = B^{0,5q^2} \sum_{n=0}^{N-1} a(n) \cdot b(q-n) = B^{0,5q^2} \cdot a(q) * b(q) \quad k = 0 \dots M\text{-}1$$

Damit ist die Berechnung auf eine Faltung, die mit einem schnellen Algorithmus ausgeführt werden kann, zurückgeführt.

MATLAB stellt auch Prozeduren für die Chirp-Transformation bereit.

11 Weitere Transformationen

Die i.A. Kapitel 6 vorgestellten Transformationen sind in erster Linie für die Signalverarbeitung erarbeitet worden. Ihre Anwendung beschränkt sich gewöhnlich auf spezielle Verfahren. Allgemeine Verbreitung haben von ihnen lediglich die Wavelet-Transformation und die diskrete Kosinustransformation erlangt. Sie werden vorzugsweise zur Datenreduktion bei der Bildübertragung eingesetzt und sind zu diesem Zwecke standardisiert (MPEG, JPEG) worden. In diesem Kapitel werden wir nur den Umgang mit diesen beiden Verfahren anhand von Demonstrationsbeispielen erläutern.

11.1 Wavelet-Transformation

11.1.1 Definitionen und Eigenschaften

Die *kontinuierliche Wavelet-Transformation* (WT) einer Funktion $f(t)$ ist definiert als

$$WT\{f(t),b,a\} = |a|^{-\frac{1}{2}} \int_{-\infty}^{\infty} f(t) \cdot \psi^*\left(\frac{t-b}{a}\right) dt, \tag{11-1}$$

wobei das Wavelet $\Psi(t)$ die Zulässigkeitsbedingung $C_\psi = \int_{-\infty}^{\infty} \frac{|\Psi(\omega)|^2}{\omega} d\omega < \infty$ (mit $\Psi(\omega) = FT\{\psi(t)\}$) erfüllen muss. Sie liefert Informationen über die Funktion $f(t)$ in einem bestimmten Zeit-Frequenz-Fenster, dessen Größe von dem Skalierungsfaktor a und der Verschiebung b bestimmt wird.

Die zu einer kontinuierlichen Wavelet-Transformierten gehörende Originalfunktion $f(t)$ ergibt sich aus

$$f(t) = \frac{1}{C_\psi} \int_{-\infty}^{\infty} \int_{-\infty}^{\infty} WT\{f(t),b,a\} \cdot |a|^{-\frac{1}{2}} \cdot \psi\left(\frac{t-b}{a}\right) \frac{da\,db}{a^2}. \tag{11-2}$$

Die *diskrete Wavelet-Transformation* (DWT) ordnet einer diskreten Wertefolge $x(n)$, $n \in Z$, die Wavelet-Koeffizienten

$$DWT\{x(n),b,a\} = |a|^{-\frac{1}{2}} \sum_{n=-\infty}^{\infty} x(n) \cdot \psi^*\left(\frac{n-b}{a}\right). \tag{11-3}$$

zu. Dabei werden i.A. für Skalierung und Verschiebung die diskreten, dyadisch gestaffelten Parameterwerte $a_m = 2^m$ und $b_{mk} = k \cdot 2^m$, $k,m \in Z$, $m > 0$ gewählt. Das Abtastintervall sei $T = 1$.

11.1 Wavelet-Transformation

Eigenschaften:

- CWT und DWT sind affin-invariant, d.h. eine Skalierung der Funktion $f(t) \to f\left(\dfrac{t}{a}\right)$ führt nur zu einer Skalierung der Wavelet-Transformierten, aber zu keiner weiteren Veränderung.
- Die CWT ist translations-invariant, d.h. eine Verschiebung der Funktion $f(t) \to f(t - t_0)$ führt zu einer Verschiebung der Wavelet-Transformierten um t_0.
- Die DWT ist nicht translations-invariant. Bei einer Verzögerung um i Werte erhält man für die dyadische DWT z.B. $2^{-\frac{m}{2}} \sum\limits_{n=-\infty}^{\infty} x(n) \cdot \psi^*\left((n-i)2^{-m} - k\right)$ und damit nur für $i = g \cdot 2^m$, g∈Z, eine ganzzahlige Verschiebung.

11.1.2 Anwendungsbeispiele

Die nun folgenden Beispiele wurden mit Hilfe der MATLAB Wavelet Toolbox ausgeführt. Sie stellt alle notwendigen Prozeduren für die Wavelettransformation unter Verwendung der bekanntesten Wavelets zur Verfügung.

Signalanalyse:

Wegen ihrer an Frequenz- und Zeitanforderungen anpassbaren Auflösung wird die WT insbesondere zur *Analyse nichtstationärer Signale* seit Beginn der achtziger Jahre vermehrt eingesetzt, beispielsweise in der Geophysik, der Sprachanalyse und der Mustererkennung. Das folgende Beispiel demonstriert das Prinzip.

Aufgabe: Zu analysieren ist das in Bild 11.1 dargestellte Signal bezüglich seiner Frequenzeigenschaften.

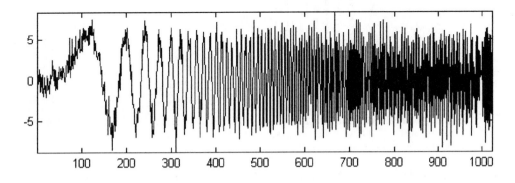

Bild 11.1: Zu analysierendes Signal

Dabei sei hier eine qualitative Darstellung der Koeffizienten anhand von Graustufen entsprechend Bild 11.2 zur Veranschaulichung des Prinzips ausreichend. Selbstverständlich liefern die Ergebnisse der CWT bzw. DWT quantitativ exakte Aussagen für jedes Zeit-Frequenz-Fenster.

Bild 11.2: Farbliche Kodierung der Wavelet-Koeffizienten in den Bildern 11.3 bis 11.7

Ergebnisse:

Führt man die CWT (11-1) mit dem einfachsten Wavelet, dem klassischen Haar-Wavelet

$$\psi(t) = \begin{cases} 1 & 0 \leq t < \frac{1}{2} \\ -1 & \frac{1}{2} \leq t < 1 \\ 0 & \text{sonst} \end{cases} \quad . \tag{11-4}$$

für Skalierungsfaktoren $a \in [1,31]$ und Verschiebungen $b \in [1,1000]$ durch, so erhält man das in Bild 11.3 dargestellte Ergebnis.

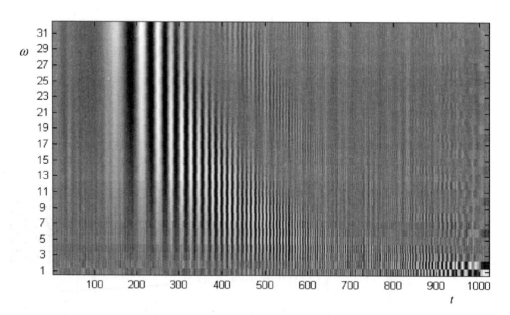

Bild 11.3: Ergebnis der WT mit dem Haar-Wavelet für $a \in [1,31]$ und $b \in [1,1000]$

11.1 Wavelet-Transformation

Unterzieht man die Abtastwerte x(n) des Signals in Bild 11.1 einer DWT (11-3) mit dem Haar-Wavelet, so erhält man für die ersten fünf Skalierungniveaus (Levels) m die in Bild 11.4 dargestellten Koeffizienten. Jedes Niveau repräsentiert dabei die Signalinformation in einem bestimmten Frequenzband, jeder Koeffizient in einem bestimmten Zeit-Frequenz-Fenster. Die einzelnen Frequenzbänder haben dabei auf einer logarithmischen Skala die gleiche Bandbereite. Auf der linearen Frequenzachse betrachtet, liefert Level 1 die Signalkomponenten in der oberen Hälfte des durch das Abtasttheorem festgelegten Frequenzbereiches, Level 2 in der oberen Hälfte des verbleibenden Frequenzbereiches usw..

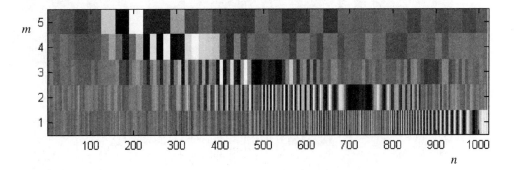

Bild 11.4: Ergebnis der DWT mit dem Haar-Wavelet für $m \in [1,5]$

Sowohl in Bild 11.3 als auch in Bild 11.4 ist deutlich zu erkennen, dass die dominierende Signalfrequenz mit wachsendem t bzw. n ebenfalls wächst. Für Skalierungsfaktor a=1 bzw. für Level $m = 1$ erhält man die (betragsmäßig) größten Koeffizienten für große Werte der Verschiebung b, d.h. also für die größten Werte von t bzw. n i.A. zu analysierenden Signal. Mit wachsendem Skalierungsfaktor a bzw. höherem Level m erhält man die (betragsmäßig) größten Koeffizienten für immer kleinere Werte der Verschiebung b, d.h. für kleinere Werte von t bzw. n ist das zu analysierende Signal niederfrequenter.

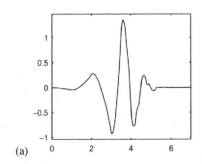
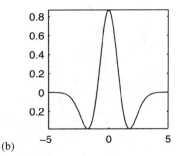

Bild 11.5: (a) Daubechies-Wavelet der Ordnung 4, (b) Mexican Hat-Wavelet

I.A. Folgenden soll veranschaulicht werden, inwieweit das gewählte Wavelet $\psi(t)$ das Ergebnis beeinflusst. Dazu wurde das zu analysierende Signal zwei weiteren WT unterzogen, einer mit dem Daubechies-Wavelet der Ordnung 4 (Bild 11.5a) und einer mit dem Mexican Hat-Wavelet (Bild 11.5b)

$$\psi(t) = \left(\frac{2}{\sqrt{3}}\pi^{-0.25}\right)\left(1 - x^2\right)e^{-x^2/2}. \tag{11-5}$$

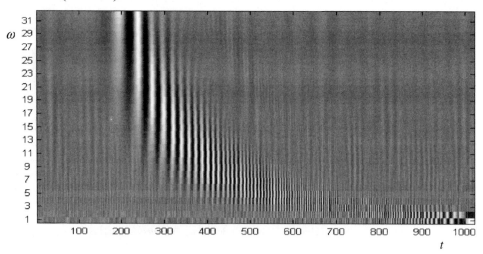

Bild 11.6: Ergebnis der WT mit dem Daubechies 4-Wavelet für a∈ [1,31] und b∈ [1,1000]

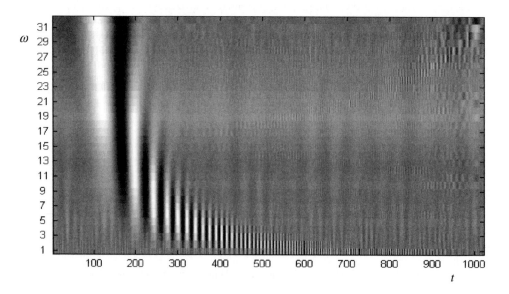

Bild 11.7: Ergebnis der WT mit dem Mexican Hat-Wavelet für a∈ [1,31] und b∈ [1,1000]

11.1 Wavelet-Transformation

Beim Vergleich der Transformationsergebnisse in den Bildern 11.3, 11.6 und 11.7 erkennt man deutliche Unterschiede, insbesondere bezüglich Auflösung und Lokalisierung. Diese sind einerseits in der geometrischen Form des Wavelets als auch in dessen zeitlicher Lage und Ausdehnung begründet. Um quantitative Aussagen zu gewinnen, sollte also ein für den jeweiligen Anwendungsfall geeignetes Wavelet gewählt werden. Das prinzipielle Ergebnis ist jedoch für alle Wavelets identisch.

Bildkompression:

Ziel von Kompressionsverfahren ist es i.A., die Originalinformation mit der minimalen Anzahl von Bits zu kodieren, die für die bei der Rekonstruktion geforderte Qualität notwendig ist. Soll die Information vollständig reproduzierbar sein, können nur verlustlose Verfahren eingesetzt werden. Bei verlustbehafteten Verfahren nimmt man Informationsverluste zugunsten höherer Kompressionsraten in Kauf.

Um verlustlose Kompressionsverfahren wie die Lauflängen-Kodierung (Kodierung aufeinanderfolgender, identischer Symbole durch das Symbol selbst und seinen Wiederholungswert) oder die statistische Kodierung (Kodierung häufig vorkommender Symbole durch kurze Kodewörter und selten vorkommender durch längere) effektiv zur Bildkompression einsetzen zu können, werden die die Bildpixel repräsentierenden Felder häufig vorher einer Transformationskodierung unterzogen. Neben der in Kapitel 6.2.2 bzw. 11.2 beschriebenen Diskreten Kosinus-Transformation, deren zweidimensionale Variante bspw. bei der Bildkompression mittels JPEG oder MPEG-1 eingesetzt wird, setzt sich die Diskrete Wavelet-Transformation immer mehr durch. Die DWT ist z.B. Bestandteil von JPEG2000 [31,22] und MPEG-4 [26]. Die grundlegende Idee dafür soll im Folgenden dargestellt werden.

Bei Bildern besitzen die in Zeilen und Spalten benachbarten Pixel häufig ähnliche Grau- oder Farbwerte. Diese Ähnlichkeiten, die auch als Korrelation bezeichnet werden, nutzt die DWT zur Dekorrelation der Bildinformation. Dabei liefert die DWT (11-3) die Hochpasskomponenten (d_i). Die entsprechende Tiefpasskomponente (s_i) erhält man, wenn in (11-3) die Waveletfunktion durch die zu dem entsprechenden Wavelet gehörende Skalierungsfunktion ersetzt wird. In der Praxis erfolgt die Signalzerlegung durch speziell aufeinander abgestimmte Halbband-Hochpass- und -Tiefpassfilter. Eine Unterabtastung des Ergebnisses um den Faktor zwei liefert wieder ein Bild in Originalgröße, dessen eine Hälfte – die Hochpasskomponente – wesentlich besser verlustlos komprimierbar ist als das Original.

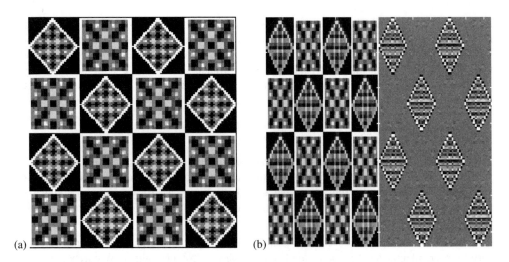

Bild 11.8: (a) Originalbild und (b) Mittelwert von je zwei benachbarten Grauwerten (links) und Abweichung der Grauwerte von diesem Mittelwert (rechts)

Für den einfachsten Fall, das Haar-Wavelet (11-4) und die zugehörige Skalierungsfunktion

$$\phi(t) = \begin{cases} 1 & 0 \leq t < 1 \\ 0 & \text{sonst} \end{cases}$$

(siehe Bild 6.11), und eine zeilenweise Bearbeitung ist dies in Bild 11.8 dargestellt. Die Tiefpassfilterung entspricht dabei einer Mittelwertbildung, das Ergebnis der Hochpassfilterung repräsentiert die Abweichung vom Mittelwert.

Zur Verringerung des Aufwandes wurde das Lifting-Schema [27] eingeführt. Dabei wird der Datenstrom zuerst in eine gerade und eine ungerade Komponente zerlegt und aus diesen werden dann nur die nachfolgend benötigten Werte berechnet.

Zur Dekorrelation von Bildern wird die DWT erst auf alle Bildzeilen, dann auf alle (bereits transformierten) Spalten angewendet. I.A.Ergebnis erhält man ein Bild in Originalgröße, das aus vier gleich großen Komponenten besteht. Eine wurde zweimal TP-gefiltert (links oben), eine erst TP-, dann HP-gefiltert (links unten), eine zweimal HP-gefiltert (rechts unten) und eine erst HP-, dann TP-gefiltert (rechts oben). Zur weiteren Dekorrelation wird die DWT auf das jeweilige Tiefpasssignal wiederholt angewendet. Dabei erhält man eine pyramidenartige Struktur. Als Beispiel ist dies für das Haar-Wavelet und das Daubechies-Wavelet der Ordnung 4 (db4, Bild 11.5a) in Bild 11.9 dargestellt. Die Bilder 11.10 und 11.11 zeigen die Richtungskomponenten der einzelnen Skalierungsniveaus noch einmal, teilweise entsprechend vergrößert. Hier wird deutlich, dass die Rechteckstruktur des Haar-Wavelets der pixelweisen Repräsentation von Bildern gut angepasst ist und für dieses künstlich generierte Bild auch auf höheren Niveaus gute Näherungen liefert. Das db4-Wavelet bzw. dessen Skalierungsfunktion arbeiten dagegen die Richtungskomponenten in den Details besser heraus.

11.1 Wavelet-Transformation

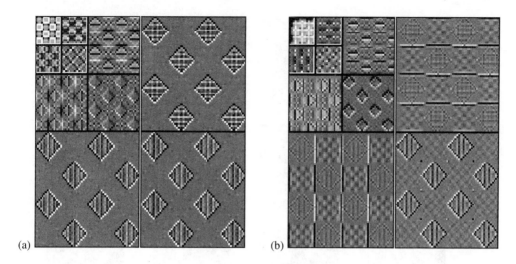

Bild 11.9: Ergebnis einer dreistufigen DWT mit dem (a) Haar-Wavelet und dem (b) Daubechies-Wavelet der Ordnung 4

Aus der großen Vielfalt der verfügbaren Wavelets kann auch für natürliche Bilder ein geeignetes gewählt werden. Dabei führen die meisten komplexeren Waveletfunktionen zu besseren Kompressionsergebnissen als das Haar-Wavelet.

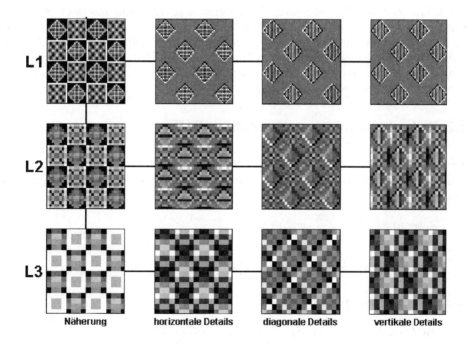

Bild 11.10: Ergebnis der dreistufigen DWT mit dem Haar-Wavelet in Pyramidenstruktur

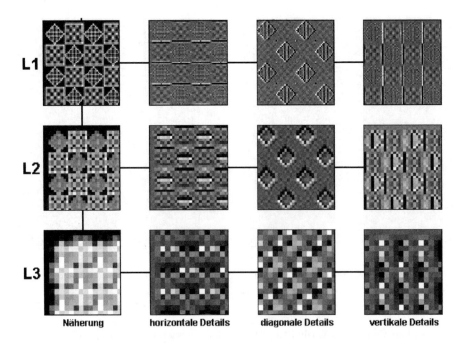

Bild 11.11: Ergebnis der dreistufigen DWT mit dem db4-Wavelet in Pyramidenstruktur

Die i.A. Ergebnis der DWT entstehende Pyramidenstruktur ermöglicht außerdem mittels „embedded zero trees" (eingebeteten Bäumen von Nullen) [30] eine wesentlich effektivere verlustlose Kompression. Wie in Bild 11.12 angedeutet, findet man aufgrund der Ähnlichkeit der Richtungskomponenten der verschiedenen Niveaus zu einer Null auf einem Niveau häufig entsprechende Blöcke von Nullen auf den untergeordneten Niveaus. Diese werden gemeinsam durch ein einziges „zero tree symbol" kodiert.

11.2 Diskrete Kosinustransformation (DCT)

11.2.1 Definition

Die diskrete Kosinustransformation (DCT) ist eine orthonormale Transformation mit den Basisfunktionen

$$d_C(m,n) = a(m) \cdot \cos(\frac{\pi}{2N} m(2n+1)) \tag{11-6}$$

$$\text{mit} \quad a(0) = \frac{1}{\sqrt{N}}, \quad a(m) = \sqrt{\frac{2}{N}}, \quad m = 1 \;\; (1) \;\; N-1$$

und den Transformationsvorschriften

$$DCT\{f(n)\} = F_C(m) = a(m) \cdot \sum_{n=0}^{N-1} f(n) \cdot \cos(\frac{\pi(2n+1)m}{2N}) \tag{11-7}$$

11.2 Diskrete Kosinustransformation (DCT)

bzw.

$$DCT^{-1}\{F_C(m)\} = f(n) = a(n) \cdot \sum_{n=0}^{N-1} F_C(m) \cdot \cos(\frac{\pi(2n+1)m}{2N}) \tag{11-8}$$

Werden die Elemente nach (11-6) zu einer Matrix $\underline{D}_C$ zusammengefasst lauten die Transformationsbeziehungen kürzer

$$\underline{F}_C = \underline{D} \cdot \underline{f}$$

$$\underline{f} = \underline{D}^T \cdot \underline{F}_C$$

$$\underline{f} = (f(0), f(1), \cdots, f(n), \cdots, f(N-1))^T,$$

$$\underline{F}_C = (F_C(0), F_C(1), \cdots, F_C(m), \cdots F_C(N-1))^T$$

Die Kosinustransformation zeichnet sich durch hohe Kompaktheit der Energie aus, d.h. die Energie ist auf vergleichsweise wenige Koeffizienten konzentriert.[5].

11.2.2 Anwendungsbeispiel

Wie erwähnt ist die Energiedichte je Koeffizient eine wesentliche Eigenschaft der DCT. Sie hat daher vor allem bei der sogenannten Transformationskodierung [31] Bedeutung erlangt. Dabei wird das zu verarbeitende oder zu übertragende Signal in den Bildbereich transformiert und anschließend eine Datenreduktion durchgeführt. Das folgende Beispiel führt in die Problematik ein. Bild 11.12 zeigt den Ausschnitt eines Sprachsignals.

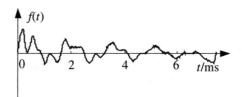

Bild 11.12: Originalsignal zum Beispiel

Dieses Signal wird einer DCT mit 61 Stützstellen unterzogen. Das entspricht der üblichen Abtastung mit 8 kHz. Das Ergebnis zeigt Bild 11.13.

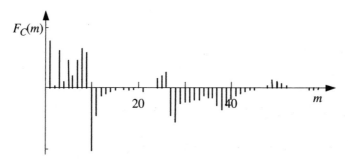

Bild 11.13: DCT zu Bild 11.12

Um die Menge der von Null verschiedenen Koeffizienten zu verkleinern, werden alle deren Betrag kleiner als 6 % des Maximalbetrages sind, Null gesetzt. Die verbleibenden 36 Koeffizienten ungleich Null führen durch Rücktransformation auf eine Zeitfunktion, die etwa 94 % der Leistung des Originalsignals repräsentiert und i.A. Bild 11.14 dargestellt ist. Bei einer weiteren Reduktion auf 30 Koeffizienten ≠ 0, das entspricht der Vernachlässigung aller Beträge, die kleiner als 10 % sind, werden immer noch 90 % der Signalleistung erfasst.

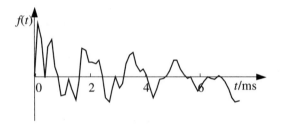

Bild 11.14: DCT-Rücktransformation

Zusätzlich kann noch der jeweils konkreten Situation angepasst eine Tiefpassfilterung vorgenommen werden. Solche Manipulationen sind natürlich prinzipiell mit jeder diskreten Transformation durchführbar. Die DCT liefert aber auf Grund ihrer hohen Energiekonzentration auf wenige Koeffizienten immer die besten Ergebnisse. Diese Eigenschaft wird erfolgreich bei der Bildverarbeitung zum Zwecke der Datenreduktion eingesetzt. Allerdings wird die Kosinustransformation dabei zweidimensional ausgeführt. Sie hat dann die Form

$$DCT^{(2)}\{f(nx,ny)\} =$$
$$= F_C(mx,my) = a(mx) \cdot a(my) \cdot \sum_{nx=0}^{N-1} \sum_{ny}^{N-1} f(nx,ny) \cdot \cos(\frac{\pi(2nx+1)mx}{2N}) \cdot \cos(\frac{\pi(2ny+1)my}{2N})$$

(11-9)

und kann als zweimal nacheinander ausgeführte Transformation interpretiert werden.
MATLAB stellt für die Berechnung mit der Toolbox Signal Processing die Befehle

    dct(x) oder dct(x,n)   %   x = Wertefolge i.A.Originalbereich

                                            n = Anzahl der Stützstellen, Die Folge wird entsprechend durch Nullen ergänzt oder gekürzt.

für die Transformation in den Bildbereich und

    idct(y) oder idct (y,n)

für die Rücktransformation bereit. Wer über die Image Processing Toolbox verfügt kann auch die zweidimensionale Kosinustransformation mit dct2 und idct2 ausführen.

Abkürzungen und Formelzeichen

$f(t)$	kontinuierliche Originalfunktion
$f(n), f(nT)$	diskrete Originalfunktion
$F(\omega)$	kontinuierliche Bildfunktion, Fouriertransformation
$F(s)$	kontinuierliche Bildfunktion, Laplacetransformation
$F(z)$	kontinuierliche Bildfunktion, Z-Transformation
$F(m), F(m\Delta f)$	diskrete Bildfunktion
$\underline{A}$ oder $\underline{a}$	Matrix oder Vektor
$\underline{A}^{-1}, \underline{A}^{*}, \underline{A}^{T}$	inverse, konjugiert komplexe, transponierte Matrix
$\underline{D}$	Transformationsmatrix (diskrete Transformationen)
	Durchgangsmatrix der Zustandsbeschreibung
$\text{Re}\{\circ\}$	Realteil von …
$\text{Im}\{\circ\}$	Imaginärteil von …
Res	Residuum
$xT\{\circ\}$	x-Transformierte von …, Bildfunktion
$xT^{-1}\{\circ\}$	x-Rücktransformierte von …, Originalfunktion
$f(\circ) \xleftrightarrow{xT} F(\circ)$	Zuordnungssymbol: links Originalfunktion, rechts zugehörige Bildfunktion, gleichbedeutend mit
	$F(\circ) = xT\{f(\circ)\}$ und $f(\circ) = xT^{-1}\{F(\circ)\}$
FT	Fouriertransformation
DFT	diskrete Fouriertransformation
FFT	Fast Fourier Transform
LT	Laplacetransformation
ZT	Z-Transformation
HT	Hartleytransformation
DHT	diskrete Hartleytransformation
CT	Kosinustransformation
DCT	diskrete Kosinustransformation
ST	Sinustransformation
DST	diskrete Sinustransformation
WT	Wavelet-Transformation

CWT	kontinuierliche Wavelet-Transformation
DWT	diskrete Wavelet-Transformation
HaT	Haar-Transformation
HiT	Hilbert-Transformation
$s = \sigma + j\omega$	Variable der LT
$z = x + jy = e^{sT}$	Variable der ZT

Indizes:

g	Gerade Funktion
u	Ungerade Funktion
r	Reelle Funktion
i	Imaginäre Funktion

$\text{cas}(x) = \cos(x) + \sin(x)$

Lokal sind weitere Abkürzungen und Formelzeichen definiert!

Literaturverzeichnis

[1]   Girod, B.; Rabenstein, R.; und Stenger, A: *Einführung in die Systemtheorie*. B.G.Teubner 1997

[2]   Besslich, Ph.W., Lu, Tian: *Diskrete Orthogonaltransformationen*; Springer 1990

[3]   Bracewell, R.N.: *Schnelle Hartley-Tranformation*; Oldenbourg 1990

[4]   Stearns, S.D.; Hush, D.R.: *Digitale Verarbeitung analoger Signale*, Oldenbourg 1999

[5]   Vogel, P.: *Signaltheorie und Kodierung*, Springer 1999

[6]   Unbehauen, R.: *Systemtheorie 1*, Oldenbourg 1997

[7]   Abmayr, W.: *Einführung in die digitale Bildverarbeitung*, B.G.Teubner 1994

[8]   Schröder, H.: *Mehrdimensionale Signalverarbeitung*, B.G.Teubner 1998

[9]   Zurmühl, R.: *Matrizen*, Springer 1950

[10] Brigham, E.O.: *FFT Schnelle Fouriertransformation*, Oldenbourg 1989

[11] Fritzsche, G.: *Signale und Funktionaltransformationen*, Verlag Technik 1985

[12] Schüßler, H.W.: *Digitale Signalverarbeitung 1*, Springer 1994

[13] Kiencke, U.: *Signale und Systeme*, Oldenbourg 1998

[14] Doetsch, G.: *Anleitung zum praktischen Gebrauch der Laplacetransformation und der Z-Transformation*, Oldenbourg 1989

[15] Bening, F.: *Z-Transformation für Ingenieure*; B.G.Teubner 1995

[16] Delmas, J.-P.: *Elements de Theorie du Signal*, Ellipses 1991

[17] Strang, G.; Nguyen, T.: *Wavelets and Filter Banks*, Wellesley-Cambridge Press 1996

[18] Bachmann, W.: *Signalanalyse*, Vieweg Verlag 1992

[19] Daubechies, I.: *Orthonormal bases of compactly supported wavelets*, Commun. Pure Appl. Math., Vol. XLI, pp. 909-996, 1988.

[20] Dutilleux, P.: *An implementation of the algorithm à trous to compute the wavelet transform*, in *Wavelets: Time-Frequency Methods and Phase Space*, IPTI, pp. 289-304, Springer, New York, 1989.

[21] Holschneider, M.; Kronland-Martinet, R.; Morlet, J.; Tchamitchian, Ph.: *A real-time algorithm for signal analysis with the help of the wavelet transform*, in *Wavelets: Time-Frequency Methods and Phase Space*, IPTI, pp. 286-297, Springer, New York, 1989.

[22] [JPEG2000] *JPEG2000 – Part 1: Image Coding System*, ISO/IEC JTC1/SC29/WG1, Final Committee Draft, March 2000.

[23] Mallat, S.: *A theory of multiresolution signal decomposition: The wavelet representation*, IEEE Trans. Patt. Anal. Machine Intell., vol. 11, no. 7, pp. 674-693, 1989.

[24] Mertins, A.: *Signaltheorie*, B.G.Teubner, Stuttgart, 1996.

[25] Morlet, J.; Arens, G.; Forgeau, I.; Giard, D.: *Wave Propagation and Sampling Theory*, Geophysics, 47, pp. 203-236, 1982.

[26] [MPEG-4] *ISO/IEC 14496 – The standard for multimedia applications (MPEG-4)*, Okt. 1998 / Nov. 1999.

[27] Sweldens, W.: *The lifting scheme: A custom-design construction of biorthogonal wavelets*, Applied & Computational Harmonic Analysis, vol. 3, no. 2, pp. 186-200, 1996.

[28] Vetterli, M.; Herley, C.: *Wavelets and Filter Banks: Theory and Design*, IEEE Transactions on Signal Processing, vol. 40, no. 9, Sept. 1992, 2207-2232.

[29] Johnson, J.R.: *Digitale Signalverarbeitung*, Carl Hanser 1991

[30] Shapiro, J.M.: *Embedded image coding using zero trees of wavelet coefficients.* IEEE Trans. SP, 41(12): 3445-3462

[31] Götz-Meyn, E.; Neumann, W.: *Grundlagen der Video- und Videoaufzeichnungstechnik*, Hüthig 1998

[31] Berghorn, W.; Boskamp, T.; Jung, K.: Schlanke Bilder – *Der zukünftige Bildkompressionsstandard JPEG 2000*, c't magazin für computer technik, Heft 26, 184-185, 1999.

[32] Sweldens, W.: *The lifting scheme: A custom-design construction of biorthogonal wavelets*, Applied & Computational Harmonic Analysis, vol. 3, no. 2, 186-200, 1996.

Sachwortverzeichnis

A
Abtasttheorem 72, 136, 139, 213
Aliasingeffekt 151 ff., 164, 202
Amplitudenmodulation 129
Amplitudenspektrum 6 ff., 10, 47
Amplitudendichte *siehe* Amplituden-
dichtespektrum
Amplitudendichtespektrum 20, 31
Approximation 46
Approximation (ZT) 205

B
Bandpassfunktionen 133
Basisvektoren 90, 92, 95, 112
Bildbereich 46, 49, 54 ff., 69, 116, 117, 118, 125 f.
Bildkompression 215
Bilineartransformation 207, 209
Breitbandphasenschieber 128

C
Cepstrumanalyse 163
Chirp-z-Transformation 210 f.

D
Daubechies-Wavelet 213, 216
DCT *siehe* Kosinustransformation, diskret
Dekorrelation 215 f.
DFT *siehe* diskrete Fouriertransformation
Differentialgleichungen
   Lösung mit der LT 62, 178
Differenzengleichungen 82, 200
   Lösung mit ZT 195
Dirac-Funktion *siehe* δ-Impuls
Diskrete Fouriertransformation 33, 97, 148
   Anwend. auf kontinuierl. Funktionen 39
   Eigenschaften 36

E
Einseitenbandsignal 136

F
Faltung 20, 31, 37 ff., 56, 63, 130, 148
   diskret 79
   zyklische 37
Fensterfunktionen 40, 151, 157 ff.

FFT *siehe* Schnelle Fouriertransformation
Fourierintegral 20 f., 25
–, invers 21
Fourierkoeffizienten 10, 20, 35
Fourierkorrespondenzen 118 ff.
Fourier-Reihe 9 ff., 20, 23, 31, 35, 75
   bei diskreten Folgen 11
Fouriertransformation 8, 11, 20 ff., 28, 30, 31, 33, 35, 37, 39, 41, 91, 102, 116 ff., 126, 134, 137, 140, 143, 148 f., 163 f.
   Eigenschaften 23
   Hintransformation 116
   rechnergestützt 148
   Rechenregeln 23, 25, 116
   Rücktransformation 116
   periodischer Funktionen 23
Fourierumkehrintegral 27
Frequenzcharakteristik 182, 183 f., 186
Frequenzcharakteristik, diskret 199
   Approximtion, diskret 206
Frequenzauflösung 150, 153, 155, 157 f., 161 f.
Funktion, analytische 127 ff.
Funktion, gebrochen rationale 60, 83, 168, 197
Funktion, gerade 17
– exponentieller Ordnung 47
–, kausal 46, 47, 126
–, ungerade 17
–, zeitdiskret 71
–, kausal 46, 47, 126

G
Gauß-Impuls 124
Gewichtsfunktion 182

H
Hanningfenster 41
harmonische Schwingung 5, 10, 22
Haartransformation 112
Haar-Wavelet 106, 212, 216 f.
Hartleytransformation 90 ff.
   Rechenregeln 92
Hartleytransformation, invers 90
Hilberttransformation 127 f., 136

I

Idealer Tiefpass 146, 148
Ideales Schmalbandsystem 147
Idealsysteme 146
Impulsinvarianztransformation 205, 209
Impulskamm 132
Integralsinus 15

K

Kanalbandbreite 141
komplexe Amplitude 6
komplexe Einhüllenden 134
Konvergenz (LT) 47, 55 f.
Konvergenzgebiet (ZT) 188
Konvergenzbedingung (LT) 48
Konvergenzbereich (LT) 47 f., 54, 166, 187
Korrespondenztabelle LT 169
Korrespondenztabelle (ZT) 191
Kosinustransformation 94 f.
Kosinustransformation, diskret 210, 219

L

Laplaceintegral 46 f., 51, 60 f.
Laplacetransformation 46 ff., 57, 60, 62, 69, 71, 166 f., 180, 182, 184, 187 f.
    Grenzwertsätze 56 f., 167
    Hintransformation 166
    Rechenregeln 50, 166
    Umkehrformel 59
    Umkehrintegral 48
Laplacetransformation, invers 59
–, rechnergest. 184
Laurent-Reihe 72

M

MATLAB 151 f., 160, 184 f., 211, 221
Mexican Hat-Wavelet 214
Modulation 127
Multiresolutionsanalyse 105

N

Nyquistimpuls 144
Nyquistkriterium 140, 142 f.

O

Originalbereich 116, 118
Originalfunktion 56 f., 63 f.
orthogonale Funktionen 8 ff.
orthonormale Funktionen 8

P

Partialbruchzerlegung 64 ff., 71, 85 ff., 179, 208
Parseval'sche Theorem 102, 125
Phasenspektrum 10

Q

Quadraturmodulation 135 f.

R

Rechteckfunktion 21, 40
Residuen 59, 60 f., 63 f., 68, 71
Residuensatz 59, 60, 63, 179, 196
Rolloff-Faktor 144
Rücktransformation 46, 59, 61 ff., 69, 71, 166, 168

S

Schnelle Fouriertransformation 41
Signal, analytisch 127
Signal, phasengetastet (PSK) 131
Signalabtastung 136, 139 f., 142
Signalanalyse 211
Signalübertragung, digitale 140
Signalenergie 7
Signalkompression 100
Signum-Funktion 121, 130
Sinustransformation 99
Slanttransformation 111 f.
Spaltfunktion 14, 40, 59
Spektralfunktion 20, 23, 29, 31, 34 f., 40
Sprungfunktion 16 f., 22, 32 f.
Systemanalyse 46, 68
Systemreaktion 183
Systemsynthese 46, 186

T

Takterhöhung 204
Taktveränderung 200
Taktverringerung (Dezimation) 201
Tiefpassfunktion, äquivalente 134 f.
Transformation, orthonormal 219
Transformationskern, diskret 116
–, kontinuierlich 116
Transformationsmatrix 90, 95, 109 f., 112

U

Übertragungsfunktion 175, 181 ff., 185 f.
–, diskret 199 f., 208

W

Walshfunktionen 108 ff., 112
Walsh-Hadamard-Transformation 109
Wavelet-Koeffizienten 103 f.
– -Reihen 100, 102 f.
– -Transformation 100 f., 103, 107, 112 f., 210, 215
Wavelet-Transformation, diskrete 104, 210
–, semidiskret 102
–, kontinuierl. 210

Z

Zeitdiskrete Funktionen 30
Zerlegung von Funktionen 17
Zero Padding 160

Z-Transformation 71ff., 78 f., 81 ff., 85, 88, 187 ff., 195 f., 200, 206, 208, 210
   Grenzwertsätze 79, 189
   Konvergenz 73
   Konvergenzbereich 74
   Rechenregeln 76, 85, 187
   rechnergestützt 208
   Rücktransformation 75 f., 83 ff., 88, 195
   Umkehrintegral 75, 76, 79, 83, 85
Z-Transformation, invers 188
Zustandsgleichungen 68, 70, 180
–, diskret 194, 208
Zweizeigerdarstellung 8, 10
δ-Funktion *siehe* δ-Impuls
δ-Impuls 14, 20, 21, 22, 27, 31, 32, 71, 80

Weitere Titel zur Nachrichtentechnik

Fricke, Klaus
Digitaltechnik
Lehr- und Übungsbuch für
Elektrotechniker und Informatiker
Mildenberger, Otto (Hrsg.)
2., durchges. Aufl. 2001. XII, 315 S.
Br. € 26,00
ISBN 3-528-13861-0

Klostermeyer, Rüdiger
Digitale Modulation
Grundlagen, Verfahren, Systeme
Mildenberger, Otto (Hrsg.)
2001. X, 344 S. mit 134 Abb.
Br. € 27,50
ISBN 3-528-03909-4

Meyer, Martin
Kommunikationstechnik
Konzepte der modernen
Nachrichtenübertragung
Mildenberger, Otto (Hrsg.)
1999. XII, 493 S. Mit 402 Abb.
u. 52 Tab. Geb. € 39,90
ISBN 3-528-03865-9

Meyer, Martin
Signalverarbeitung
Analoge und digitale Signale,
Systeme und Filter
Mildenberger, Otto (Hrsg.)
2., durchges. Aufl. 2000. XIV, 285 S.
Mit 132 Abb. u. 26 Tab.
Br. DM € 19,00
ISBN 3-528-16955-9

Mildenberger, Otto (Hrsg.)
Informationstechnik kompakt
Theoretische Grundlagen
1999. XII, 368 S. Mit 141 Abb.
u. 7 Tab. Br. € 28,00
ISBN 3-528-03871-3

Werner, Martin
Nachrichtentechnik
Eine Einführung für alle Studiengänge
Mildenberger, Otto (Hrsg.)
2., überarb. u. erw. Aufl. 1999.
VIII, 210 S. Mit 122 Abb. u. 19 Tab.
Br. € 14,90
ISBN 3-528-17433-1

Abraham-Lincoln-Straße 46
65189 Wiesbaden
Fax 0611.7878-400
www.vieweg.de

Stand 1.11.2001
Änderungen vorbehalten.
Erhältlich im Buchhandel oder im Verlag.

Handy, Internet und Fernsehen verstehen

Glaser, Wolfgang
Von Handy, Glasfaser und Internet
So funktioniert moderne Kommunikation
Mildenberger, Otto (Hrsg.)
2001. X, 330 S. Mit 173 Abb. u. 4 Tab. Br. € 19,90
ISBN 3-528-03943-4

Dieses Buch will Verständnis wecken für die Techniken und Verfahren, die die moderne Informationstechnik überhaupt möglich machen. Nach einer Diskussion über den unterschiedlich definierten Begriff der Information in der Umgangsprache und in der Nachrichtentheorie wird auf die elementaren Zusammenhänge bei der zeitlichen und spektralen Darstellung von Signalen eingegangen, und es werden die grundlegenden Begriffe und Mechanismen der Nachrichtenverarbeitung erklärt (Nutz- und Störsignal, Modulation, Leitung und Abstrahlung von Signalen). Auf dieser Grundlage kann dann auf einzelne Kommunikationstechniken näher eingegangen werden, wie auf die optische Übertragung und Signalverarbeitung, auf Kompressionsverfahren, kompliziertere Bündelungstechniken und Nachrichtennetze. Nicht zuletzt durch einen Vergleich mit einem theoretisch vollkommen biologischen informationsverarbeitendem System, dem Ortungssystem der Fledermäuse, wird auf die erst in den letzten Jahrzehnten möglich gewordene technische Nutzung des Optimalempfangsprinzips eingegangen, das einen Signalvergleich als theoretische Optimallösung vorschreibt.

Abraham-Lincoln-Straße 46
65189 Wiesbaden
Fax 0611.7878-420
www.vieweg.de

Stand 1.11.2001
Änderungen vorbehalten.
Erhältlich im Buchhandel oder im Verlag.

Die ganze Elektrotechnik zum Lernen aufbereitet

Böge, Wolfgang (Hrsg.)
Vieweg Handbuch Elektrotechnik
Nachschlagewerk für Studium und Beruf
Unter Mitarbeit von Brandes, Rudolf / Conrads, Dieter / Döring, Egon/
Döring, Peter / Gierens, Heribert / Henke, Reinhard /
Kemnitz, Arnfried / Plaßmann, Wilfried / Steffen, Horst
1998. XXXVIII, 1140 S. Mit 1805 Abb. u. 273 Tab. Geb. € 89,00
ISBN 3-528-04944-8

Inhalt:
Mathematik - Physik - Werkstoffe - Elektrotechnik - Elektronik -
Technische Kommunikation - Datentechnik - Automatisierungstechnik -
Messtechnik - Energietechnik - Nachrichtentechnik - Systemtheorie

Dieses Handbuch stellt in systematischer Form alle wesentlichen
Grundlagen der Elektrotechnik in der komprimierten Form eines
Nachschlagewerkes zusammen. Es wurde für Studenten und Praktiker
entwickelt. Für Spezialisten eines bestimmten Fachgebiets wird ein umfassender Einblick in Nachbargebiete geboten. Die didaktisch ausgezeichneten Darstellungen ermöglichen eine rasche Erarbeitung des umfangreichen Inhalts. Über 1800 Abbildungen und Tabellen, passgenau ausgewählte Formeln, Hinweise, Schaltpläne und Normen führen den Benutzer sicher durch die Elektrotechnik.

Die Autoren
Wolfgang Böge, Berufsbildende Schulen Wolfenbüttel, ist in leitender
Funktion für das Kultusministerium und im Schuldienst tätig. Die Autoren
sind erfahrene Dozenten an Fach- und Fachhochschulen.

Abraham-Lincoln-Straße 46
65189 Wiesbaden
Fax 0611.7878-420
www.vieweg.de

Stand 1.11.2001
Änderungen vorbehalten.
Erhältlich im Buchhandel oder im Verlag.